기계부품의 피로파괴·파단면의 관찰 방법

Fujiki Sakae 저
남기우 · 안석환 공역

도서출판 GS인터비전

머리말

기계부품, 운송용부품, 전기.화학제품, 구조물 등 사람과 관계되는 모든 구조물은 1시간, 하루 극단적으로 말하면 1초라도 오래 사용하도록 설계 되어있다. 그러나 생각하지도 못한 장소와 시기에 파괴되어 사용할 수 없게 된다. 때로는 사회문제가 되는 것도 있다. 이런 사고는 일어나서는 안 되는 것이다.

그러나 크든 작든 현실적으로 파손, 파괴 사고는 상당히 많다. 이러한 경우, 설계자는 사용조건을 정확하게 파악하여, 원점에서 재료강도를 포함한 사용재료 문제, 사용 환경 문제 등 재료역학, 금속조직학, 물리적 및 화학적에서 검토한다. 최종적으로는 시뮬레이션을 실시하여 재발을 방지하는 동시에 장수명화를 도모하는 것이 일반적이다. 그러나 시간과 비용이 들고 필요하다는 생각을 하면서도 현실적으로는 실시되지 않고 있다. 이 책은 이런 설계자를 위하여 특별히 기계부품의 피로파괴파면에 대해서 간단한 파괴원인 조사방법, 재발방지대책, 장수명화를 목적으로 집필한 것이다.

즉, 제1부에서는 파손, 파괴한 경우 간단하게 파단면 보는 방법 (작용한 부하응력의 종류, 균열발생기점, 균열진전방향 등), 체크포인트 등을 거시적·미시적 관점에서 프랙토그래피적으로 쉽게 해설했다. 게다가 제2부는 저자가 오랜 시간에 걸쳐 조사한 사례 중에서 직무상 모든 시효가 지난 것과 게재를 승낙해준 많은 사례 중에서 비교적 흥미있는 파손·파괴사례를 100건 선정해서, 재질, 열처리, 파손상황, 거시적, 미시적인 파단면, 금속조직, 약간의 대책방법 등을 서술하고 있다. 이 책이 지금부터 파면해석을 실시하는 설계자, 기술자에게 조금이라도 도움이 된다면 다행이라고 생각한다. 이 책은 [기계설계]지에서 연재한 것을 대폭 가필, 수정하여 단행본으로 만든 것이다.

게다가 이 책은 파괴역학이나 피로균열의 발생기구, 진전거동 등 피로에 관한 기초적인 사항에 대해서는 언급하고 있지 않다. 더욱이 학문적으로 공부하고자 하는 사람은 다른 책을 참고하기 바란다.

또, 이 책의 출판에 있어서 많은 분들의 자료를 제공받았다. 감사드림과 동시에 일간공업신문사 출판국의 서적편집부 및 [기계설계]편집부의 모든분들에게 많은 도움을 받았다. 이 장을 빌어 깊은 감사를 드린다.

저자

차 례

01 기계부품에서 피로파괴파면의 쉬운 관찰 방법

02 피로파괴파면의 사례

01

해설편

기계부품에서 피로파괴파면의 쉬운 관찰 방법

1.1 서론

안전계수가 3 또는 4인 기계부품, 구조물이 사용 중에 갑자기 파손 또는 파괴되는 일이 있다. 이와 같은 파손사고(파괴되지 않아도 사용할 수 없는 상태)와 파괴사고(파단 분리하여 사용할 수 없는 상태)는 발생하여서는 안 된다. 그러나 현실적으로 사회적인 문제로 되는 큰 사고도 적지 않다. 파손, 파괴의 원인은 많고, 정적파괴, 동적파괴, 피로파괴, 지연파괴, 응력부식균열 등 천차만별이다. 특히 최근에는 자원 절약, 에너지 절약, 경량화, 고속화 또는 신소재 개발, 실용화 등과 얽힌 파손, 파괴현상도 복잡화 되고 있는 현상이다. 따라서 원인의 해명, 재발방지에 관해서도 물리적, 화학적, 야금학적, 설계, 가공, 재료의 선택에 이르기까지 모든 관점에서 검토할 필요가 있다.

아래에 기계부품에 대하여 간단한 사고조사의 진행 방법의 포인트, 재발방지 등에 대하여, 특히 피로파괴현상에 대하여 거시적, 미시적으로 프랙토그래피 입장에서 개략적으로 해설한다. 더욱이 해설은 전위를 포함한 피로균열 발생기구, 파괴모드, stage 등 균열의 진전거동, 또는 피로에 관한 기초적인 사항 등은 제외하였다.

1.2 파괴의 원인, 종류 및 부하응력형태

1.2.1 기계부품의 손상

사용 중에 부품이 사용할 수 없게 되는 경우는 표 1.1에 나타낸 것처럼 크게 나누면 4가지의 현상으로 생각할 수 있다. 하나는 마찰이나 마모현상으로 타서 붙거나 닳아서 사용하기 어려운 경우. 두 번째는 녹이 슬거나, 부식피트의 발생 등에 의하여 사용할 수 없게 되는 부식현상이다. 세 번째는 반복부하응력에 의하여 파괴하는 피로파괴이며, 네 번째는 충격하중에 의해 파괴하는 충격파괴현상이다. 마찰·마모의 경우나 부식현상의 경우는 비교적 손상이 늦고 눈에 띄기 때문에, 이들 현상을 쉽게 파악하여 대응하는 것이 가능하지만, 피로파괴의 경우는 눈에 띄지 않고 갑자기 발생하기 때문에 사고를 예측하는 일이 상당히 곤란하다.

표 1.1 기계부품의 수명 예측

현상	빈도	과정	안전도	진행도
피로	1	눈에 보이지 않는다	위험	급진
마모	2	눈에 보인다	안전	점진
녹	3	눈에 보인다	안전	점진
충격	4	눈에 보이지 않는다	위험	급진

또, 충격의 경우도 파괴가 눈에 보이지 않기 때문에 위험도도 크다. 파손이나 파괴사고의 원인은 앞에 설명한 것처럼, 종류가 많고, 정적하중이나 충격하중에 의한 경우는 비교적 적고, 90% 이상이 반복하중에 의한 피로파괴이다. 따라서 피로 파괴현상을 다방면에서 검토하고, 파괴원인을 정확하게 파악하여 파괴사고대책이나 설계에 도움이 되게 하는 것이 중요하다.

1.2.2 파괴사고의 분류

사용 부재가 파괴되는 경우, 무부하의 상태에서 파괴되는 것은 드물고, 대부분의 경우는 부재의 항복강도 이상의 힘이 정적, 동적으로 작용하여 파괴된다. 파괴현상의 약 90 % 이상은 반복하중에 의한 피로파괴이고, 나머지 10%가 떨어져 파괴되거나 혹은 부주의에 의한 파손이다.

따라서 피로손상을 방지할 수 있다면, '파괴는 없다'라 하여도 과언이 아니다. 약 90%의 피로손상 중, 예를 들면 항공기용 구조부품 192사례에서 설계 실수가 56%, 금속의 정련에 의한 것이 30%, 절삭가공, 조립, 사용조건 등의 실수가 12 %, 부적당한 열처리 가공이 3%다. 또, 기계부품 470사례에서 설계 실수가 37%, 과부하(사용조건)에 의한 것이 28%, 절삭가공, 용접, 조립 실수가 17%, 열처리 실수가 13%, 재료의 금속학적 부적격이 8%라는 보고가 있다.

저자가 정리한 결과에서도, 설계의 불완전 53%, 사용조건이나 환경에 의한 것 28%, 재료가 원인 7%, 용접이나 수리, 설치불량이 6%, 열처리 불량이 4%이다. 어느 쪽의 조사결과에서도 설계 실수가 가장 큰 값을 나타내고 있다. 즉, 기계가공과

설계가 얼마나 중요한 것인가를 알 수 있다. 표 1.2는 미국금속학회가 보고 한 파괴손상원인을 재료, 형상, 사용상의 문제 등으로 분류한 것이다.

표 1.2 파괴사항의 분류 [Metals Handbook, Vol.10[5)]]

분류	사 고 예
설계불량	a. 곡률 반경의 부족 b. 경솔한 설계변경(예: 축의 경량화를 위한 중공) c. 동일부품을 높은 용량의 기계에 사용 d. 설계기준의 불완전(예: 복잡한 부품으로 응력 불명의 것)
재료선택불량	a. 인장시험성적만으로 재료를 선택했기 때문에(특히 고장력강의 경우) 피로·취성파괴, 부식에 의한 파손 b. 재료선택기준이 명확하지 않은 경우, 마모·고온물성·부식·침식·부식피로·응력부식, 방사선 등에 대한 손상은 시간을 요하기 때문에, 어느 정도인지 확인 할 수 없는 상황에서 파손
재료불량	a. 결함 주조품 b. 결함 단조품
가공불량	a. 냉간가공의 불량 b. 기계가공, 연마가공의 불량 c. 부적절한 각인, marking에 의한 응력집중 d. 열처리 불량 e. 산세척, 전기도금불량
조립불량	a. 조립원의 부주의(예: 너트의 체결불량) b. 조립 메뉴얼의 부적절에 의한 불량 c. 중심맞춤불량(예: 톱니바퀴의 맞물림 불량)
사용불량	a. 휴지기간중의 유지 불량(예: 휴지 기간 중의 부식)

1.2.3 파괴의 종류

파괴손상은 여러 가지 응력이 단독 혹은 복합으로 발생하는 것이고, 파괴기구 및 파면형태도 복잡하다. 파면형태에서 파괴의 양식을 나누면

(1) 정적파괴 - 정적하중에 의한 파괴
(2) 충격파괴 - 충격하중에 의한 파괴
(3) 피로파괴 - 반복하중에 의한 파괴

의 3가지로 크게 나눌 수 있다. 또 입계파괴, 입내파괴로 분류하고, 연성파괴, 취성파괴로 세분된다. 이들의 파괴 특징은,

입계파괴 - 결정입계를 균열이 진전하여 파괴
입내파괴 - 결정입내를 균열이 진전하여 파괴
연성파괴 - 소성변형을 동반하여 생긴 파괴
취성파괴 - 소성변형을 동반하지 않고 생긴 파괴

이다. 그 외에 수소의 관여에 의하여 취성적으로 파괴하는 지연파괴, 일정한 응력하에서 변형이 시간의 경과와 함께 증가하여 파괴하는 크리프파괴, 암모니아 또는 황화수소가스 등이 작용하여 파괴하는 응력부식균열(시기균열) 등이 있다. 사진 1.1은 입계파괴 및 입내파괴의 일례를 나타낸 것이다. 이와 같이 수많은 파괴형태로 분류되어 있지만, 형태는 거시적, 미시적인 파면특징으로 분류하고 있을 뿐, 하나하나가 독립된 파괴형태를 나타내는 것은 아니다.

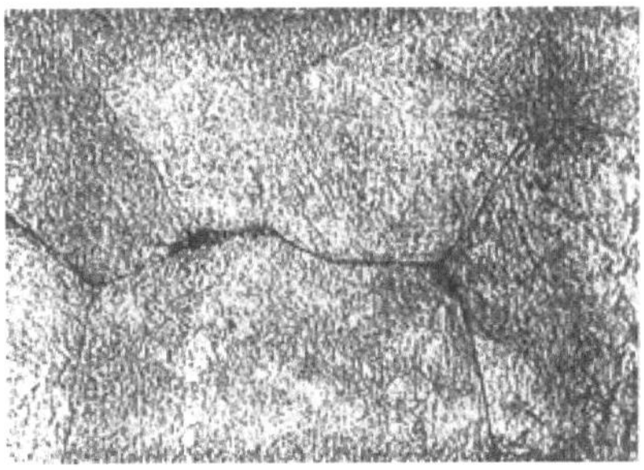
입계파괴

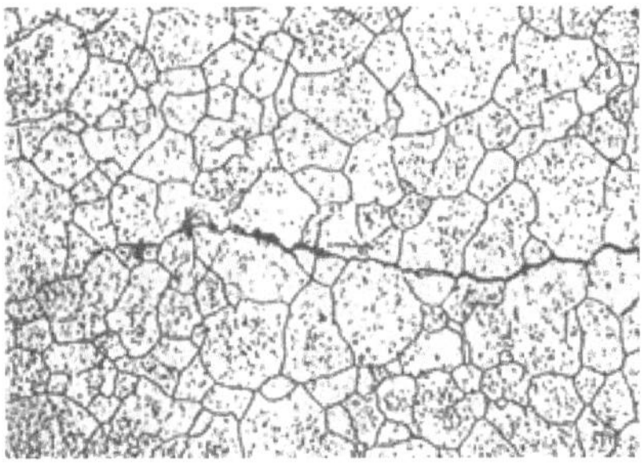
입내파괴

사진 1.1 입계파괴 및 입내파괴의 일례

예를 들어 거시적으로는 반복하중에 의하여 생긴 피로파면으로 보여도, 반복속도가 상당히 느리고, 부하응력이 큰 정적하중에 가까운 응력으로 파괴 된 경우는 미시적으로 관찰하면 연성파면과 취성파면으로서 관찰된다. 즉, 균열 발생에서 파괴까지 균열 진전속도의 차이나 부하응력의 크기 등에 의하여 파괴의 명칭이 다르다.

1.2.4 부하응력의 종류

부하응력의 종류를 크게 나누면 그림 1.1에 나타낸 것처럼 4가지가 있다. 하나는 트러스 부재나 볼트, 리벳 등에 부하되는 단순전단응력을 포함한 축응력(인장-압축), 2번째는 기어의 이 등에 부하되는 굽힘응력, 3번째는 축 등에 부하되는 비

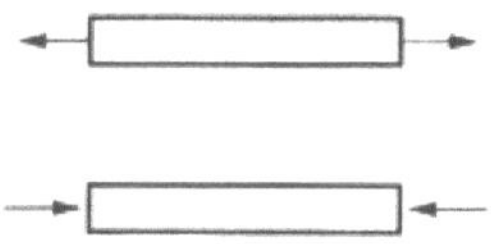	축방향 하중 $\frac{\text{주응력}(\sigma)}{\text{최대전단응력}(\tau)} = 2$ 또는 $\sqrt{3}$* 예) 트러스 부재
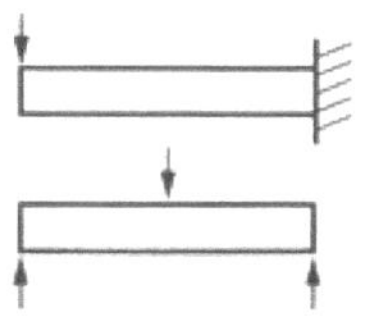	굽힘 $\frac{\text{주응력}(\sigma)}{\text{최대전단응력}(\tau)} = 2$ 또는 $\sqrt{3}$* 예) 기어 이의 응력
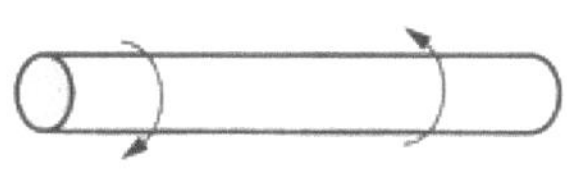	비틀림 $\frac{\text{주응력}(\sigma)}{\text{최대전단응력}(\tau)} = 1$ 예) 축
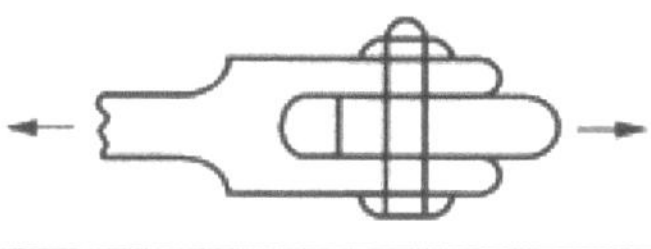	단순 전단 $\frac{\text{주응력}(\sigma)}{\text{최대전단응력}(\tau)} = 1$ 예) 볼트, 리벳
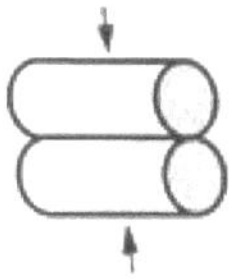	접촉 주응력과 최대전단응력의 비는 부하곡률, 재질 등에 따라 다르다. 예) 구름 베어링, 치차

注) * 최대전단응력설에서는 2, 변형율 에너지설에서는 $\sqrt{3}$ 이다

그림 1.1 부하응력의 종류와 파손의 형태

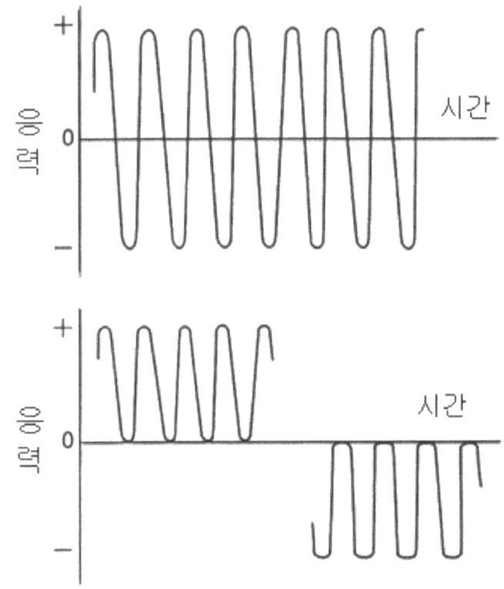

그림 1.2 양진 및 편진 응력

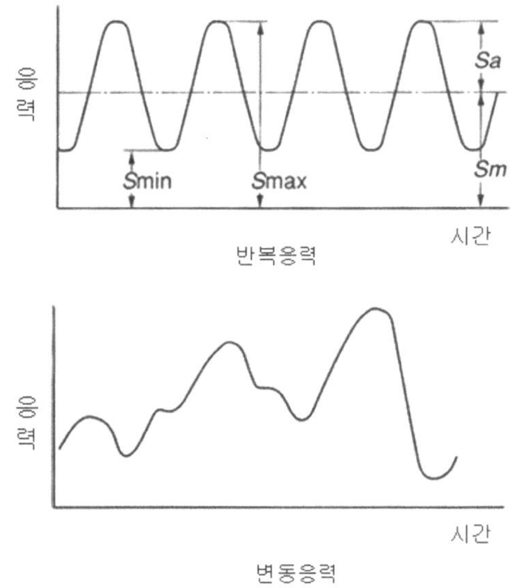

그림 1.3 단순 및 변동응력

틀림응력, 4번째는 파괴의 직접적인 원인은 아니지만 마찰·마모시에 생긴 pitching(종방향 흔들림)이나 spalling 손상의 원인이 되는 구름접촉응력이다. 이것은 베어링이나 롤러, 기어 등에 작용하는 응력과 같다. 사용 중의 부재가 파괴하는 경우, 이들 응력이 단순하게 작용하는 것은 비교적 적고, 많은 경우는 복합되어 부하된다. 따라서 파괴한 파면은 상당히 복잡하다. 또 이들 응력이 정적이나 충격적으로 작용하는 것은 적고, 그림 1.2처럼 양진이나 편진으로 작용한다. 더욱이 그림 1.3에 나타낸 것처럼 단순한 응력이 아닌 변동하여 크거나 작거나 반복작용한다. 따라서 파괴한 파면은 더욱 복잡하게 된다.

1.3 사고 부품의 조사방법

1.3.1 조사의 마음자세와 필요한 항목

사고원인의 조사를 성공하기 위해서는, 파손 부품만으로 정확한 정보를 얻을 수 없고, 잘못된 판단을 하는 경우가 적지 않다. 많은 경우, 파손부재의 일부밖에 입수할 수 없기 때문에, 파손부재의 주변을 정확하게 파악할 수 없는 경우가 있다. 파괴손상의 재발방지나 대책을 적절하게 실행하기 위해서는

① 재료 제작사, 부재의 제작자, 열처리가공 제작사와 처리조건 또는 사용자 등과 자주 의논한다. 서로 비밀을 가지고 있으면 대책도 세워지지 않고, 재발방지에 도움이 되지 않는다.

② 설계자는 파괴된 사실을 솔직하게 인정하고, 선입관을 버리고 원점으로 돌아가서 다시 생각하는 것이다.

③ 경우에 따라서는 사고가 발생한 장소를 작업 중에 방문하여 사고 부품의 기능, 사용상황(부하응력, 환경 등), 사고부재 주변의 상황 등을 잘 조사하고 파악하는 것이다. 또 전체의 파악이 가능한 도면, 스케치 그림의 해석 및 사고부품과 같은 이력을 가진 부재의 입수도 원인해명에 도움이 된다. 또한, 정확한 사고 조사를 실시하고, 재발방지 등을 위해서는 재료역학, 파괴역학적인 입장에서 검토를 하고, 최종적으로 시뮬레이션을 실시하는 것도 필요하다. 그러나 무엇보다 중요한 것은 왜 균열이 발생한 것인가? 왜 파괴된 것인가? 그 원인을 철저하게 구명하는 것이다. 일반적으로

(1) 사용재료의 조사

① 제조이력: 제강, 압연, 열처리 가공 등

② 분석: X선 및 화학분석, 불순물 원소의 분석 등

③ 기계적성질: 인장강도, 굽힘강도, 경도, 충격강도, 피로강도 등

④ 물리적, 화학적성질: 열전도율. 열팽창률, 내열성, 내식성

⑤ 조직관찰: 단면의 거시적, 미시적 조직의 관찰

⑥ 표면성상(성질과 상태) 및 잔류응력

⑦ 외관 및 파면관찰(거시적, 미시적)

⑧ 파면의 단면적

(2) 설계 및 사용조건

① 외력: 종류, 크기, 반복수 등

② 사용환경: 온도, 습도, 분위기 등

③ 그 외: 수리상황

(3) 시뮬레이션

① 실험실적인 규모: 피로강도, 파괴인성

② 유한요소법

③ 현장에서 재실험: 응력측정

(4) 종합적인 검토 및 대책

(1)~(4)의 순서로 실시하는 것이 좋지만, 시간과 경비가 많이 필요하다. 따라서 간편하게는

① 파면 및 그 근방을 관찰한다.

날카로운 모서리부 혹은 모따기 상황, 표면거칠기 또는 파단면으로부터 균열 발생부, 균열의 진전방향, 부하응력의 종류, 크기, 표면의 잔류응력 등을 거시적으로 조사한다. 또한 파면은 여러 가지 정보를 제공해주기 때문에 파단면을 맞대어 보거나, 녹이 발생하지 않도록 주의하고, 여러 방향에서 사진촬영하거나 스케치그림을 그린다.

② 사용재료의 미시적인(금속조직) 관찰을 실시한다.

사용재료의 종류 및 금속조직이 어떻게 되어 있는지를 검토하고, 환경 등 사용조건이 적합한지 조사한다. 즉, 화학성분, 금속조직, 결정립도, 비금속개재물 등과

기계적성질과의 관계, 설계허용응력과의 관계 등을 조사한다.

③ 손상주변부의 관찰

손상부품 뿐만 아니라, 그 주변부를 잘 관찰하고 조사한다. 일반적으로는 손상부품만을 조사의 대상으로 하지만, 주변의 영향에 의해 이차적으로 손상이 발생하고 있는 경우가 많다. 이런 경우는 새로운 부품과 교환해도 대책방지가 되지 않는다.

1.3.2 조사를 위한 도구와 지식

파괴된 파면은 광학현미경이나 전자현미경등을 이용하여 미시적으로 관찰하는 것도 중요하지만, 거시적으로 파악하는 것도 중요하다, 그것에는 다음과 같은 5개의 도구와 2가지의 지식이 있으면 편리하다.

(1) 돋보기(확대경)

10배 이하가 좋다. 배율이 너무 높으면 초점심도의 문제로 오히려 불편하다. 돋보기 또는 확대경은 파손부품의 표면마무리 상태, 균열의 진전방향, 균열의 발생 기점 근방, 파단면의 조밀 정도, 파단면 근방의 주변 등 파단면 전체의 개략을 파악한다.

(2) 마그네트

자석에 붙는지에 따라서 철, 비철금속, 플라스틱, 고무 등을 판단한다. 자석에 붙는 것은 대부분이 철강 재료이다. 단, 오스테나이트계 스테인리스강, 고망간강은 비자성이기 때문에 붙지 않는다.

(3) 줄

줄의 경도는 통상 60HRC 정도이다. 미끄러지거나 절삭된 것에 의하여 단단한 재료인가 연한재료인가 또는 열처리 유무 등을 판단한다.

(4) 성냥

나무 성냥이 좋다. 유황의 발화 온도는 약 270℃, 성냥의 나뭇개비 부분이 노랗게 변하는 온도가 약 400℃, 나뭇개비 부분이 타기 시작하는 온도가 약 600℃이다. 또는 전체의 길이가 약 50 mm로 2 mm 모서리로 되어 있다. 길이나 모서리는 뒤에서 설명하는 파단면의 면적 비율을 검토하는데 도움이 된다.

(5) 자

파손품의 사이즈나 파단면의 피로균열 진전영역 및 최종파단부의 면적 비율 등을 개략적으로 판단한다.

(6) 스파크 테스트

철강재료의 경우, 그라인더에 의한 불꽃의 파열상태에서 탄소량이나 첨가원소의 종류나 양을 대략 알 수 있고, 사용재료의 강종을 추정할 수 있다.

(7) 파단면의 관찰

파단면의 거시적, 미시적 관찰에 의하여 파괴의 원인조사, 재발방지, 장수명화 등에 도움이 된다.

1.3.3 불만 조사의 체크 포인트

파괴의 원인을 정확하게 파악하고, 장수명화나 재발방지 등을 위해서는 사용부재에 대한 기본적인 특성, 사용조건, 부재의 설계 등과 금속공학, 재료강도학, 파괴역학적인 입장에서 조사하는 것이 중요하다. 그러나 파손품에 대하여 간략하게 거시적, 미시적으로 검토하는 것도 중요하다. 이하에 조사를 위한 체크포인트에 대하여 개략적으로 설명한다.

(1) 파면의 상황

① 균열 발생 기점; 표면부인지? 내부인지? 많은 경우는 최대전단응력을 받는 표면이지만, 침탄, 질화, 고주파퀜칭 등의 표면경화부재는 경화층의 깊이, 잔류응력분포, 부하응력의 크기 등에 의하여 내부에서 균열이 발생하는 경우도 있다.

② 발생 기점의 수; 균열 발생 기점이 한 곳인가 혹은 여러 곳인가에 의하여 노치 효과의 영향, 부하응력의 영향, 재료의 강도 부족 등을 개략적으로 판단할 수 있다.

③ 기점 근방의 계단 모양: 계단 모양의 유무, 또 그 숫자가 많은가 적은가, 긴가 짧은가 등 단차가 있으면 그 길이가 한 번의 부하응력에 의하여 발생한 것을 의미한다. 길이가 길수록, 숫자가 많을수록 부하응력도 크고, 재료도 강도 부족이다.

④ 균열의 진전방향; 일방향으로 균열이 진전하였으면 편진응력이고, 중심으로 향해 2방향에서 균열이 진전하였으면 양진응력이다. 균열 진전방향이 원을 그리고 있으면, 비틀림응력에 의한 균열진전이다. 또한 방향성이 없는 파면은 정적인 축력에 의한 것이 많다.

⑤ 파단면의 요철이 큰가 평탄한가; 요철이 크고 거친 경우는 부하응력이 크거나, 재료의 강도부족에 의하여 균열 진전속도가 빠르게 되거나, 거친면으로 된다. 또한 노멀라이징, 어닐링재나 조질재, 주물 등의 면도 비교적 거칠다.

⑥ 최종파단부에 대하여 피로균열 진전영역이 넓은가 좁은가; 피로균열 진전영역의 면적이 넓고, 최종파단부가 좁은 경우는 설계응력과 재료의 강도가 비교적 일치한다. 이와 같은 경우는 균열 발생 원인을 검토하면 좋지만, 반대의 경우는 사용응력의 문제, 재료강도의 문제, 사용환경의 문제 등 광범위하게 검토할 필요가 있다.

⑦ 잠재균열의 유무; 초기 부하응력에 의한 초기 균열의 발생유무 또는 열처리 등에 의하여 균열이 발생한 것인가 아닌가 등이고, 잠재균열을 확인하는 것은 상당히 곤란하다. 도금 부재 등은 잠재균열이 존재하고 있다면, 균열내부에 처리제의 흔적을 확인할 수 있다. 주조품 등은 산화물이나 탈탄층이 혼입되어 있는 것으로 확인하는 것이 가능하다.

(2) 파단면 근방의 표면상황

① 상대재와 접촉한 부분이 있는가 없는가; 어떤 경우는 마찰•마모 등으로 편진에 의한 외관상의 과대부하응력으로 판단한다. 단, 편진에 의한 원인이 초기부터 존재한 것인가 사용 중에 생긴 것인가의 판단은 어렵다.

② 변형, 타흔의 유무; 파괴시에 다른 부분에 부딪쳐서 생긴 변형이나 타흔 뿐만 아니라, 처음부터 균열 발생을 유발하는 손상흔적의 유무이다. 부품의 제조시 또는 사용 중에 발생하면, 손상의 대소에 관계없이 응력집중원이 되기 쉬워 균열의 발생 기점이 된다.

③ tool mark, 연삭 흔적, 부식피트; 어느 경우도 응력집중원이 된다. 특히 뒤에서 설명하는 것과 같이 균열의 발생이 원자레벨이기 때문에 표면 상흔은 응력집중원이 되기 쉽다.

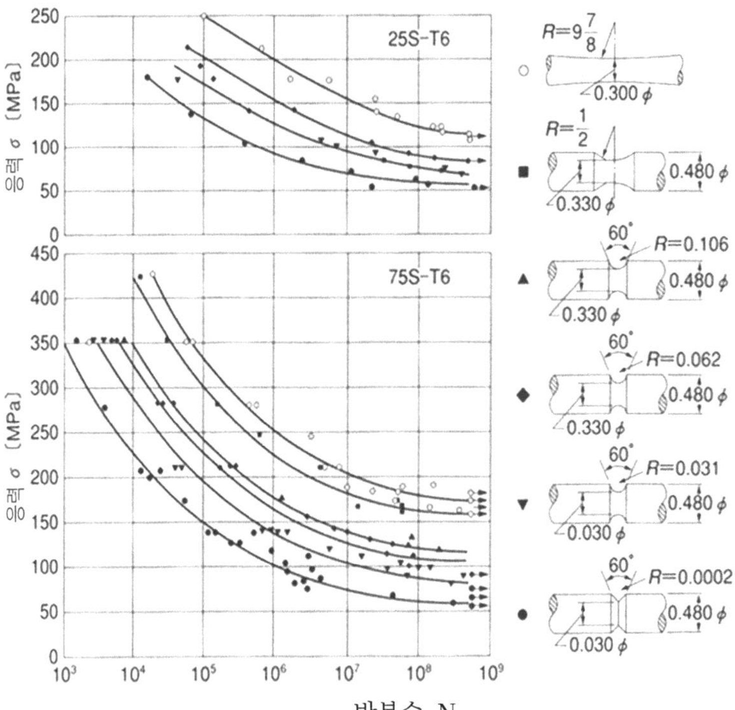

그림 1.4 피로강도에 미치는 노치의 영향

(3) 부재의 설계형상

① 노치, 기름구멍, key 홈 나사부; 어느 경우도 응력집중원이 되기 쉽기 때문에 가공시에 예리한 각이 존재하지 않도록 충분히 주의할 필요가 있다.

② 펀치마크; 0이나 8등의 숫자는 다른 숫자에 비교해서 응력집중부가 작기 때문에 균열 발생이 지연된다. 4나 7은 각이 많아서 응력집중원이 되기 쉽기 때문에 특히 주의한다.

③ R이나 C의 붙이는 방법; 층이 붙은 부의 R이나 C등은 큰 편이 응력집중이 완화된다. 따라서 작은 R이라도 붙이는 편이 좋다. 그림 1.4는 피로한도곡선에 미치는 노치형상의 영향을 나타낸 것이다.

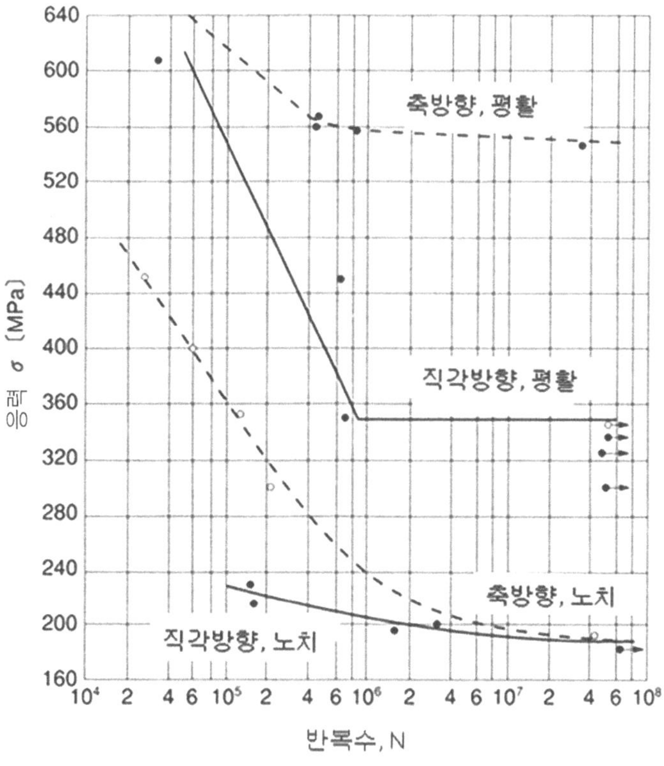

그림 1.5 피로강도와 섬유조직의 관계

표 1.3 각종 재료의 피로한도 비교

	철강	주물
굽힘 피로한도 인장압축 피로한도 비틀림 피로한도	$0.35 \sim 0.64\sigma_B$ $0.33 \sim 0.59\sigma_B$ $0.22 \sim 0.37\sigma_B$	$0.31 \sim 0.56\sigma_B$ $0.14 \sim 0.33\sigma_B$ $0.30 \sim 0.56\sigma_B$
굽힘 피로한도	주강 : $0.28 \sim 0.46\sigma_B$ Al : $0.0.33 \sim 0.60\sigma_B$ 고장력 Al : $0.22 \sim 0.44\sigma_B$ 볼트류 : $0.05 \sim 0.10\sigma_B$	

④ 사용부재의 재료 채취; 축방향으로 재료를 채취할 것인가, 섬유방향으로 채취할 것인가에 따라서 노치재와 평활재는 그림 1.5처럼 피로강도가 다르다. 따라서 주응력 부하방향과 압연방향을 일치시키지 않도록 재료 채취가 중요하다.

⑤ 치수의 적정화; 얇은 부분에 과대응력이 부하되지 않도록 부재를 설계한다.

(4) 가공방법

성형가공, 열처리, 표면처리 등; 단조품인지, 주조품인지, 용접부재인지, 열처리재인지 및 도금품인지 등을 잘 조사하고, 최종적으로 금속조직, 비금속개재물, 산화물의 혼입 등을 조사한다. 도금 후의 열처리도 지연파괴의 원인이 되기 때문에 중요한 factor 이다.

(5) 재질

① 화학조성; 화학성분의 차이는 재료의 강도, 열처리의 적부 등에 영향을 미치기 때문에 특히 중요하다.

② 기계적성질; 피로에 의한 파괴의 경우, S-N 곡선이 불명한 때는 경도나 인장강도가 파괴원인조사의 포인트가 되는 수가 많다. 즉, 부재에 반복응력이 부하되면 인장강도보다도 훨씬 낮은 응력에서 균열이 발생하여 파괴한다. 일반적으로 500

Hv 이하의 경우는 표 1.3과 같다. 경험적으로 각각의 반복응력에 의한 피로한도는 굽힘응력의 경우 인장강도의 0.5, 축력은 0.4, 비틀림응력은 0.3 정도가 된다.

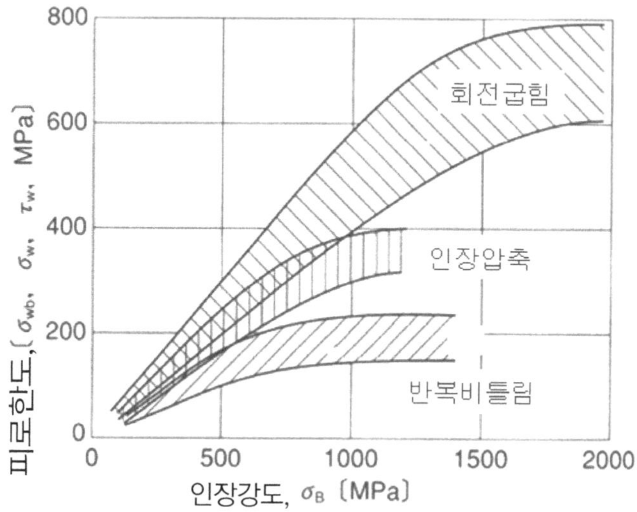

그림 1.6 인장강도와 피로한도 관계

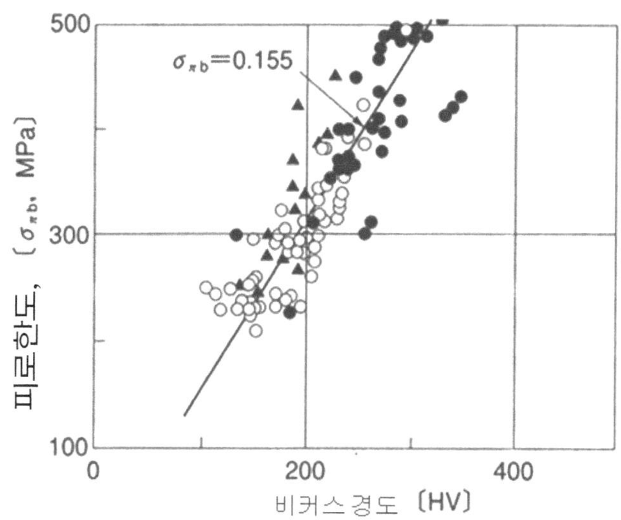

그림 1.7 경도와 회전굽힘 피로한도의 관계

그림 1.6은 각 부하응력 형태에 있어서 피로한도[σ_{wb}, σ_w, τ_w (MPa)]와 인장강도[σ_B (MPa)]의 관계를 나타낸 것이다. 경도에 대해서도 그림 1.7같은 관계가 성립한다. 경도는 $0.33 \times \mathrm{HB} = 2.1 \times \mathrm{HS} = 3.2 \times \mathrm{HRC} = \sigma_{\mathrm{B}}$(인장강도)의 관계가 성립된다. 간단하게 경도로 부터 인장강도를 산출하고, 인장강도로 부터 표 1.3같은 피로한도를 구할 수 있다.

③ 물리적성질; 특히 열팽창계수는 외부에서 가열, 냉각 열사이클 및 부재 자체가 가지고 있는 열팽창계수가 중요하다. 이들 팽창·수축은 모두 열응력으로써 부재에 부하된다. 열전도율도 중요하고, 특히 온도 의존성이 관여하는 파괴파면을 조사하는 경우는 중요하다.

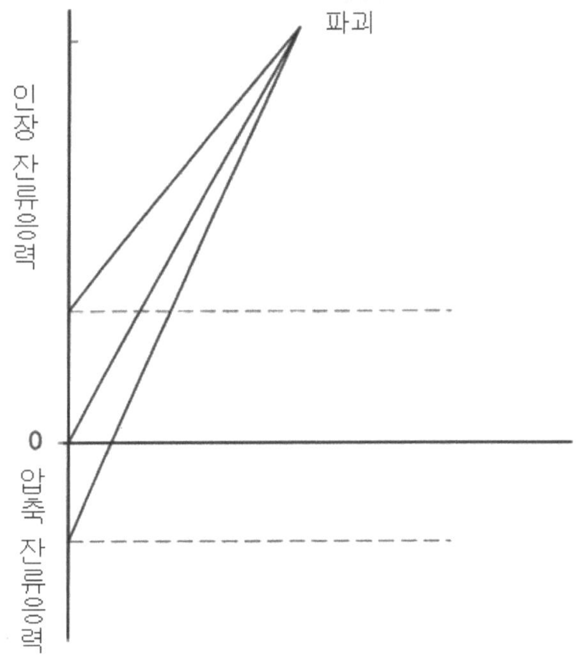

그림 1.8 평균응력 산정 방법

(6) 응력

① 잔류응력; 부재표면에 잔류하고 있는 응력은 균열 발생수명을 좌우하는 중요한 인자의 하나이다. 즉, 표면의 잔류응력을 평균응력으로 생각하여, 압축 측에 있는지 인장 측에 있는지에 의하여 균열 발생수명이 달라진다. 그림 1.8은 그 한 예를 나타낸 것이다. 압축 측이 클수록 균열 발생이 지연되기 때문에, 큰 압축 잔류응력을 표면에 부여하는 것이 중요하다. 쇼트피닝이나 고주파퀜칭 등의 표면경화처리는 유효한 수단이다.

② 외부응력; 이것도 피로한도를 좌우하는 중요한 인자이고, 부하된 응력의 대소에 의하여 수명의 장단이 결정된다.

(7) 조립 상태

① 조정불량; 중심의 흔들림이 사용 단시간에 발생할 것인가, 장시간 사용에 발생할 것인가는 조립할 때 또는 수리시의 조정의 정도에 의하여 결정된다.

② 공차불량, 맞물림 불량; 조정불량과 같다.

(8) 사용상황

부하응력의 크기, 반복속도, 주유불량; 주유를 충분히 실시하여, 과속이 되지 않도록 하고, 설계에 따른 응력방향과 크기를 사용하는 것이 장수명화로 이어진다.

(9) 사용환경

① 화학적 작용의 유무; 인체에 영향을 주지 않을 정도의 부식환경에서도 응력부식균열이나 수소취화균열 등이 발생하는 경우가 있다.

② 사용온도, 습도; 사용온도나 습도도 파괴에는 민감하다. 재료의 특성 등과의 관계를 상세하게 조사해 두는 것이 바람직하다.

1.4 거시적인 파면관찰

1.4.1 거시적인 파면관찰의 중요성

여러 가지 방법에 의하여 파괴원인을 조사하여 재발방지를 실시한다. 장수명화를 위해서는 미시적인 관찰도 중요하지만, 거시적인 관찰도 개략적인 파괴를 파악할 수 있으므로 중요하다. 먼저, 파면을 관찰하기 전에 균열 발생 기점 근방의 측면에 기계가공에 의한 손상 흔적의 유무, 부식에 의한 손상 유무, 즉 응력집중원이 되는 손상 흔적을 조사한다. 또 파면의 더러움 등에도 주의하여, 만일 더러운 경우에는 유기용제와 털붓을 사용하여 세정한다. 이 경우에 금속제 붓이나 산류를 사용하여 세정하면 파면 정보를 얻기 어려우므로 주의한다.

파면은 일반적으로 복잡한 양상을 나타내고 있다. 이것을 다양한 각도에서 검토하면 균열의 발생, 진전속도, 진전방향 등 파괴과정의 차이에 의하여, 각각의 파괴형식에 따르는 특유한 면이 관찰된다. 재료특성, 사용환경 등도 포함한 사용조건을 알 수 있다. 파괴 형식에는 일반적으로 전단형 파괴와 분리형 파괴가 있지만, 파면 양상이나 파단부 근방의 변형 등 외관상으로부터 전술한 것처럼 연성파괴, 취성파괴, 피로파괴의 3가지로 분류하는 것이 보통이다. 어느 경우도 파면을 관찰하는 경우는 전자현미경(주사형전자현미경 포함)이 널리 사용되고 있다. 이 경우는 관찰 시료가 작고 실험실적으로 되기 쉽고, 관찰 범위가 좁아서 총합적인 판단이 곤란한 경우가 있다. 오히려 육안이나 10배 정도의 확대경으로 관찰하여 전체를 파악한 후, 만약 필요하다면 전자현미경을 사용하는 것이 바람직하다. 이하에 거시적인 파면관찰에 대한 요점을 개략적으로 해설한다.

1.4.2 정적하중에 의한 파면

앞에서 설명한 것처럼 파괴 또는 파손하는 경우는 내부응력, 외부응력을 불문하고 반드시 정적하중 혹은 동적하중이 작용하고 있지만, 비교적 인장하중과 같은 단순한 정적하중에 의한 파괴는 적고, 대부분의 경우는 동적하중이다. 그러나 정적하중에 의한 파면은 파면관찰에 있어서 기초가 되는 정보를 제공해주기 때문에 파면 특징을 파악하기 위해서는 중요하다. 그림 1.9는 인장시험에서 나타나는 여러

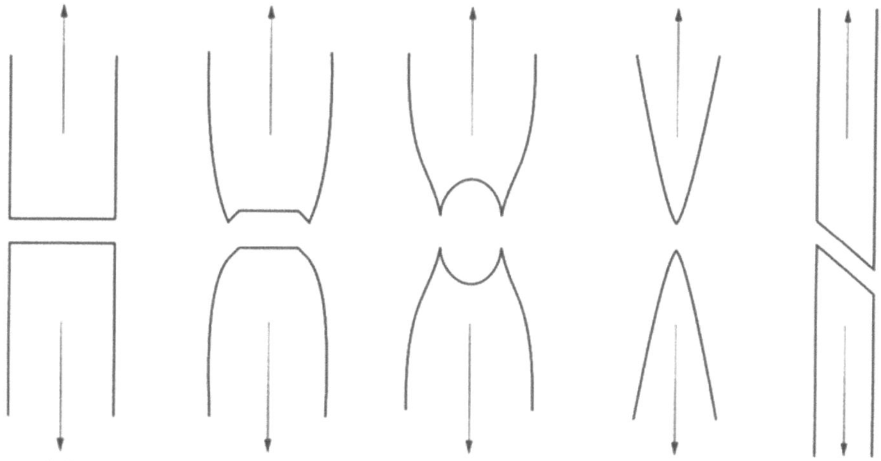

그림 1.9 인장시험에서 나타나는 파괴형상

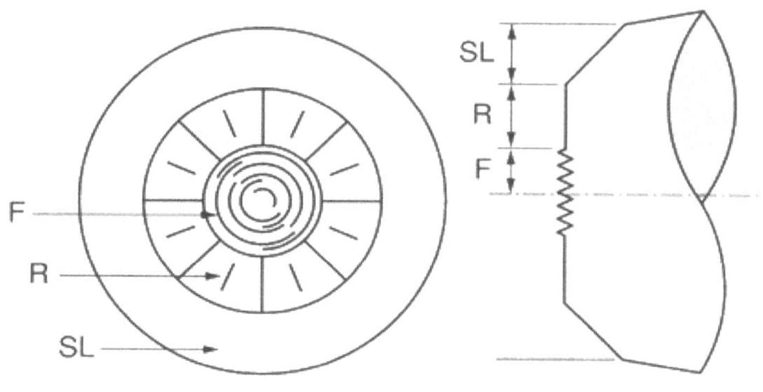

그림 1.10 인장 파단면의 3요소

가지 파괴양식을 나타낸 것이다. 그림으로부터도 명확히 알 수 있듯이 재료 특성에 따라 다른 파괴양식을 나타낸다. 취성재료일수록 수직파괴 형태, 연성재료는 미끄럼(slip)에 의한 전단파괴가 된다. 그림 1.10은 인장파면에 생긴 파면모양을 나타낸 것이다. 크게 3영역으로 나눌 수 있다. 즉, Fibrous(F), Radial(R), Shear lip(SL) 의 3영역으로, 이것을 파면의 3요소라 한다. 3영역 비율은 시험편의 크기, 형태, 인장시험 온도 등에 따라서 다르다. 그림 1.11은 시험온도와의 관계를 나나낸 것이다. 온도가 낮을수록(R)의 비율이 많고 시험온도가 상승함에 따라서(F) 및 (SL) 의 비율이 증가하는 경향을 나타낸다. 그림 1.12는 외주부에 노치가 존재하는 경우로, 그림처럼(R)과(F)로 이루어지고,(SL)은 발견할 수 없다. 즉, 파단이 외주부에서 발생하였기 때문에, 외주부에 섬유상의 패턴이 생기고 최종파단부로 되는 중심부가(R)이 된다.

1.4.3 충격하중에 의한 파면

응력을 부하시켜 가는 경우, 부하속도를 정적인 상태에서 서서히 증가시키면 충격하중이 되어 파괴한다. 이 경우도 기본적으로는 인장의 경우와 차이는 없고, 3개의 영역이 나타난다. 그 비율도 정적인 경우와 같이 온도, 시료의 형상, 치수 등에 따라 다르다. 시험온도와 각 영역의 관계는 저온일수록(R)이 많고, 고온이 됨에 따라(F)의 비율이 많다. 사진 1.2는 그 관계를 나타낸 것이다.

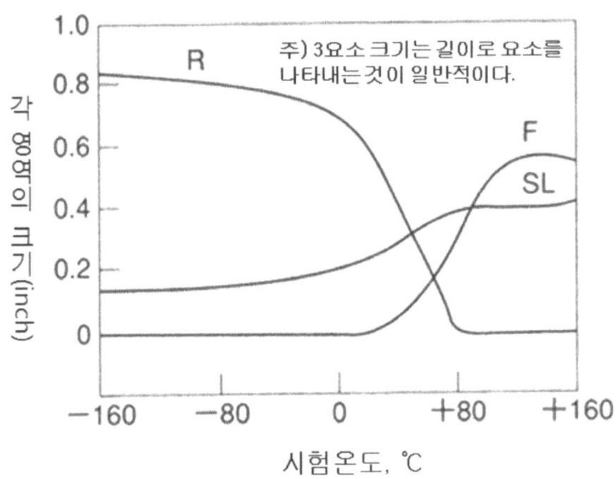

그림 1.11 3요소의 크기와 시험온도

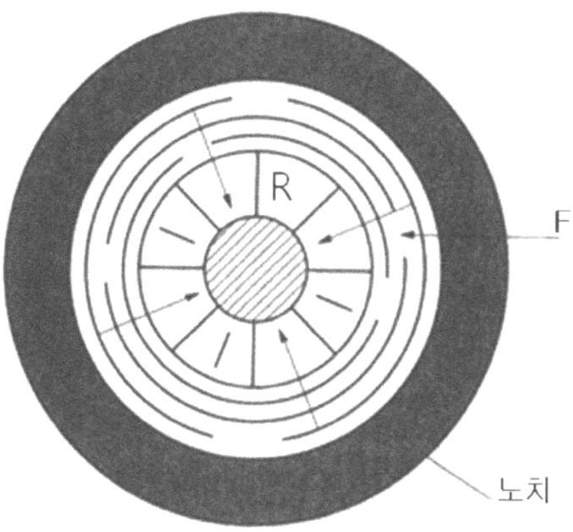

그림 1.12 노치가 있는 경우의 파면

사진 1.2 시험온도를 변화시킨 경우의 충격파면

1.4.4 반복하중에 의한 파면

(1) 피로균열의 발생과 진전

피로파괴에서 균열 발생은 원자 레벨(전위)이고, 크든 작든 부재에 반복응력이 작용하면, 최대전단응력을 받은 가장 바깥면이 손상을 받아(표면경화처리재의 경우는 경화층의 두께, 부하응력의 크기, 잔류응력분포 등에 의해 내부에서 균열이 발생하는 경우도 있다), 정적 하중보다 작은 하중에서 균열이 발생한다. 이것이 피로파괴현상이다. 그림 1.13은 거시적인 균열 발생을 모식적으로 나타낸 것이다. 반복응력이 작용하면 표면에 작은 균열이 발생함과 동시에 내부에도 결함이 발생한다. 그림 1.14는 피로균열진전 형태를 나타낸 것이다. 최대하중이 작용한 표면에 돌출과 함몰에 의한 미끄럼 영역이 발생하고, 그 균열이 반복시간의 경과와 함께 내부로 진전하여 최종적으로 파단한다. 따라서 전술한 인장과 충격 파면과는 다르게 반드시 균열 발생 기점이 있고, 피로균열 진전영역과 최종파단부가 존재한다. 이들 양자의 면적비율은 재료의 강도, 부하응력의 크기, 균열 진전속도 등에 영향을 받으며, 뒤에서 설명하는 여러 가지 파단모양으로 관찰된다.

(2) 피로파면의 특징

크든 작든 어떤 힘이 부재에 반복 작용하면 최대전단응력을 받은 표면이(일반적으로) 손상을 받아 균열이 발생한다. 이 균열은 반복응력의 시간적 변화에 따라 진전하여 파괴에 이른다. 따라서 피로파면의 두 가지의 큰 특징이 있다. 하나는 반복하중에 의해 균열이 진전한 영역, 또 하나는 부하응력을 견디지 못하여 파단된 최종파단부(정적에 가까운 응력 등에 의한 파단부)이다. 이 두 가지의 면적비율, 요철의 정도, 균열의 진전방향, 균열 발생 기점 근방의 단차의 수와 길이 등으로부터 사용재료의 항복강도, 부하응력의 대소, 사용환경 등을 파악할 수 있다. 그림 1.15는 피로파괴한 파단면의 특징을 모식적으로 나타낸 것이다. O가 균열 발생 기점(응력집중부가 많은 경우, 예를 들어 직각에 가까운 단 붙임부가 존재하면, 여러 군데에서 균열이 발생), F가 피로균열 진전영역(조개껍데기모양 또는 비치마크(beach mark)로 불리는 반달상의 간극이 1회의 반복하중에 의해 균열이 진전한 길이를 나타낸다. 따라서 균열 발생 기점 근방은 비교적 매끈하고 간극도 좁고, 최종파단부에 가까울수록 간극이 넓고 거칠다), E가 최종파단부이다.

또 D는 단차모양 또는 톱니바퀴마크로 불리는 것으로 순간적인 과대한 응력에 의해 균열이 발생한 부분이다. 이 길이가 1회의 부하응력으로 생긴 거리를 나타낸다. 따라서 균열 발생 기점 근방은 단차모양의 존재 여부, 균열의 수, 길이 등에 의해 응력집중의 유무나 부하응력의 대소를 판단할 수 있다.

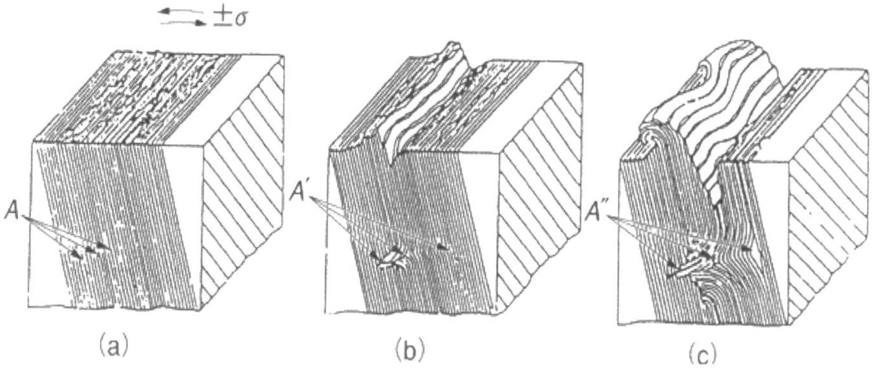

그림 1.13 돌출 및 함몰에 의한 표면균열 형상

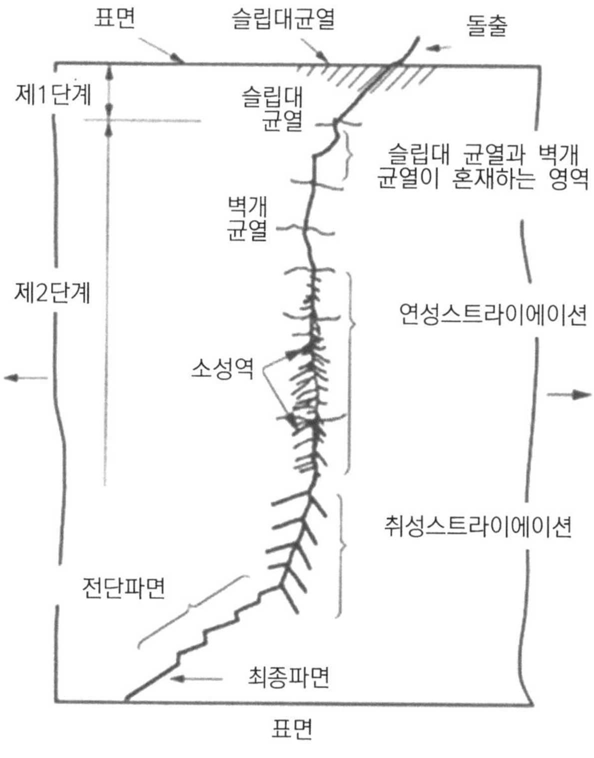

그림 1.14 피로균열 발생과 진전거동

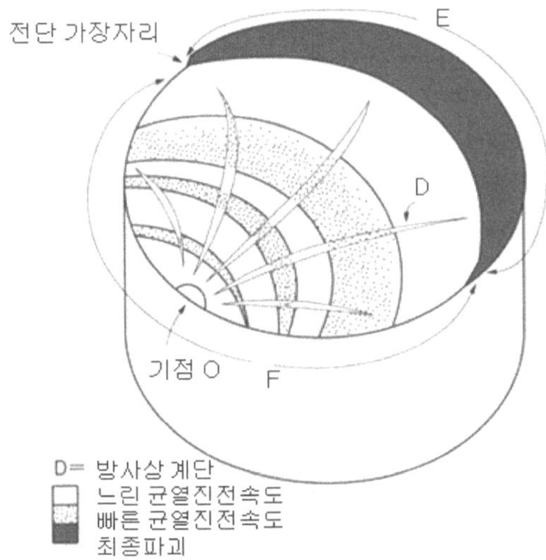

그림 1.15 피로파괴 파면의 모식도

(3) 재료의 노치 감도에 의한 파면형태

사용재료의 노치 감도는 균열 발생 근방과 균열 진전영역의 파면형태에 크게 영향을 미친다. 예를 들어 인장강도가 큰 고장력강 등은 노치 감도가 높기 때문에 표면에 생긴 초기균열이 그림 1.16(a)와 같이 급속하게 내부로 확산되려고 된다. 그러나 연강이나 어닐링재처럼 인장강도가 작고, 노치 감도가 낮은 재료는 표면에서 소성변형이 발생하여(b)와 같이 내부로 확대하는 경향이 있다. 즉, 파면에 나타나는 피로파괴진전영역의 모양이 최종파단부 근방에서 반대의 진전모양을 나타내는 것도 있기 때문에 균열의 진전방향의 파악을 실수하지 않도록 충분히 주의할 필요가 있다.

(4) 부하응력의 대소에 의한 파면형태의 차이

축 등 회전하는 부품이 파괴한 경우, 단 붙임부의 형상도 파면의 모양에 영향을 준다. 그림 1.17은 일례를 나타낸 것이다. 응력집중부에 예리한 노치의 존재 여부에 따라서 파면형태가 다르다. 예리한 노치가 있고, 응력집중원이 존재하는 경우는

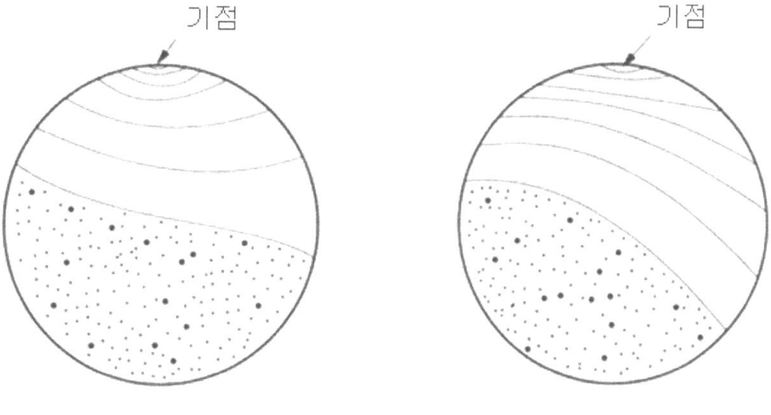

(a) 노치감도가 높은 재료 (b) 노치감도가 낮은 재료

그림 1.16 피로균열파면에 미치는 노치 감도의 영향

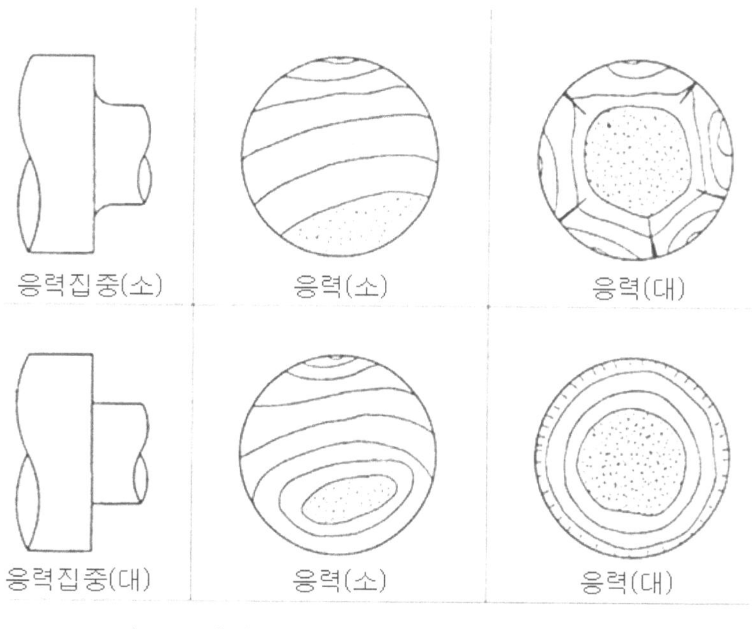

그림 1.17 응력의 크기와 형상에 의한 피로파면 양상

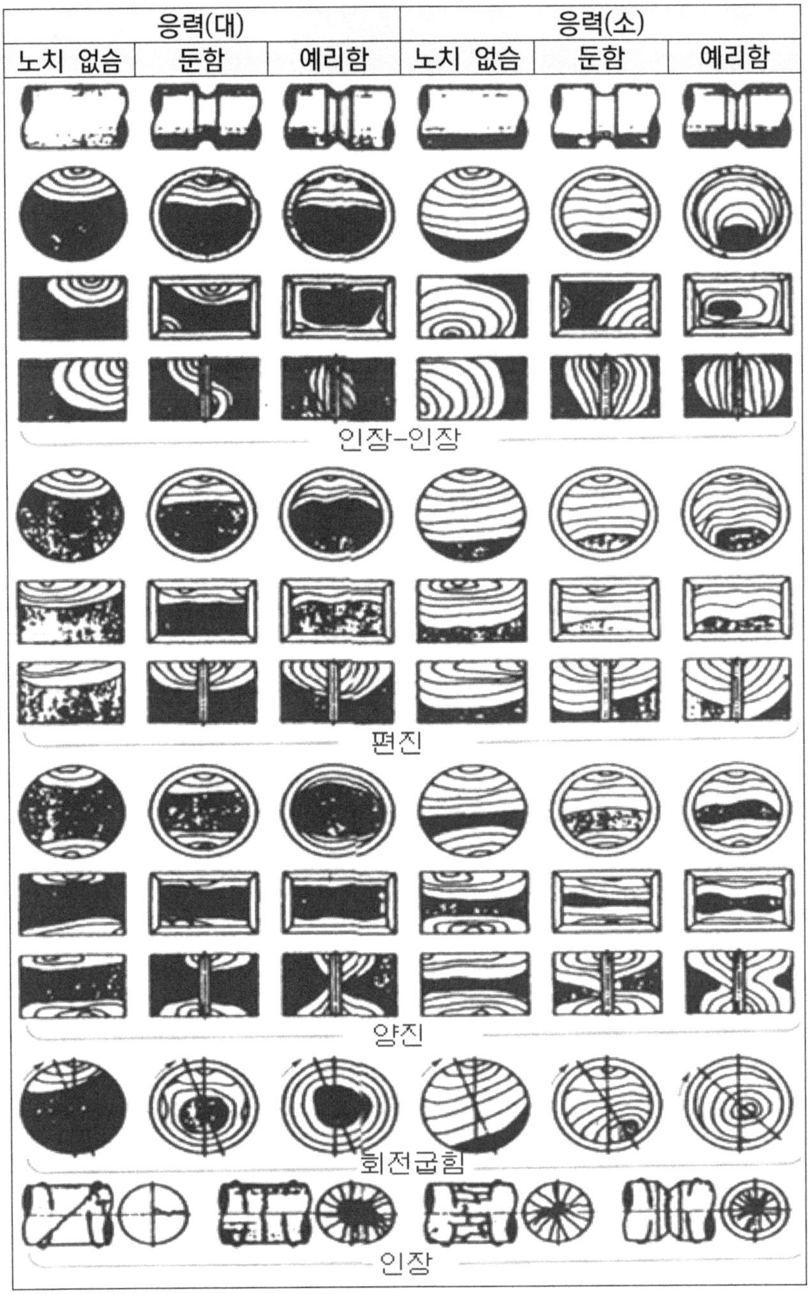

그림 1.18 부하 응력 및 형상의 종류와 파면 형태와의 관계

부하응력의 크기에 따르지만, 일반적으로 외주부의 여러 군데에서 동시에 균열이 발생하고 내부로 향하여 진전한다. 균열 발생 기점부는 축방향에 대하여 직각이 아닌, 전단에 가까운 각도(40~45°)에서 발생한다.

한편, 노치가 작고 응력집중부도 작은 경우는 균열 발생 기점의 수도 적고, 부하응력의 대소에 의하여 최종파단부의 위치가 외주에 가깝게 된다. 즉, 균열 발생 기점의 수 및 최종파단부의 위치 등에 의하여 노치 감수성, 부하응력의 크기 등을 추정하는 것이 가능하다. 예를 들어 최종파단부가 중앙에 가깝게 존재하는 경우는 파괴까지의 반복수가 3×10^5회 정도이고, 외주부에 존재할 때는 1×10^6회 이상으로 생각해도 좋다. 더욱이 그림 1.18은 부하응력의 방향, 크기, 노치 등의 차이에 의한 여러 가지 파면형태를 나타낸 것이다.

(5) 표면경화재의 파면형태

고주파퀜칭, 침탄퀜칭, 질화처리 등의 표면경화재의 경우는 경화층의 깊이(두께), 부하응력의 크기, 표면에 존재하는 잔류응력 등의 차이에 의하여, 사진 1.3과 같이 피로균열 발생 기점이 표면보다 내부에서 확인되는 수가 있다. 이와 같은 균열 발생 기점을 fish eye(물고기의 눈)라 하고, 균열기점에는 비금속개재물이 존재하는 수가 많다. 그림 1.19는 표면경화재에서 평활재의 균열 발생기구를 나타낸 것이다. 경화층의 깊이, 부하응력의 크기 등에 의하여 표면균열 발생인가 또는 내부균열 발생인가를 추정할 수 있다. 노치재의 경우는 부하응력분포에 응력집중의 영향을 고려할 필요가 있지만, 평활재의 경우와 같게 생각해도 좋다.

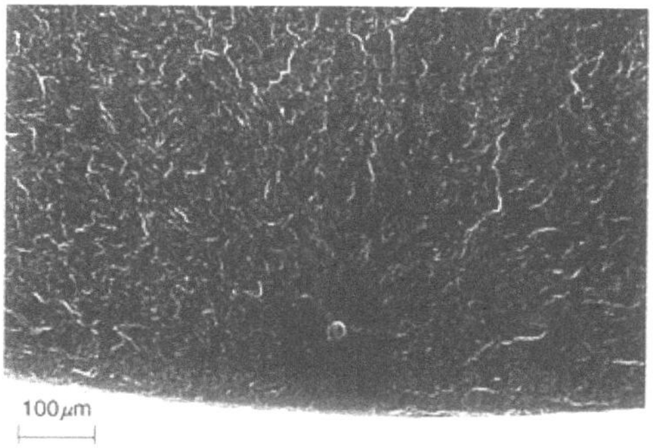

사진 1.3 fish eye 기구에 의한 파면(침탄퀜칭)

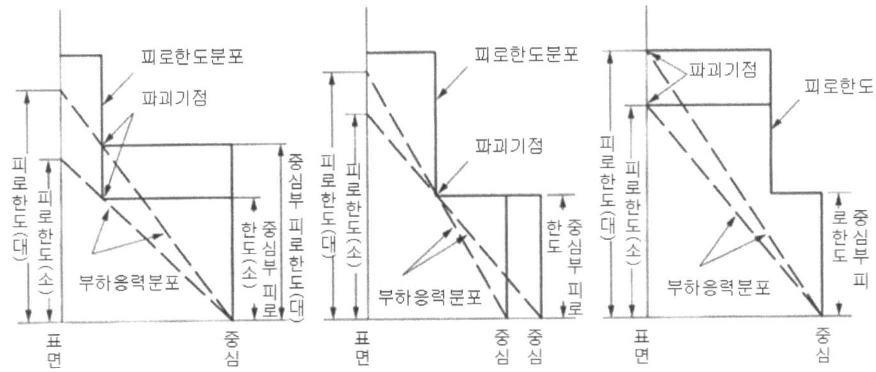

(a) 경화 비율(소) (b) 경화 비율(중) (c) 경화 비율(대)

그림 1.19 표면 경화재의 피로파괴 모델(평활재의 경우)

(6) 균열 발생수명과 균열 진전속도

부재에 반복응력이 작용하면, 통상의 경우는 최대전단응력을 받는 표면에 균열이 발생한다. 그림 1.20은 균열 발생까지 수명과 균열 진전속도의 관계를 모식적으로 나타낸 것으로, 4가지로 나눌 수 있다.

A; 균열의 발생이 빠르고, 진전속도도 빠른 경우

B; 균열의 발생이 빠르고, 진전속도는 느린 경우

C; 균열의 발생이 비교적 느리고, 진전속도가 빠른 경우

D; 균열의 발생과 진전속도가 빠른 경우

각각 파면 상에 다른 모양이 나타난다. 즉, 이들 파면을 거시적으로 관찰하면, A의 경우는 피로균열 진전영역이 적고, 정적파괴에 의한 최종파단부의 면적비율이 많고, 비교적 요철이 심하고 거친 양상을 나타낸다. B의 경우는 피로균열 진전영역이 넓고 평탄하여 미세하고, 최종파단부 면적도 적다. C의 경우는 A와 유사한 파면모양을 나타내고, D는 B와 같은 파면이 관찰된다. 또 균열 발생 인자는 부하응력의 대소는 물론이고, 표면 거칠기, 재료의 항복강도 및 표면의 잔류 응력이다. 균열 진전속도를 좌우하는 것은 주로 금속조직(내부의 항복강도)이다. 즉, 앞에서 설명한 것처럼 최대전단응력을 받는 표면은 응력집중원이 되는 부딪힌 흔적이나 손상(절삭이나 연마 손상)이 발견되지 않고, 항복강도도 높고(표면근방은 경화, 내부는

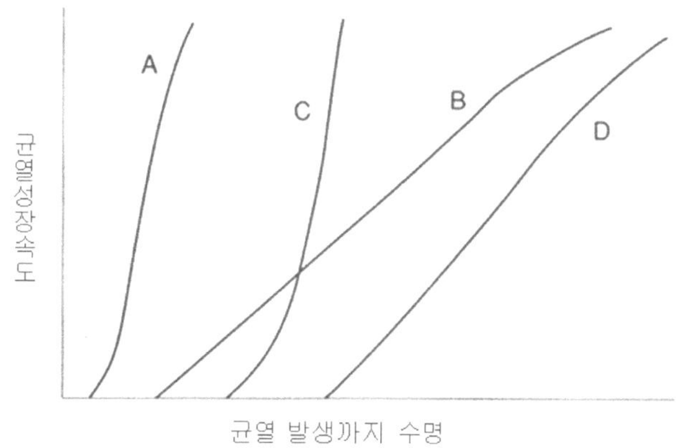

그림 1.20 균열 발생과 전파속도와의 관계

조질에 의하여), 압축잔류응력이 클수록, 또는 균열진전에 있어서는 결정립도가 작고 비금속개재물도 적은 균일한 금속조직을 가지는 부재일수록 균열 진전속도가 지연된다.

(7) 피로강도에 미치는 여러 인자

앞에서 설명한 것처럼 90% 이상이 반복하중에 의한 피로파괴이다. 이 피로파괴 현상에 대해서 균열의 발생이나 진전거동 등 기본적인 것으로부터는 별도로, 미치는 인자는 재료의 문제, 설계의 문제, 가공의 문제, 사용 환경의 문제 등 여러 요인을 생각할 수 있고, 하나의 원인으로 파괴되는 것은 드물다. 즉, 대부분의 경우 몇 개의 요인이 복합되어 발생한다. 따라서 조사 및 해석도 복잡하고, 경우에 따라 파괴가 재발하는 수도 있다. 이하에 피로파괴에 미치는 여러 인자에 대해서 설명한다.

① 응력조건

일정응력보다도 변동응력이 작용하면 파괴까지의 수명이 짧다. 예를 들어 고속도로를 달릴 때, 일정의 속도로 주행하는 경우는 자동차 전체에 걸리는 부하는 고속이면서 변동이 적기 때문에 각 부분에 작용하는 힘도 작지만, 요철 도로의 경우는 변동응력이 작용하기 때문에 각 부분에서의 응력이 크게 된다. 따라서 파괴까지의 수명이 짧게 되고, 운전조건과 부하응력과의 관계는 중요한 변수이다.

② 노치

노치 효과도 중요하다. 즉, 힘(응력)이 작용하는 부분에 응력집중원의 존재 여부에 따라서 균열 발생수명이 좌우되고, 수명이 결정된다. 앞에서 설명하였듯이 균열의 발생은 원자에서 시작된다. 따라서 아무리 작은 손상 흔적이라도 원자 단위로 생각하면 크기 때문에 작은 노치라도 응력집중원이 되어 균열 발생원이 될 수 있다. 즉, 최대전단응력이 작용하는 표면은 가능한 한 요철을 작게 하여 노치를 제거하는 것이 장수명화의 지름길이다.

③ 평균응력과 잔류응력

이 두 가지의 응력은 균열 발생까지의 수명을 크게 좌우하는 인자의 하나다. 즉, 응력에는 인장과 굽힘과 같은 외부응력과 열팽창으로 부재 자체가 신축하는 내부응력이 있다. 어떠한 경우도 응력에는 인장응력과 압축응력 2종류가 있고, 잔류응력도 이와 같은 2종류다. 2종류 응력 중에서 균열 발생에 관여하는 응력은 인장응력뿐이다. 잔류응력을 포함한 압축응력에서는 부재는 절대 파괴하지 않는다. 평균응력이란, 예를 들어 볼트, 너트가 체결되어 있는 부재는 이미 체결력에 의하여 응력이 부하되어 있다. 이 응력을 평균응력이라 한다.

따라서, 체결 응력이 클수록 평균응력도 크게 되고, 작은 외부응력이 작용하여도 체결응력과 플러스되어 항복점 이상의 응력이 작용한 상태로 되어 균열이 발생한다. 잔류응력의 생각방법도 평균응력과 같고, 무부하 상태에서 이미 부재에 존재하고 있는 응력이다. 어느 경우도 표면에 작용하고 있는 응력은 평균응력 또는 잔류응력이라 하여도 압축이 큰 편이 균열 발생을 지연시킨다.

④ 반복속도

저 사이클 또는 고 사이클에 따라 수명이 달라진다. 저 사이클은 소성피로라고도 부른다. 반복 부하 속도의 영향, 즉 운전 정지 시간의 영향이 크다. 응력이 부하됨에 따라 가공경화현상이 장수명화에 플러스로 작용할지 마이너스로 작용할지 또

정지 시간이 길게 되면 부식 환경에 의한 pitting 등이 발생하고, 이것이 응력집중원이 되는지 여부에 의하여 크게 좌우된다. 고 사이클은 $100\sim5\times10^3$/min회의 범위내에 있어서는 현저한 차가 발생하지 않는 것으로 생각해도 좋다.

⑤ 조직, 결정립도

금속조직이나 결정립도의 크기는 균열의 발생보다도 균열의 진전속도에 크게 영향을 미친다. 그림 1.21은 피로강도에 미치는 금속조직의 영향에 대해서 검토한 것이다. 마르텐사이트가 가장 낮은 피로한도를 나타낸다. 이 결과는 경도가 50HRC 이하의 비교적 낮은 라스마르텐사이트의 경우이다. 탄소를 과포화 고용한 버터플라이나 렌즈상 마르텐사이트는 경도가 높기 때문에 균열 발생은 약간 지연되지만 균열진전은 빠르다. 연하고 단단한 조직이 혼재하는 2상조직강인 페라이트+마르텐사이트, 마르텐사이트+잔류 오스테나이트강 등은 높은 피로한도를 나타낸다. 또한 그림 1.22는 표면에 탈탄층이 존재하는 경우의 S-N곡선을 나타낸 것

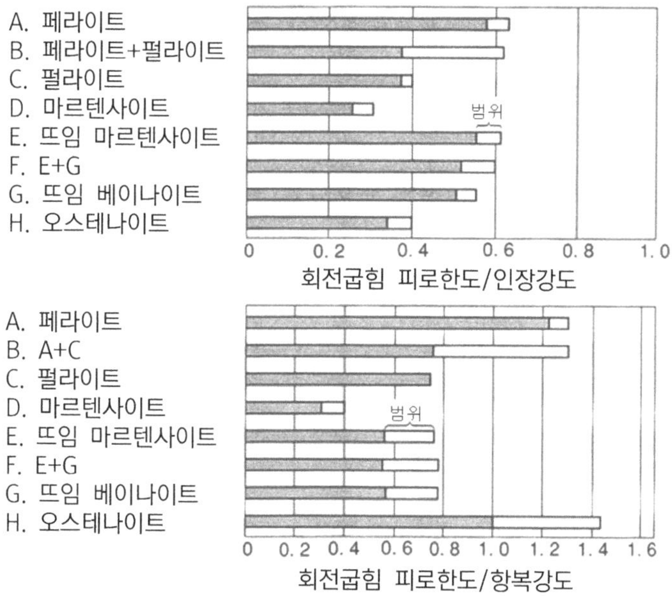

그림 1.21 금속조직과 내구비의 관계

이다. 노치재는 노치 효과에 따라 현저한 차를 확인할 수 없지만, 평활재는 큰 차이가 나타난다. 결정립도는 인장강도와 같이 홀-페치의 법칙이 성립하고, 그림 1.23과 같이 결정립도가 작을수록 높은 피로한도를 나타낸다.

⑥ 방향성

부재는 부하되는 주응력에 대하여 어떤 방향으로 채취되었는지에 따라 피로한도가 크게 다르다. 그림 1.5와 같이 시료의 채취방향과 피로한도의 관계는 다르다. 부하되는 주응력이 직각으로 작용하는 방향에서 채취한 평활재와 노치재는 낮은 피로한도를 나타낸다.

⑦ 내부결함

사용재료의 내부결함도 피로강도에 영향을 크게 미친다. 강의 경우는 제강기술의 향상으로 pipe, 공극 등 내부결함이 현저하게 감소하고 있다. 최근에는 미시적 결함으로 피로강도에 미치는 비금속개재물의 영향이 고장력강 등에 검토되고 있다. 내부결함은 주물, 다이캐스트제품 등 주조방법, 주조기술의 부적절때문에 파괴되는 것이 많고 피로강도의 분산이 많다.

⑧ 분위기

사용온도, 부식성분위기 등 환경의 변화에 따라서도 피로강도는 다르다. 특히 최근에는 내진, 내염방지 등을 위한 건축재, 커튼천이나 막 등에 여러 가지 약품이 사용되어 제조되고 있다. 이 약품이 사용 중에 미량이나마 방출되기 때문에 응력부식균열이나 지연파괴 등의 원인이 되어 균열이 발생하고 있다. 부식성환경에 따라 etching pit 등이 발생하고, 이것이 응력집중원이 되어 균열이 발생하는 예도 있다.

⑨ 표면처리

도금의 종류나 도금 후 열처리 유무 등에 따라 기계적성질, 열적 및 화학적성질이 다르기 때문에 피로강도에도 영향을 미친다.

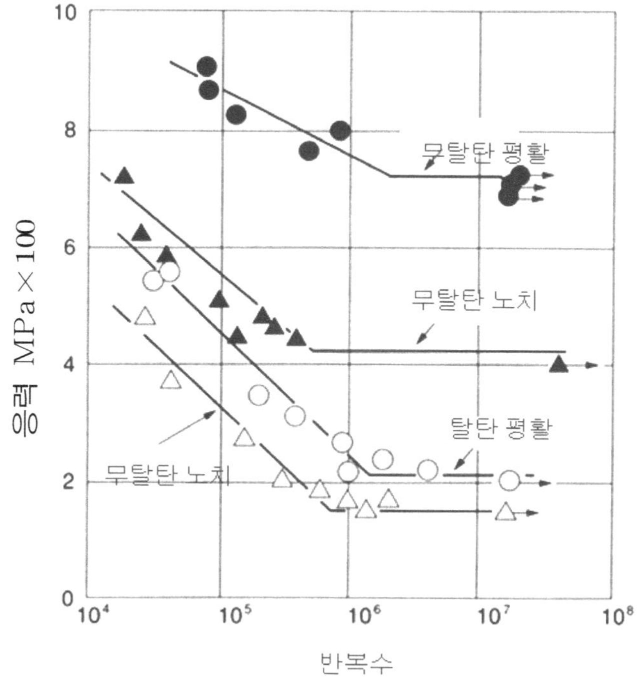

그림 1.22 피로강도에 미치는 탈탄의 영향

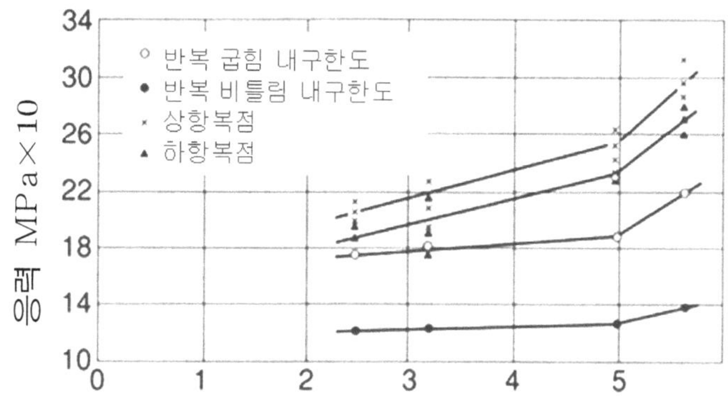

그림 1.23 결정입도와 내구비의 관계

1.4.5 부하응력의 차이에 따른 파면형태의 예(거시적)

파면은 부하응력의 종류, 크기와 방향, 사용재료의 강도, 사용환경 등에 따라 다르기 때문에 복잡한 양상을 나타낸다. 파괴기구나 파괴의 원인을 정확하게 파악하여, 재발방지를 위해서 최종적으로 미시적인 검토가 중요하다. 그러나 장비 문제, 시간 문제, 경비 문제 때문에 거시적으로 관찰하여, 파괴원인을 개략적으로 조사하는 것도 중요하다. 이하 간단한 사례에 대해서 설명한다. 사진 1.4는 모터축의 피로파면이다. 모터축이 가지고 있는 강도 이상의 응력이 여러 가지 방향에서 작용한 경우이다. O로 표시한 여러 군데가 균열 발생 기점부, F가 균열 진전영역, E가 최종파단부. 화살표가 균열 진전방향이다. 균열 발생 기점부가 여러 군데 발견되고, 균열 진전방향도 다르고(노치에 의한 응력집중부의 존재가 생각된다.), 피로균열 진전영역의 요철이 심한 것 등으로부터 균열 발생 및 진전속도가 비교적 빨랐다고 생각된다(조개껍데기 모양의 간극이 넓다).

이와 같은 파단면은 재료의 항복강도 이상의 과대 부하응력이 작용했든지, 또는 처음부터 재료의 강도부족 때문에 작용 응력이 과대응력으로 작용했든지 둘 중 하나이다. 따라서 대책은 응력집중부의 완화대책, 등축원운동(편진이 되면 과대응력이 된다), 사용부하 응력을 낮추어 사용한다. 만약 부하 응력을 낮추는 것이 불가능하면 인장강도가 높은 재료(피로한도가 높은 재료)를 사용하는 것에 의해 재발방지와 장수명화가 가능하다.

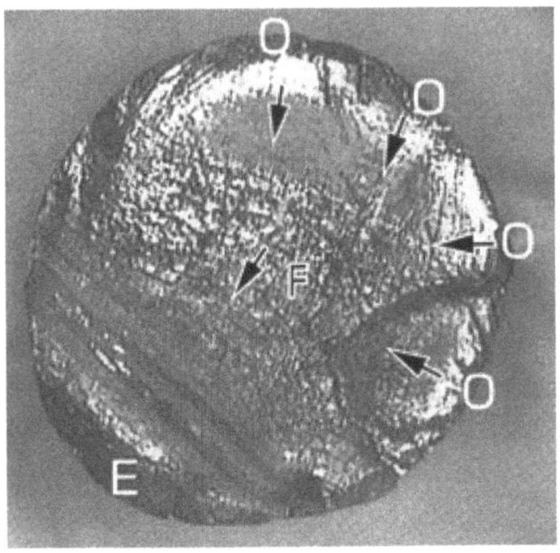

사진 1.4 축의 피로파면

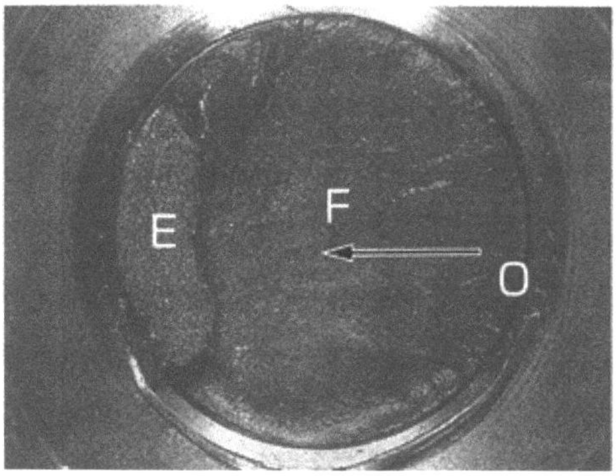

사진 1.5 차량 체결용 볼트의 파면

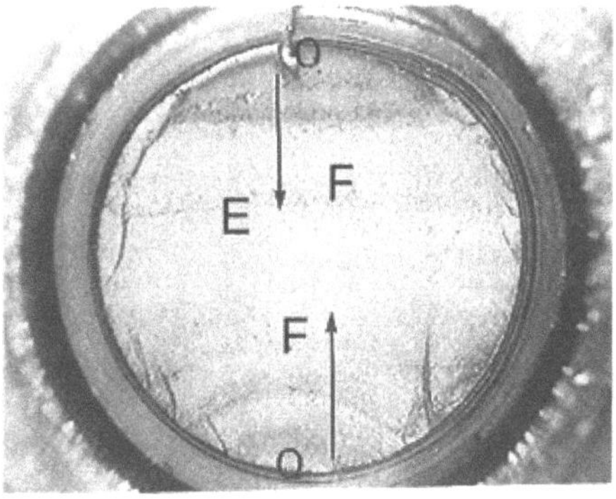

사진 1.6 축의 피로파면

사진 1.5는 차량 체결용 볼트가 편진굽힘응력에 의하여 파괴한 피로파면이다. 균열 발생 기점부는 외주의 약 절반인 O부분(균열 발생부에는 순간적인 과대응력에 의해 발생한 약간의 단차모양을 발견할 수 있다), F가 피로균열 진전영역, E가 최종파단부, 화살표가 균열 진전방향이다. 균열 진전영역은 비교적 평탄한 면을 나타내고 있지만, 균열 발생 기점 근방에는 사용 중의 과대응력에 의해 생긴 단차모양을 발견할 수 있다. 또 최종파단부가 비교적 큰 것으로부터 변동 과대응력이 시간적인 변화에 의해 작용한 것으로 생각되어진다. 따라서 과대변동응력이 발생한 원인, 또 사용재료의 금속조직(어떠한 열처리가 되어있는가)을 재검토할 필요가 있다.

사진 1.6은 양진굽힘응력에 의해 생긴 모터 축의 피로파면이다. O가 균열 발생기점, F가 균열 진전영역으로 최종파단부의 면적이 상당히 작다. 이와 같은 파면은 사용부하응력과 재질의 강도, 즉 재료의 강도를 포함한 강도설계가 좋은 예이다. 균열 발생원이 되는 응력집중부를 고려하면 장수명화가 가능하다.

사진 1.7은 양진굽힘응력에 의해 파괴된 핀의 예다. O가 균열 발생 기점 근방(단차모양존재), F가 균열 진전영역(비교적 거칠다). E가 최종파단부(비교적 넓다), 화살표가 균열 진전방향이다. 이와 같은 파면이 관찰된 경우는 균열 발생원이 되는 노치부를 완화해도 해결책이 되지 않는다. 해결책은 부하응력의 저하 또는 고강도 재료로 변경하는 것이다. 앞에서 설명한 사진 1.4~7의 파면 예는 최대전단응력을 받은 표면에서 균열이 발생한 경우지만, 사진 1.8은 표면경화법의 한 종류인 침탄퀜칭 축에 나타난 fish eye type의 피로파면이다. 검은 원형의 중심부 근방이 균

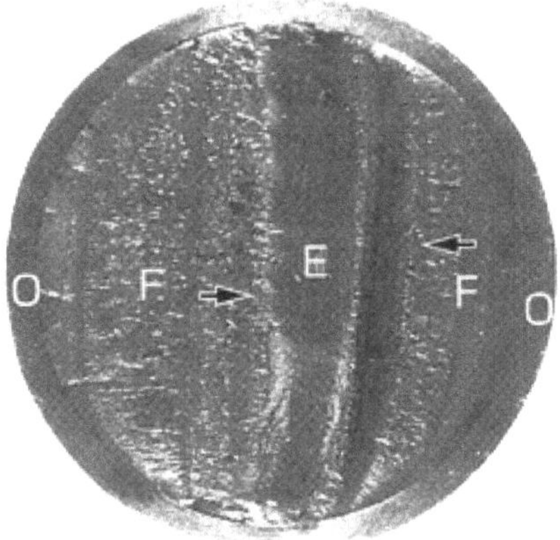

사진 1.7 핀의 피로파면

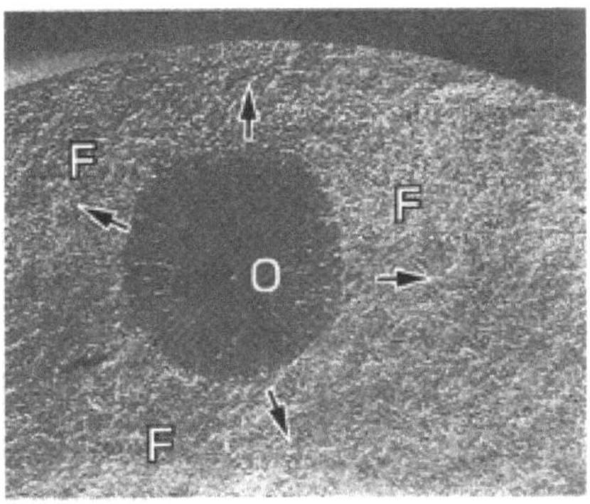

사진 1.8 표면경화재의 피로파면

열발생 기점이고, 비금속개재물 등이 원인이다. fish eye type의 기점은 그림 1.19처럼 경화층 깊이, 잔류응력분포, 부하응력의 크기에 따라 표면에 가깝게 발생하거나 내부에 발생하기도 한다.

1.5 미시적인 파면관찰

1.5.1 미시적인 파면형태

파면을 거시적으로 관찰하여 작용한 응력의 크기, 파단면 근방의 외관 등을 개략적으로 파악하여 재발방지대책을 세우기 위하여 중요하다라는 것을 서술하였다. 그러나 파괴까지의 이력이나 기구 등을 상세하게 검토하여, 필요하면서도 충분한 데이터를 수집하기 위해서는 미시적인 검토도 중요하다. 즉, 거시적인 관찰만으로는 파괴 기구 혹은 파괴 원인 등을 정확하게 파악하기에는 약간 문제가 있다. 보다 정확한 데이터를 얻기 위해서 미시적인 관찰도 필요하다. 미시적 관찰은 오래전부터 전자현미경에 의한 replica(레프리카)법이 많이 사용되고 있었지만, 최근에는 주사형전자현미경(SEM)의 보급에 따라 이 SEM이 3차원적 요철을 포함해 파면 관찰용으로 정착하고 있다.

- 파괴
  - 입내파괴
    - 연성파괴
      - 미소공동의 합체 - 등축 딤플, 신장 딤플
      - 슬립면 - 사행슬립, ripple, stretching
    - 취성파괴
      - 벽개파괴 - River pattem, 벽개단, 벽개 facet, tongue
      - 의사벽개파괴 - River pattem, 벽개단, 벽개 facet, tongue
    - 피로파괴
      - 연성 striation
      - 취성 striation
      - Plateau, river pattern
      - Tire truck
  - 입계파괴
    - 연성파괴(dimple이 혼재한 다각형상 파면)
    - 취성파괴(무 특징인 각상파면)
    - 피로파괴(stration alc 이것과 유사한 각 파면)

그림 1.24 파괴기구 차이에 의한 미시적 파면 특징

또한 파단면을 미시적으로 관찰하는 방법을 프랙토그래피(fractography)라 부른다. 전자현미경에 의하여 미시적으로 관찰된 모양을 파괴양식으로 분류하면 그림 1.24와 같다. 즉, 거시적 관찰의 경우와 같이 입내파괴, 입계파괴로 나누고, 이것을 연성파괴, 취성파괴, 피로파괴로 분류할 수 있다.

이하에서는 전자현미경에 의해 관찰되는 파면의 특징 혹은 모양을 부하응력이나 균열의 진전속도 등과 관련하여 소개한다.

1.5.2 입내파괴

(1) 연성파면

연성파괴 파면은 사진 1.9와 같이 미소공동의 합체와 사진 1.10과 같이 미끄럼면 분리에 의하여 형성되는 면이 있다. 미소공동의 합체에 의한 파면은 부재에 항복강도 이상의 부하응력이 작용한 경우, 소성변형에 따라서 석출물 혹은 비금속개재물 같은 불순물이 핵으로 되어 미소한 공동(불순물의 주위는 결합 에너지가 작기 때문에 인장응력 등이 작용하면, 그 주위가 공동이 된다)이 다수 형성되어, 이것이 합체하여 생기는 면이다. 따라서 관찰되는 파면은 움푹 패인 것과 같은 모양을 나타낸다. 이것을 딤플(골프공 표면의 요철로 생각하면 좋다)이라 한다. 순금속일수록 요철이 적고, 불순물이 많은 금속일수록 딤플이 많게 된다.

그림 1.25는 딤플모양의 형성 기구를 나타낸 것으로, 부하 응력의 방향에 의하여 등축 또는 신장 딤플로 된다. 이와 같은 파면모양은 정적인 인장파단면과 피로파면의 최종파단부 또는 비교적 정적에 가까운 반복응력에 의해 파괴된 면에 나타난다. 사진 1.11은 딤플모양이 관찰된 피로파면으로 반복부하속도가 비교적 느린 경우의 파면이다. 미끄럼면 분리에 따라 생긴 파면은 가장 미끄러지기 쉬운(110)면의 미끄럼에 의해 생긴 형상이다. 파면 특징은 사행미끄럼이라 부르는 물결친 줄무늬상의 모양 혹은 줄무늬상 모양을 작게 한 잔물결(ripple)상을 나타낸다. 이와 같은 미끄럼면 분리로 파괴하는 금속재료는 비교적 순도가 높고 파괴과정에 있어서 딤플로 되는 핵이 적은 재료에서 많이 형성된다.

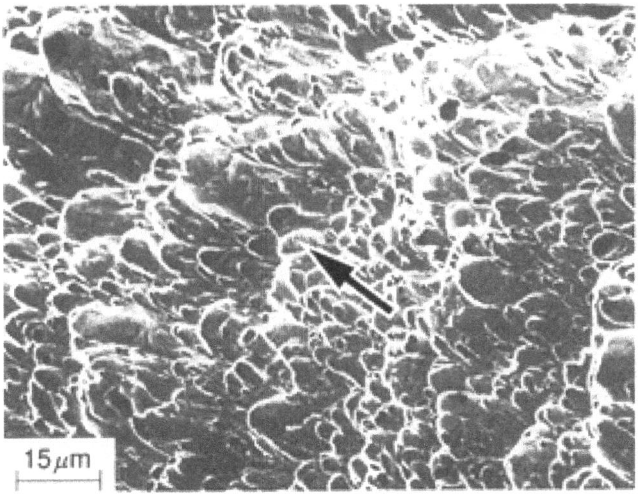

사진 1.9 미소 공동 합체에 의한 파면(딤플)

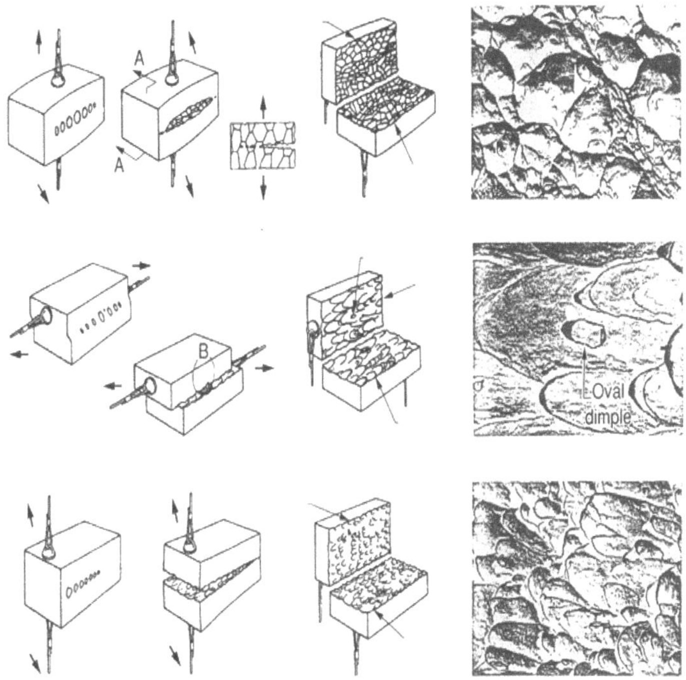

그림 1.25 딤플 모양의 생성 기구

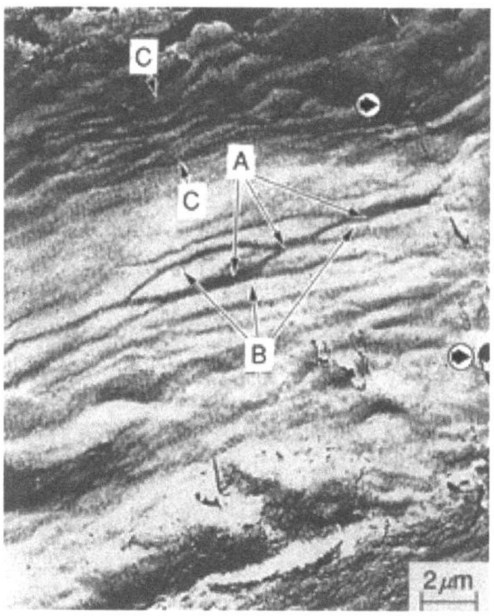

사진 1.10 미끄럼면 분리에 의한 파면 (A, B가 사행미끄럼, C는 ripple)

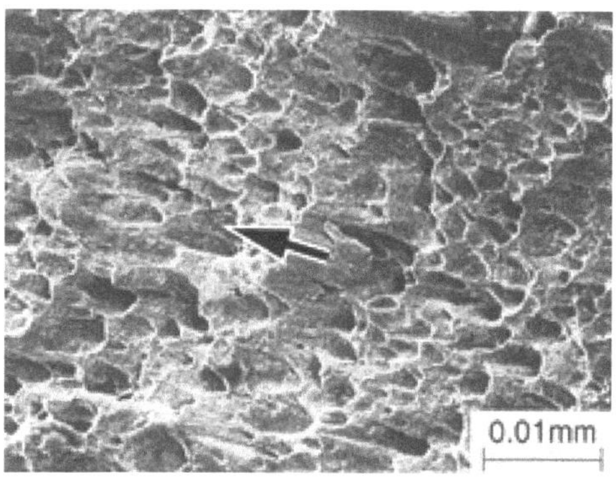

사진 1.11 비교적 부하 속도가 느린 피로 파면

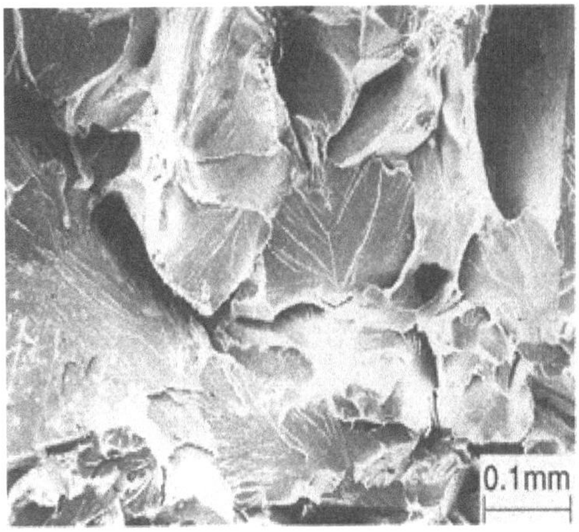

사진 1.12 취성파면(벽개 facet)

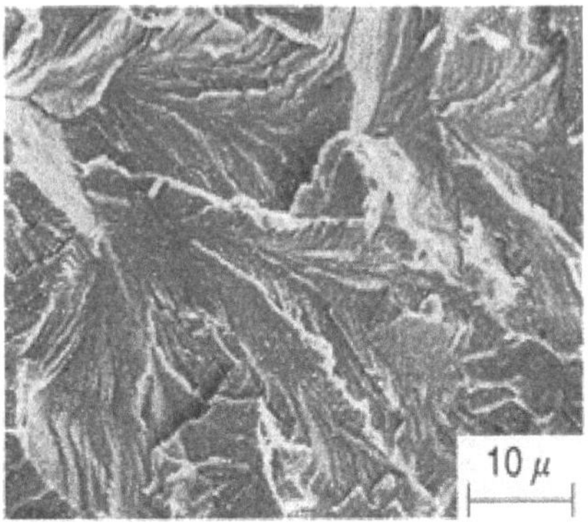

사진 1.13 취성파면(의사벽개파면)

(2) 취성파면

취성파괴(균열 진전속도가 빠르다)는 벽개파괴와 의사벽개파괴 두 가지의 파괴형태가 있다. 벽개파면은 사진 1.12와 같이 벽개 facet라 부르는 파면 위에 강이 중심으로 향해서 흘러들어 가는 것 같은 양상을 나타낸다. 이 강 모양을 리버패턴이라 하고, 거의 소성변형을 수반하지 않고 벽개면이라 부르는 특정 결정면에서 분리 파단한다.

벽개파괴보다도 균열 진전속도가 약간 느리게 되면 사진 1.13과 같은 의사벽개파면이라 부르는 모양이 발생한다. river pattern(리버패턴)이나 tongue(혀)라 부르는 모양이 벽개파괴와 같이 관찰되지만, 모양이 작아 벽개인지 아닌지 판단이 곤란하기 때문에 의사벽개라 부른다. 벽개와 의사벽개는 균열 진전속도의 차이에 따라 생기는 파면이다. 피로파괴의 경우는 입내에 딤플이 혼재하는 것도 있고, 혼재비율은 속도에 따라 다르다.

또한 사진 1.14는 의사벽개파괴와 유사한 모양을 나타낸다. 이와 같은 모양은 덴드라이트(수지상정) 조직을 가진 재료, 강한 가공을 받은 오스테나이트계 스테인리스강 등의 파면에 관찰되는 것으로 금속조직 의존성에 의한 피로파면이다. 따라서 이 파면은 파괴기구에 따른 것이 아니기 때문에 판단을 잘못하지 않도록 충분히 주의할 필요가 있다.

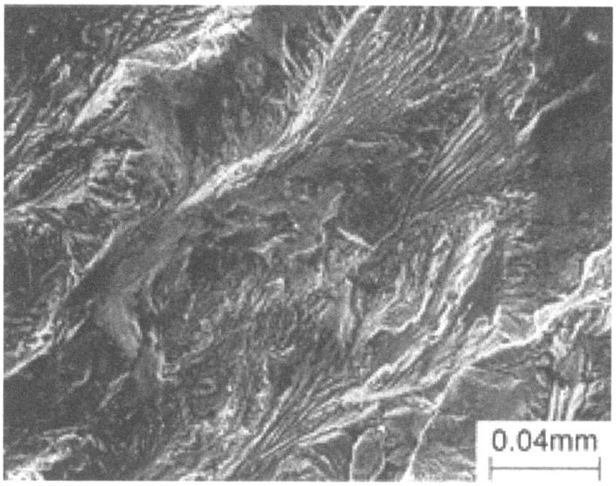

사진 1.14 의사벽개파면에 유사한 파면

(3) 피로파면

피로파면은 1사이클의 반복응력(반복진전한 균열의 길이)에 의해 형성된다. 스트라이에이션이라 부르는 모양이 주요한 특징이다. 스트라이에이션은 사진 1.15와 사진 1.16에 나타내는 연성 스트라이에이션과 취성 스트라이에이션 2가지가 있다. 연성 스트라이에이션은 반복부하응력의 인장측에서 균열선단이 소성변형에 의해 예화 또는 개구함으로서 진전하고, 압축과정에서 재예화함으로서 생긴다. 따라서 1사이클마다의 간극이 균열 진전속도를 나타내기 때문에, 부하응력의 크기(간극의 폭이 넓으면 응력이 크다), 균열진전의 길이(간극의 폭을 촬영 배율으로 나눈 값이 1회 반복으로 진전한 균열의 길이), 재료의 강도(부하응력에 대해서 재료가 약하면 간극이 넓게 된다)등을 추정할 수 있다. 취성 스트라이에이션은 벽개면에 따라서 형성되고, 단단한 재료에서 부식성분위기의 피로파면이나 균열 진전속도가 빠른 경우, 혹은 부하응력이 클 때의 파면에 관찰되는 일이 많다. 이와 같은 형상은 항상 피로파면에서 관찰되는 것이 아니고, 오히려 관찰되는 편이 적다. 특히 진공중에서의 피로파면에는 관찰되지 않는다. 이것은 스트라이에이션의 생성 기구에 공기중의 산소가 크게 관여하고 있기 때문에다. 이 외에 스트라이에이션에 상당히 유사한 것으로 타이어트럭(tire truck)으로 불리는 모양이 있다.

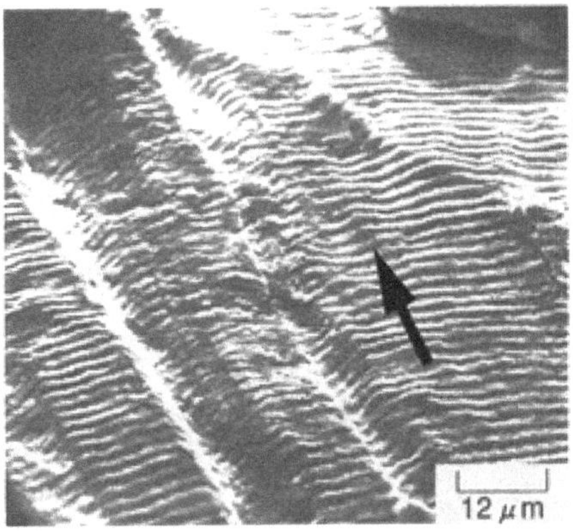

사진 1.15 연성 스트라이에이션

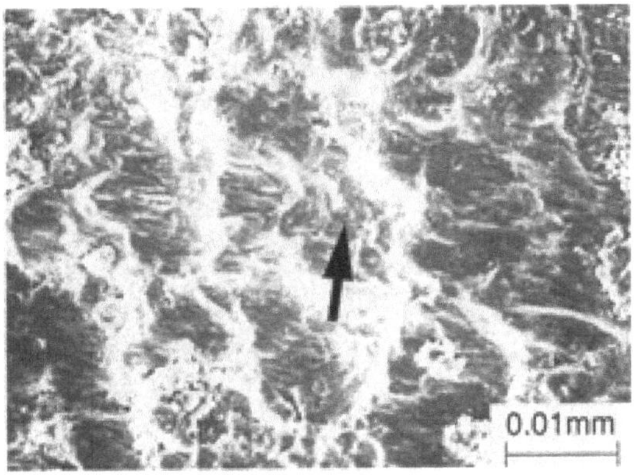

사진 1.16 취성 스트라이에이션

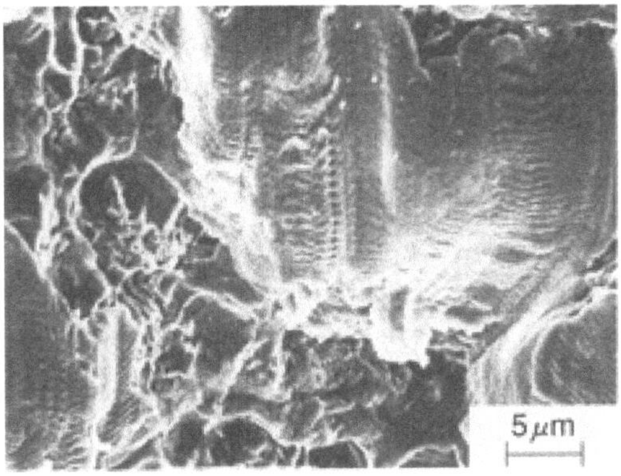

사진 1.17 표면경화재에서 관찰된 tire truck

사진 1.17은 가스 연질화 처리강의 피로파면 모양을 관찰한 예이다. 이와 같은 형상은 파괴시에 상대면의 돌기물이나 단단한 질화물 등에 의해 1사이클마다 접촉 흔적이 발생하기 때문에 스트라이에이션과 비슷한 모양이 된다. 피로에 의한 스트라이에이션 또는 타이어트럭의 구별은 상대재에 의한 접촉 파면을 관찰하면 알 수 있다. 의사벽개파면을 나타내면서 금속조직의존성에 의한 파면은 피로파괴에 의한 스트라이에이션과 유사하지만 펄라이트 조직이나 덴드라이트 조직을 가진 재료에 나타나기 쉽기 때문에 금속조직 등도 고려할 필요가 있다.

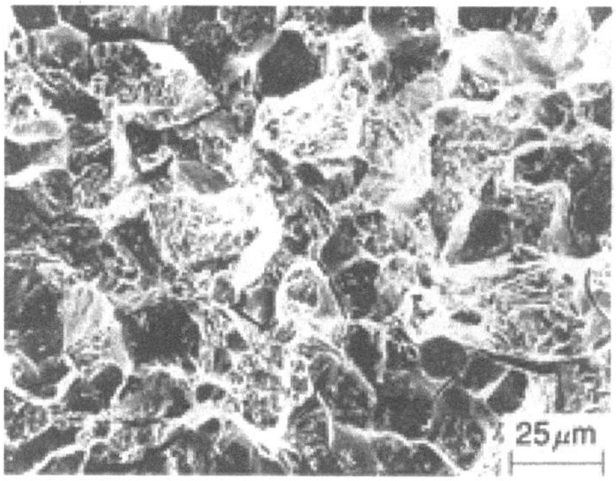

사진 1.18 입계파괴(연성파면)

사진 1.19 입계파괴(취성파면)

1.5.3 입계파괴

(1) 연성파면

입계에서의 연성파괴는 미소공동이 입계를 따라 형성되어 합체하여 파괴되는 것이다. 사진 1.18은 예로서, 결정입계 및 벽개에 딤플이 관찰된다. 이와 같은 파면은 비교적 균열의 진전속도가 빠른 경우에 발생하는 것으로, 피로균열 진전영역의 면적이 작고 정적인 부하응력에 의하여 충격적으로 파괴한 파면에 나타나는 것이 많다.

(2) 취성파면

입계파괴 중에서 가장 많이 관찰되는 파면으로, 균열의 진전속도가 가장 빠른 파면이다. 사진 1.19와 같이 입계를 따라 분리파단하여 사각 블록을 랜덤으로 겹쳐 쌓아 선으로 절단한 것 같은 면을 나타내고 각 입자면은 평탄하고 무특징인 모양을 나타내는 것이 많다. 캔디를 겹쳐 쌓은 것 같아 록캔디패턴이라 부르기도 한다. 앞에서 설명한 것 같이 균열 진전속도가 상당히 빠른 파면에서 수소취성에 의한 지연파괴파면, 황동 등에 자주 생기는 응력부식균열(시기균열), 크리프 파면, 템퍼링 취성 파면, 열처리 균열에 의한 파면, 연마균열, 침탄퀜칭 등의 피로파면 등에 많이 관찰된다.

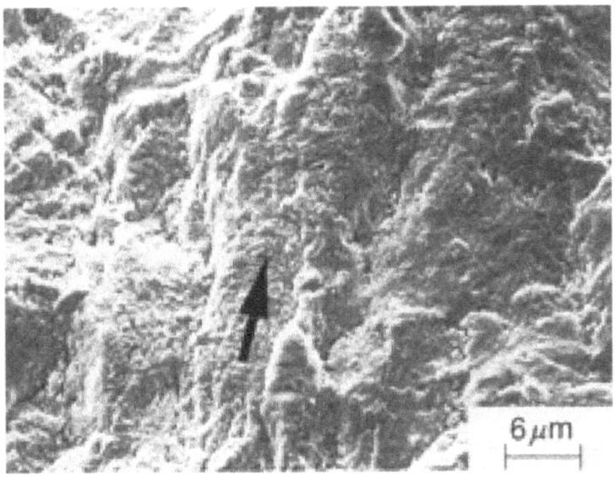

사진 1.20 피로균열 진전영역의 미시파면

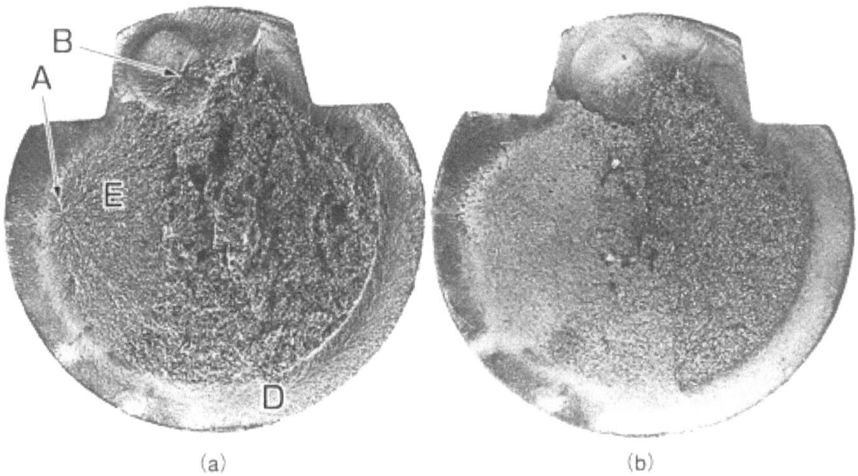

사진 1.21 입사광을 바꾼 거시 파면(A, B: 균열 발생 기점, D: 고주파 퀜칭부)

(3) 피로파면

취성파괴에서 피로파면의 특징은 피로균열이 입계를 따른 파면을 나타내고, 입내파괴와 같은 뿔모양의 파면상에 스트라이에이션 혹은 스트라이에이션과 유사한 모양이 관찰된다. 일반적으로 비교적 단단하고 깨지기 쉬운 재료의 피로파면에서 자주 관찰된다. 사진 1.20은 예를 나타낸 것이다.

1.6 파단면의 보존방법

파단면은 파괴나 사고의 원인구명, 재발방지대책, 장수명화 등에 중요한 정보를 제공한다. 파단면을 그대로 보존하는 경우는 조사종료까지 더럽히지 않고 녹이 슬지 않게 데시게터나 진공용기에 넣어서 보관한다. 용기에 들어가지 않는 큰 물건은 기계유 등을 도포하여 녹이 슬지 않도록 한다. 절단이 필요한 경우는 사전에 파단면을 촬영해 기억해 두는 것도 재발방지나 데이터의 수집 등에서 중요하다. 사진촬영은 비교적 저배율에서 여러 방향에서 입사광을 바꿔서 촬영을 해두는 것이 좋다. 사진 1.21은 입사광을 바꿔서 촬영한 것으로 입사각도의 차이에 따라 다른 파면을 나타내기 때문에 정확하고 명료하게 남겨두는 것이 중요하다. 면을 문지르거나 녹이 슬면 안 된다.

이상, 간편하게 기계부품의 고장분석에 대하여 프랙토그래피적 입장에서 설명하였다. 특히 피로파괴현상은 상당히 복잡하고 파괴요인도 많다. 따라서 파괴원인을 신속하고 정확하게 조사하여 파악하고 재발방지대책, 장수명화를 위하여 중요하다는 것을 설명하였다. 이 책은 파괴역학이나 피로파괴기구, 균열 발생과 진전거동 등에 대한 전문적인 내용은 제외했다. 게다가 학문적인 지식을 습득하고 싶은 분은 각각 다른 전문서를 참조하기 바란다.

02
사례편

피로파괴파면의 사례

1. 소형 모터축의 피로파면

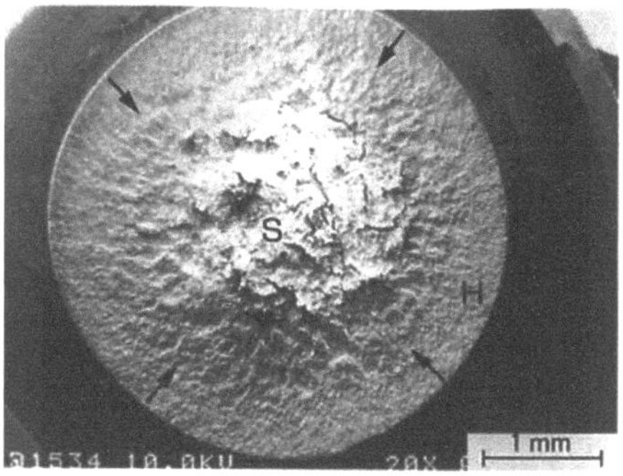

사진 1 거시적인 파단면

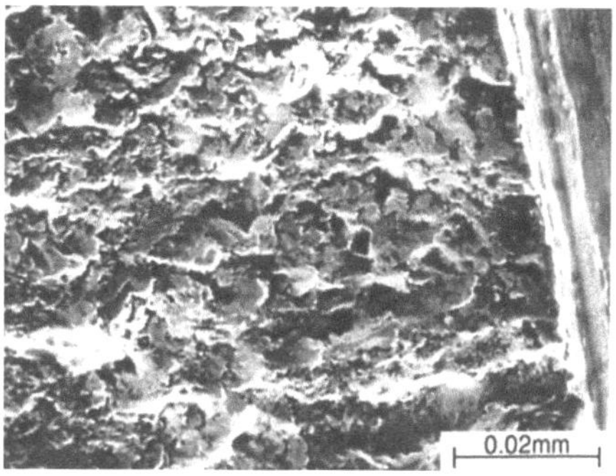

사진 2 피로균열 발생 기점 근방

- **재질**: STS303(납을 첨가한 쾌삭 스테인리스강)
- **열처리**: 고용화열처리
- **파손상황**: 사용 중의 파손(벨트를 사용, 장력에 의한 동력전달방식)
- **부하응력**: 회전 굽힘에 의한 파단
- **파단면 근방**: 원주에는 균열 발생을 유발하는 것 같은 손상 흔적은 발견할 수 없지만, 단붙임 부분에 약간의 노치부가 존재하고 있다.
- **거시적인 파면**: 균열 발생 기점은 원주부 전체이고, 약간 계단 모양이 존재하며, 그 내측에 비교적 평탄한 면이 피로균열 진전영역(H), 내부의 요철이 큰 부분이 최종파단부(S), 화살표는 균열 진전 방향(사진 1).
- **미시적인 파면**: 약간의 계단 모양이 나타난 것으로 보아 균열 진전속도는 비교적 빠르다(사진 2).
- **조사 결과**: 균열 발생 근방의 표면에는 약간의 노치가 존재하여 균열 발생에 관여하고 있지만, 최종파단부의 면적이 피로균열 진전영역보다도 크다. 이것으로부터 사용응력에 대하여 재료의 강도부족 또는 사용응력의 과대를 생각할 수 있다.
- **대책**: 이상의 결과에서 사용 중의 부하응력을 피로한도 이하 응력으로 감소 또는 기구적으로 감소시키는 것이 불가능하다면 피로한도가 높은 재료(인장강도가 큰 재료 = 퀜칭, 템퍼링, 조질, 표면경화 등)로 변경할 필요가 있다. 더욱이, 계단부의 R을 크게 하는 것으로는 파괴방지 대책, 장수명에 도움이 되지 않는다.

<u>조질(**調質**): 퀜칭, 템퍼링에 의하여 인성을 향상시키는 열처리</u>

2. 체결용 렌치(스패너)의 피로파면

사진 1 거시적인 파단면

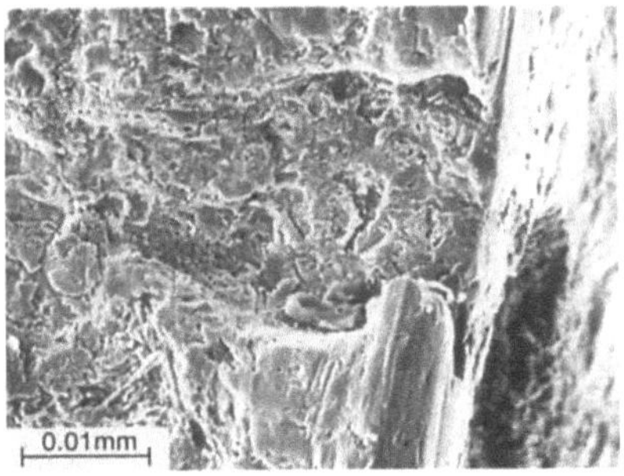

사진 2 균열 발생 기점 근방

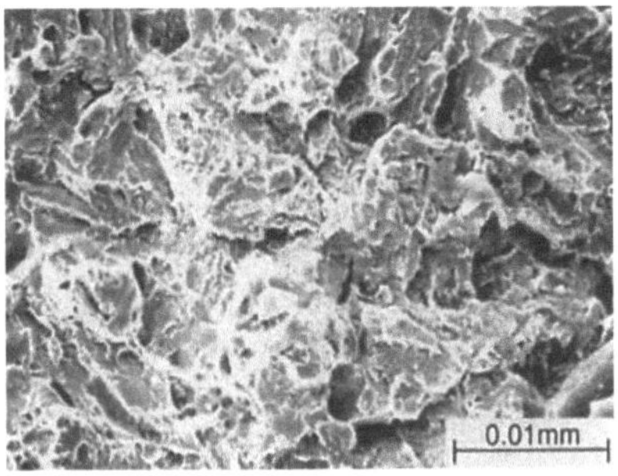

사진 3 피로균열 진전영역

- **재재질**: SKD61(열간 다이스강)
- **열처리**: 퀜칭, 템퍼링(경도: 50HRC)
- **파손상황**: 볼트 체결 시에 파손
- **부하응력**: 편진 굽힘응력에 의한 파단
- **파단면 근방**: 한쪽으로 치우침(일부분이 문질려져 있다) 에 의한 손상 흔적.
- **거시적인 파면**: O는 피로균열 발생 기점이고, 부딪친 흔적의 손상이다. H는 피로균열 진전영역, S가 최종파단부로, 피로균열 진전영역에 비교해 면적이 작다. 화살표는 균열 진전방향(사진 1).
- **미시적인 파면**: 균열 발생 기점 근방에 계단 모양과 근방의 측면에는 pit(구멍)모양의 손상 흔적이다(사진 2). 피로균열 진전영역은 딤플 모양도 발견되나, 비교적 균열진전이 빠른 의사벽개파괴면도 존재한다(사진 3).
- **조사결과**: 사용 중의 편진에 의하여 측면의 일부가 손상을 받아, 그 부분이 응력집중원이 되어 균열이 발생하여 파괴된 것으로 생각된다.

- **대책**: 피로균열 진전영역이 넓고, 최종파단이 비교적 작은 것으로 보아 균열의 발생 원인을 고려할 필요가 있다.
  즉, 편진 굽힘응력이 작용하는 부분에 특히 주의할 것,
  손상 흔적이 발생하지 않도록 할 것,
  표면에 부식공이 존재하는 것으로 보아 내식성이 있는 피막을 코팅할 것,
  과대한 사용응력이 되지 않도록 부하응력을 관리할 것.

3. 코일 스프링의 피로파면

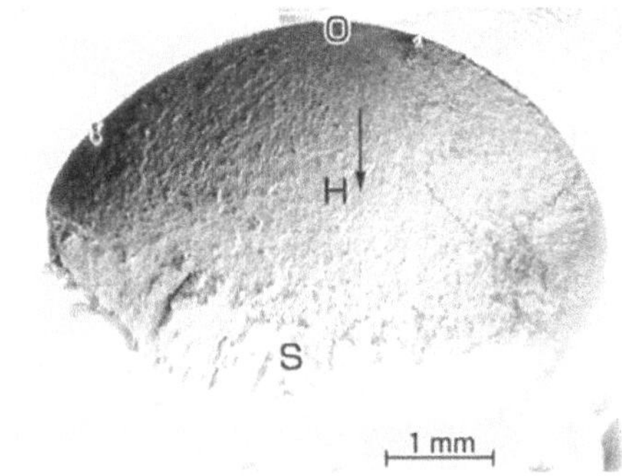

사진 1 거시적인 파단면

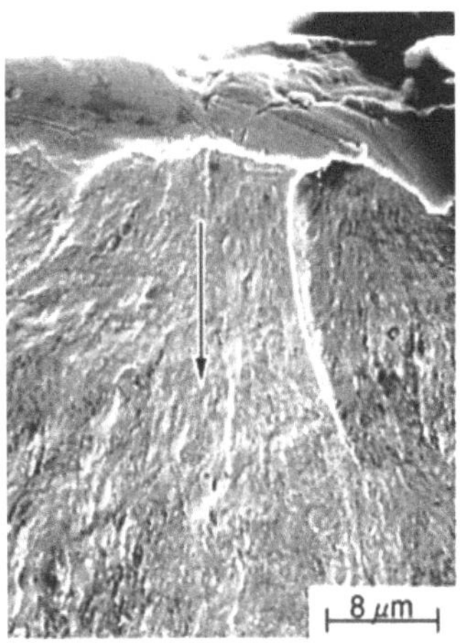

사진 2 균열 발생 기점 근방

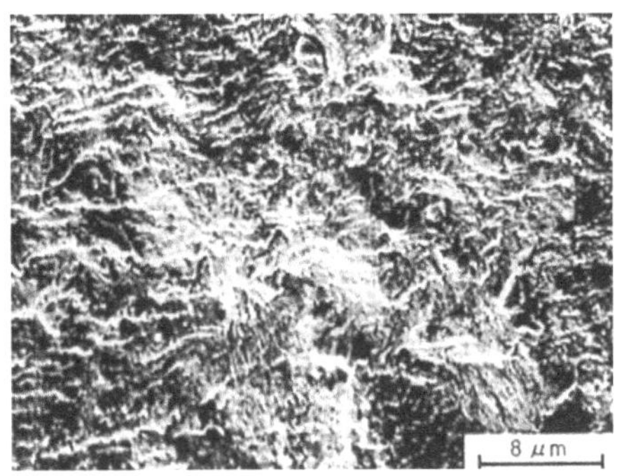

사진 3 피로균열 진전영역

- **소재**: SUP9(스프링 강)
- **열처리**: 퀜칭, 템퍼링(경도: 45HRC)
- **파손상황**: 수송중, 운동용 tumbling의 코일 스프링이 파손
- **부하응력**: 편진 굽힘응력에 의한 파단
- **파단면 근방**: 스프링 제작시의 손상 흔적 존재.
- **거시적인 파면**: O는 피로균열 발생 기점, H는 피로균열 진전영역, S는 최종파단부, 화살표는 균열 진전방향(사진 1).
- **미시적인 파면**: 균열 발생 기점 근방에는 단차모양이 존재하고, 측면에는 스프링 가공 시에 압축된 손상 흔적 존재(사진 2). 균열 진전영역은 비교적 진전속도가 빠른 피로파면(사진 3).

- **조사결과**: 피로균열 진전영역에 비하여 최종파단부가 비교적 넓다. 균열 발생 기점 근방은 스프링 제조시의 손상흔적을 발견할 수 있다. 또 응력집중부가 존재하고, 피로균열 진전속도가 빠르다. 이상으로부터 운반중의 진동응력이 스프링 재료의 항복강도 이상의 과대응력이 되어 파괴한 것으로 생각된다.
- **대책**: 스프링 가공 시에 손상 흔적을 남기지 않는 제조방법. 운반 시에 쿠션 등을 사용하여 과대 진동응력을 완화시키는 방법을 생각할 수 있다.

4. 펀치(Punch) key의 피로파면

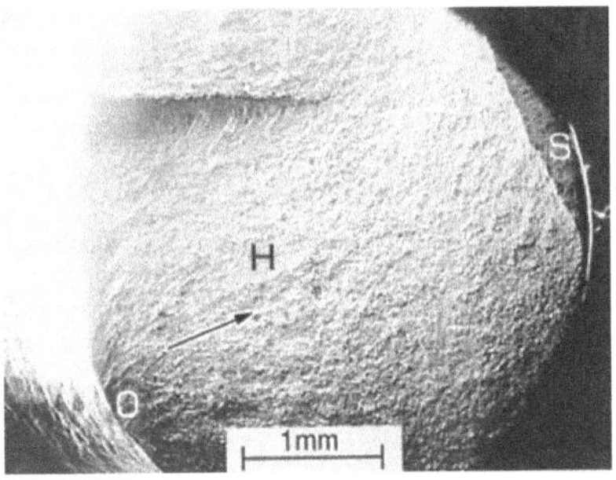

사진 1 거시적인 파단면

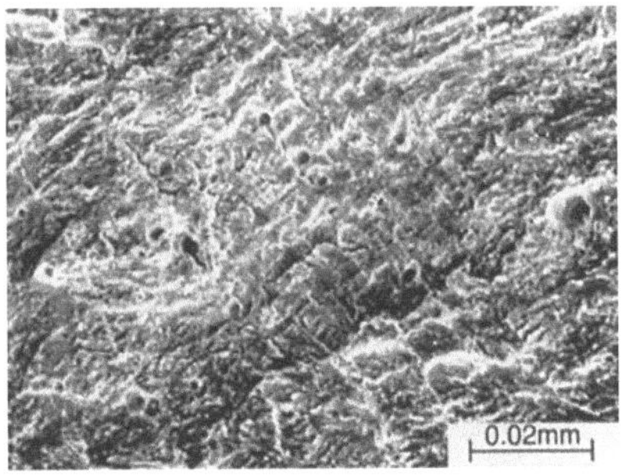

사진 2 피로균열 진전영역

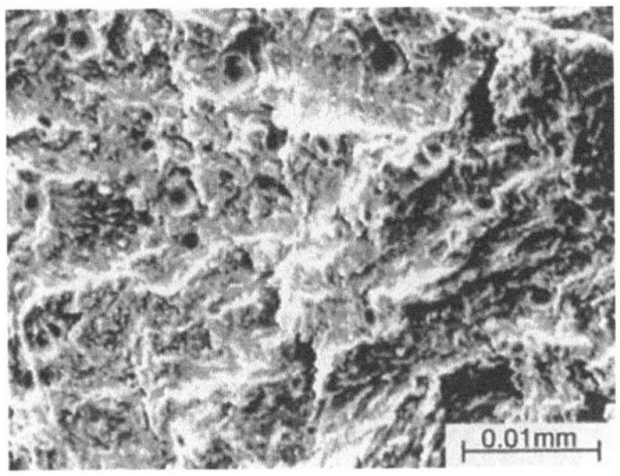

사진 3 최종파단부에 가까운 부분

- **소재**: SS400(일반구조용 압연강재)
- **열처리**: 압연 인발
- **파손상황**: 여행용 트렁크의 펀치 key가 사용 중에 파괴
- **부하응력**: 약간의 비틀림응력이 작용한 편진 굽힘응력에 의한 파괴
- **파단면 근방**: key의 제조 시에 발생한 가공 손상 존재.
- **거시적인 파면**: O는 피로균열 발생 기점 근방, H는 피로균열 진전영역, S는 최종파단부, 화살표는 피로균열 진전방향, 사진 1 상부의 단차모양은 2차 균열.
- **미시적인 파면**: 균열 발생 기점부에는 굽힘가공 시의 손상 흔적이 존재하고, 피로균열 진전영역도 비교적 속도가 빠른 취성 피로파면을 나타내고 있다. 왼쪽 위에서 오른쪽 아래에 존재하는 줄무늬는 스트라이에이션이다(사진 2). 또 최종 파단부 근방의 피로균열 진전부에서는 대부분이 의사벽개 파괴면이다(사진 3).
- **조사결과**: 피로균열 진전영역이 크고, 최종 파단부가 비교적 작지만, 피로균열 진전 부분은 정적에 가까운(진전속도가 빠르다) 응력에서 파괴한 모양을 나타내고 있다.
- **대책**: key를 제조하는 경우, 굽힘가공 시에 R부를 크게 하고, 응력집중을 완화하는 것도 중요하지만 피로한도가 높은(인장강도가 높음) 재료를 사용하는 것이 중요하다.

5. 체결용 볼트의 피로파면

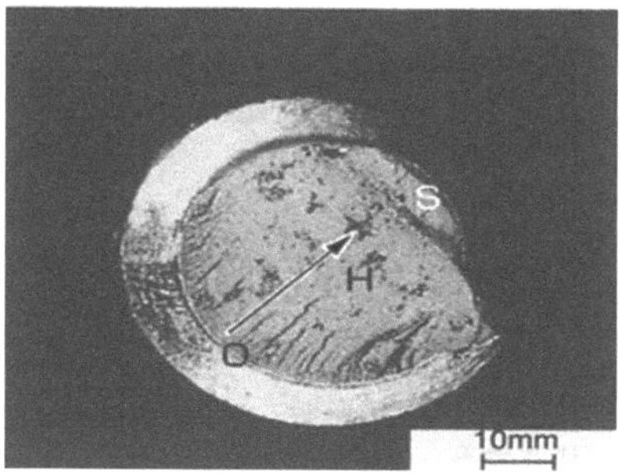

사진 1 거시적인 파단면

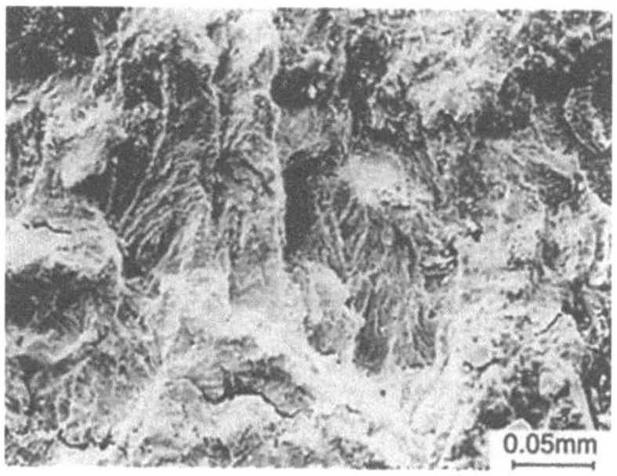

사진 2 균열 발생 기점 근방

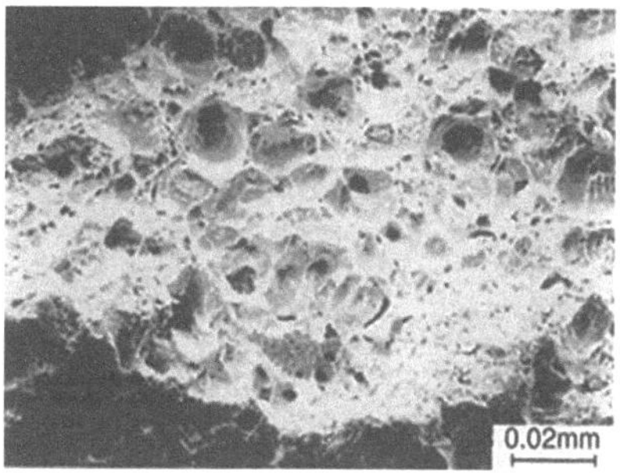

사진 3 최종 파단부

- **소재**: SCM435(구조용합금강)
- **열처리**: 조질(볼트의 강도구분 = 12T)
- **파손상황**: 수송용 레일의 곡선부 체결볼트가 단기간에 파손
- **부하응력**: 편진 굽힘응력에 의한 파손
- **파단면 근방**: 편심에 의한 손상 흔적 존재.
- **거시적인 파면**: O는 균열 발생 기점 근방 = 단차모양의 넓은 범위, H는 피로균열 진전영역, S는 최종파단부, 화살표는 균열 진전방향(사진 1).
- **미시적인 파면**: 피로균열 발생 기점 근방과 균열 진전영역은 비교적 진전속도가 빠른 의사벽개파괴 파면(사진 2), 최종파단부는 딤플(사진 3).
- **조사결과**: 균열 발생 기점으로 추정되는 부분이 넓고, 1회의 부하응력으로 발생한 균열의 수도 많고 길다(단차모양). 피로균열 진전속도도 비교적 빠른 것으로부터 사용 중에 굽힘의 과대응력이 부하되어 균열이 발생하고 파괴한 것으로 생각된다.
- **대책**: 금속조직을 검토한 결과, 재료 및 열처리는 문제가 없고, 오히려 시공시의 부적절 또는 사용시의 볼트의 느슨함 등 때문에, 과대 부하응력이 작용한 것으로 생각된다.

6. 온도 제어용 열전대의 피로파면

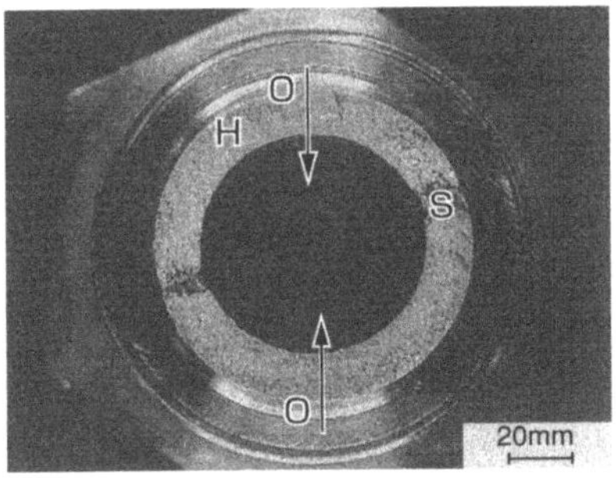

사진 1 거시적 파단면

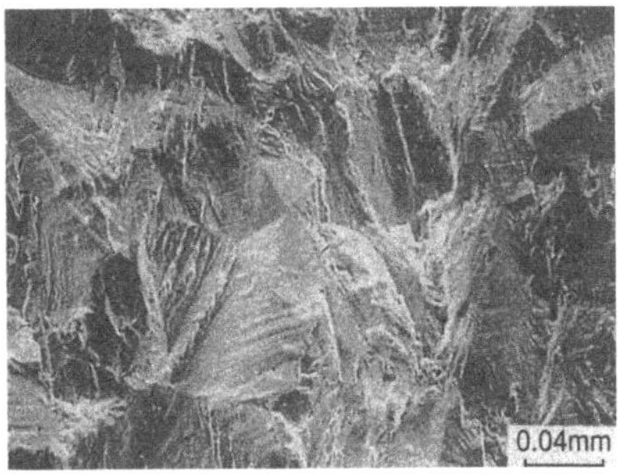

사진 2 균열 발생 기점 근방

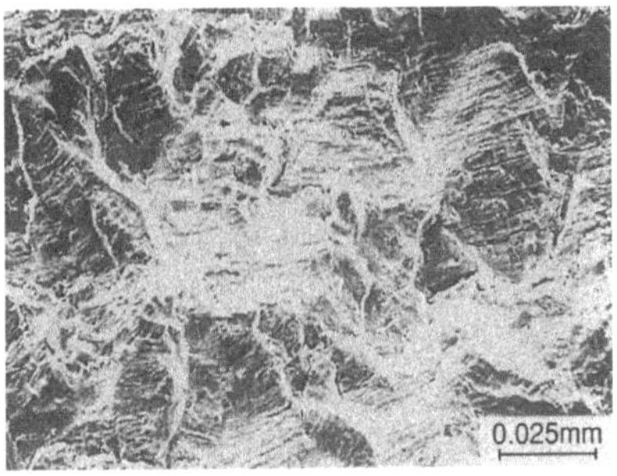

사진 3 피로균열 진전영역

- **재질**: STS304(오스테나이트계 스테인리스강)
- **열처리**: 조질(경도: 42HRC)
- **파손상황**: 엔진오일의 온도 측정용 열전대(원유 수송용 선박)가 단기간에 접속부에서 파손
- **부하응력**: 양진 굽힘응력에 의한 파손
- **파단면 근방**: 특이 상황 없음
- **거시적인 파면**: O는 피로균열 발생 기점 = 단차모양 존재, H는 피로균열 진전영역, S는 최종파단부, 화살표는 균열 진전방향(사진 1).
- **미시적인 파면**: 균열 발생 기점 근방은 비교적 균열 진전속도가 빠르지만, 금속조직 의존성을 나타내는 특징이 있는 패턴을 나타내고 있다(사진 2). 피로균열 진전영역은 미세한 스트라이에이션을 발견할 수 있고, 균열진전은 비교적 느리다(사진 3).
- **조사결과**: 균열 발생 기점 근방은 과대 부하응력에 의한 계단 모양이 있지만 피로균열 진전영역은 비교적 평탄하다. 금속조직은 균일한 고용화조직을 나타내고 있지만 비금속개재물(MnS계)이 상당히 많은 것으로 보아 재료결함에 의한 강도저하로 생각된다.
- **대책**: 사용조건을 바꿀 수 없다면 소재 구입 시의 검수를 강화할 필요가 있다.

7. 스트로크(stroke) 조정용 볼트의 피로파면

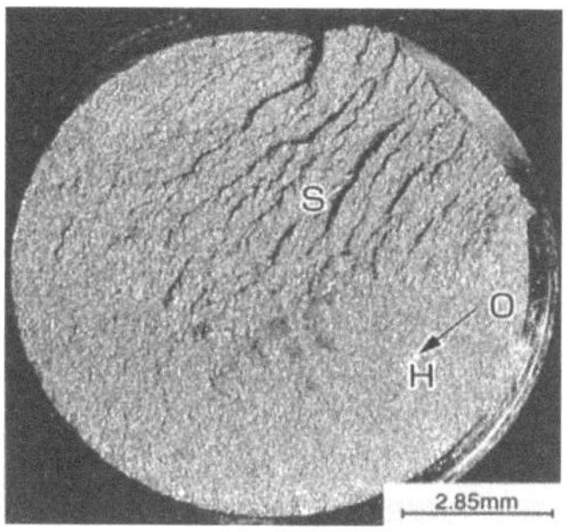

사진 1 거시적인 파단면

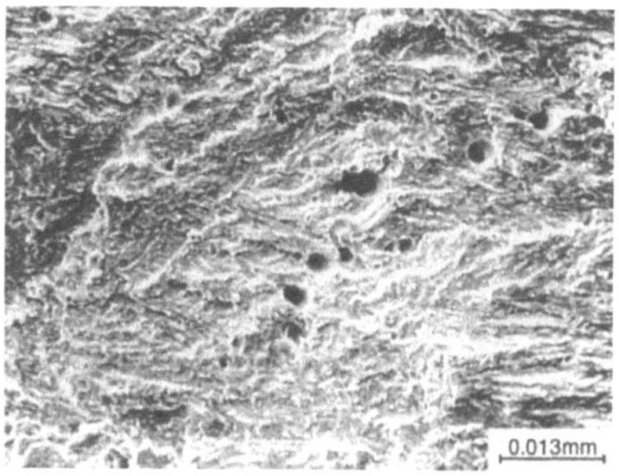

사진 2 균열 발생 기점 근방

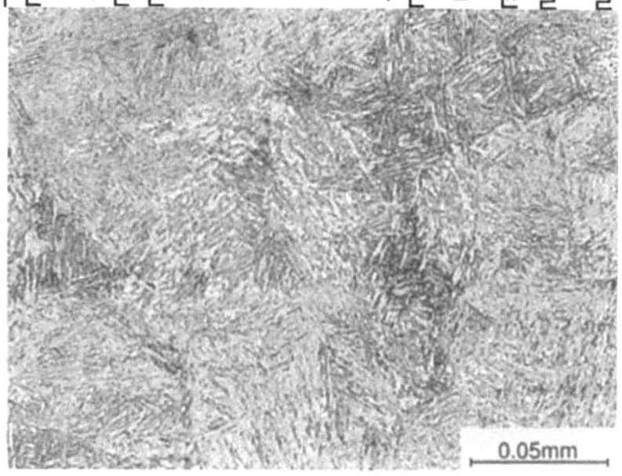

사진 3 금속조직
(조대 소르바이트, 3%나이탈)

- **재질**: S45C(구조용탄소강)
- **열처리**: 조질(경도: 42HRC)
- **파손상황**: 프레스기계의 스트로크를 조정하는 육각볼트가 단기간에 파손
- **부하응력**: 편진과 비틀림응력에 의한 파손
- **파단면 근방**: 특이 상황 없음
- **거시적인 파면**: O는 균열 발생 기점 근방, H는 피로균열 진전영역, S는 최종파단부 = 피로균열 진전영역에 비교하여 면적이 넓다, 화살표는 균열 진전방향(사진 1).
- **미시적인 파면**: 균열 발생 기점 근방은 의사벽개파괴를 동반한 피로파면을 나타내고 있다(균열 진전속도가 비교적 빠르다)(사진 2).
- **조사결과**: 거시적 및 미시적인 파단면 관찰에서 열처리의 좋고 나쁨도 생각할 수 있기 때문에 금속조직을 검토했다. 그 결과 사진 3과 같이 상당히 조대화한 소르바이트조직을 발견할 수 있었다.
- **대책**: 부하응력에 대하여 강도가 약하므로 한쪽 치우침을 방지하는 것은 물론이고, 사용재료의 열처리(조질) 조건을 적절하게 관리 할 필요가 있다.

8. 체결용 피트(pit) 나사의 피로파면

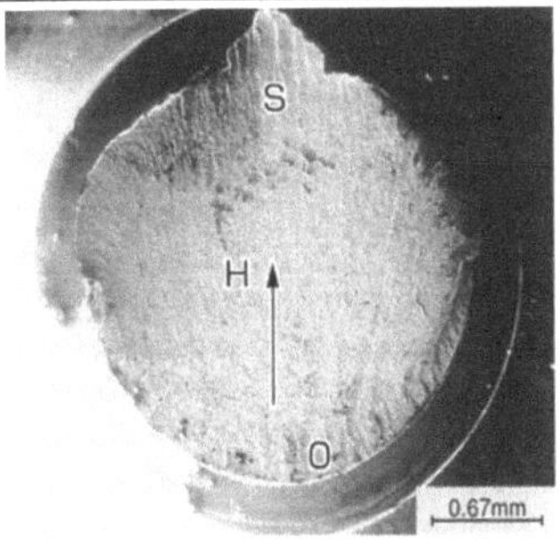

사진 1 거시적인 파단면

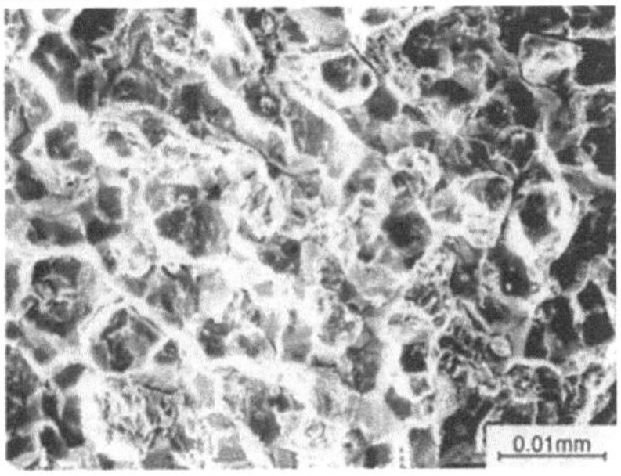

사진 2 균열 발생 기점 근방

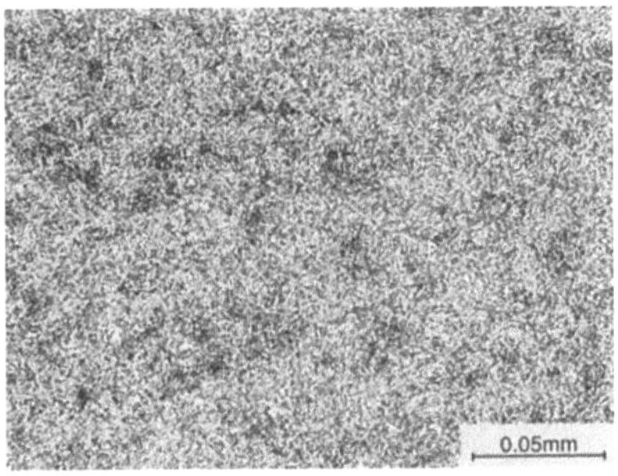

사진 3 금속조직
(미용해탄화물이 많다, 3% 나이탈)

- **재질**: SKS93(특수공구강)
- **열처리**: 퀜칭, 템퍼링(경도: 58HRC)
- **파손상황**: 건축현장에서 나사구멍을 가공 중 나사선단이 파손, 동일 로트(lot; 생산품의 단위수량)에서 다발하고 있다.
- **부하응력**: 편진 굽힘응력에 의한 파손
- **파단면 근방**: 최종파단부의 측면(축부)에 손상 흔적이 있다.
- **거시적인 파면**: O는 원주의 약1/3이 균열 발생 기점 = 단차모양 존재, H는 피로균열 진전영역 = 가로줄무늬 모양(조개껍질 모양 = 반복 부하응력으로 진전한 균열 길이), S는 최종파단부 = 비교적 면적이 작은 것으로 보아, 재료의 강도와 부하응력의 크기가 조화, 화살표는 피로균열 진전방향(부하응력방향도 나타낸다)(사진 1).
- **미시적인 파면**: 균열 발생 기점 근방 및 피로균열 진전영역은 사진 2와 같이 약간 연성파괴를 동반하는 취성파면을 나타내고, 모양적으로는 입계 파면과 약간의 의사벽개파면이다. 또 금속조직 시험결과(사진 3)는 미용해 탄화물이 상당히 많은 마르텐사이트 조직.
- **대책**: 사용 중에 발생하는 편심을 방지하는 것은 물론이지만 오스테나이트화 온도 및 유지시간을 관리하고 적절한 열처리를 실행할 것.

9. 유압 호스용 금속 체결부의 피로파면

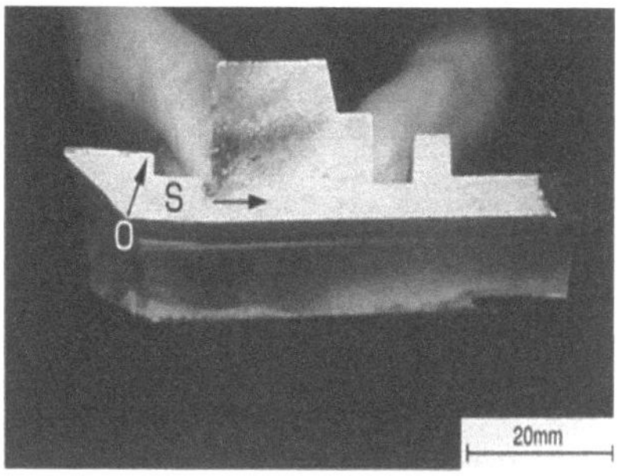

사진 1 거시적인 파단면

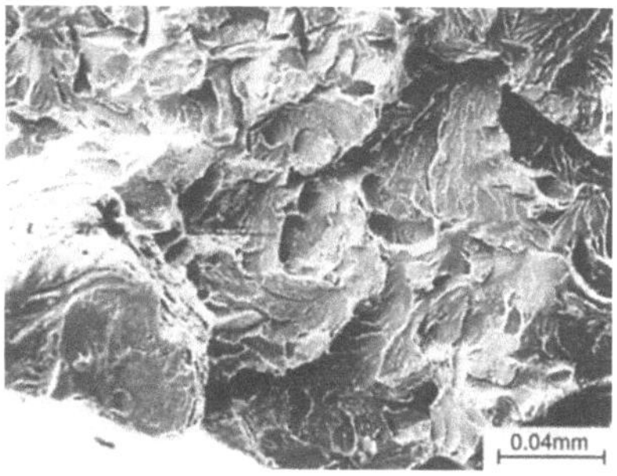

사진 2 균열 발생 기점 근방

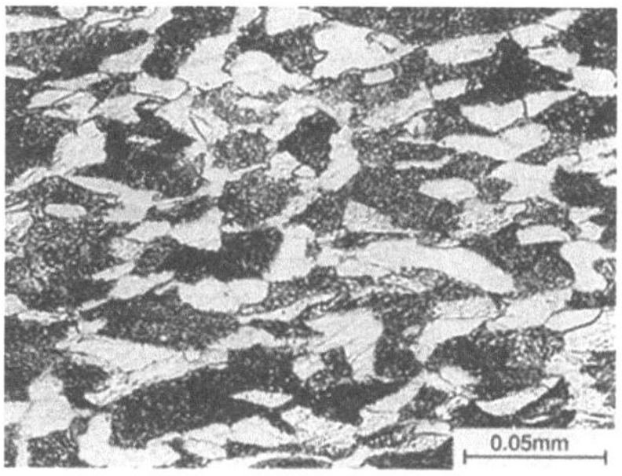

사진 3 금속조직
(페라이트+펄라이트, 3% 나이탈)

- **재질**: S45C(구조용탄소강)
- **열처리**: 어닐링
- **파손상황**: 유압프레스의 호스 접속용 금속 체결부가 파손
- **부하응력**: 일방향 굽힘응력에 의한 파손
- **파단면 근방**: 균열 발생 기점 근방 측면 가압력에 의하여 발생한 것으로 추정되는 손상 흔적.
- **거시적인 파면**: O는 균열 발생 기점 근방 = 약간의 계단 모양 존재, S는 최종파단부(대부분 정적인 응력에 의한 파단면), 화살표는 균열 진전방향(사진 1)
- **미시적인 파면**: 균열 발생 기점 근방 및 균열 진전영역은 사진 2와 같이 의사벽계파면을 발견할 수 있다. 또, 금속조직은 사진 3과 같이 페라이트(흰색) + 펄라이트(검은색)조직이다.
- **대책**: 사용조건 및 거시적, 미시적 파단면 금속조직 등으로 파괴 원인을 추정하면 재료의 강도 부족이라 생각된다. 따라서 조질 처리하여 재료 전체의 강도를 증가시키거나, 고주파퀜칭 또는 침탄퀜칭를 실시하여 표면 경화에 의한 강도를 향상시킬 필요가 있다.

10. Cu 케이블절단용 커터의 피로파면

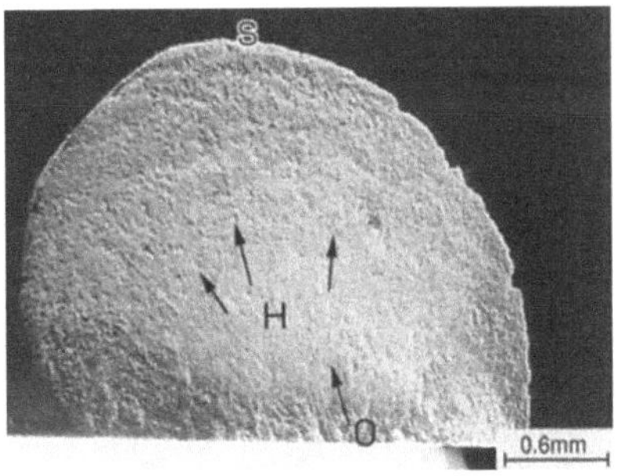

사진 1 거시적인 파단면

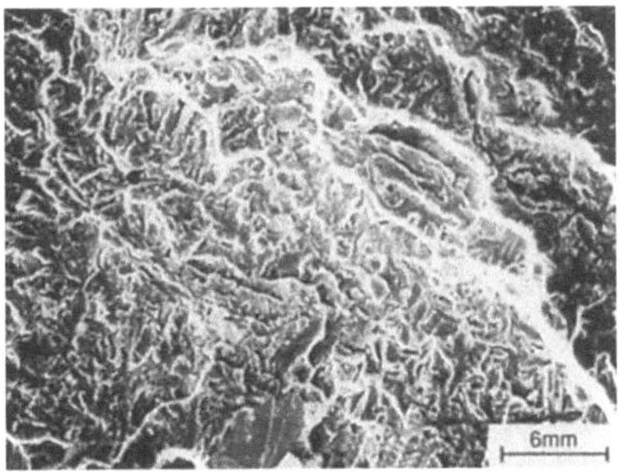

사진 2 균열 발생 기점 근방

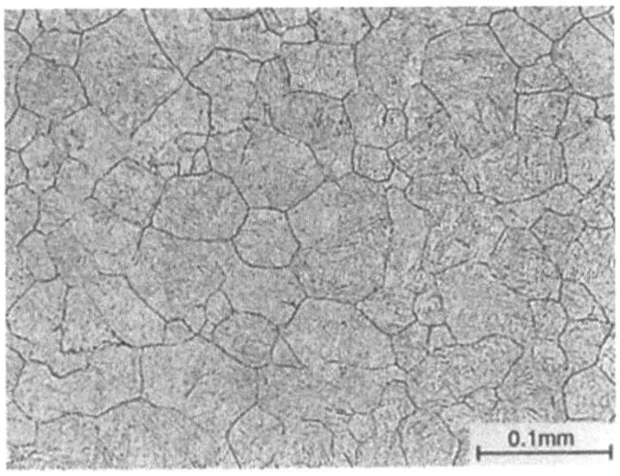

사진 3 금속조직
(마르텐사이트, 5% 나이탈)

- **재질**: STS420J2(마르텐사이트계 스테인리스강)
- **열처리**: 퀜칭, 템퍼링(경도: 53HRC)
- **파손상황**: 실외 공사현장에서 ϕ25의 구리 케이블의 절단 중에 커터 파단
- **부하응력**: 편진 굽힘응력에 의한 파손
- **파단면 근방**: 특이 상황 없음
- **거시적인 파면**: O는 균열 발생 기점 근방 = 단차모양 존재, H는 피로균열 진전영역 = 비교적 균열 진전속도가 빠르지만 요철이 작다, S는 최종파단부 = 작다, 화살표는 피로균열 진전방향(사진 1).
- **미시적인 파면**: 균열 발생 기점 근방 및 피로균열 진전영역은 사진 2와 같이 약간 연성파괴를 동반한 의사벽개파면을 나타내고 있다. 또 금속조직은 마르텐사이트이지만 결정입계를 발견할 수 있다.
- **대책**: 균열 발생 기점이라 생각되는 부분이 응력집중을 받기 쉬운 예각이고 직각에 가깝다. 또 금속조직은 템퍼링이 불충분한(충분한 경우는 결정립계가 나타나지 않는다.)것 등으로 보아 모퉁이에는 R이나 C를 붙여서, 템퍼링을 충분히 실행하여 경도를 48~50HRC 정도로 하는 것이 바람직하다.

11. 레일 고정용 볼트의 피로파면

사진 1 거시적인 파단면

사진 2 균열 발생 기점 근방

사진 3 피로균열 진전영역

- **재질**: S45C(구조용탄소강)
- **열처리**: 조질(강도: 280HB = 8.8T)
- **파손상황**: 차량용 레일을 고정하고 있는 볼트가 단기간에 파단
- **부하응력**: 굽힘과 비틀림응력이 중첩하여 파손
- **파단면 근방**: 균열 발생 기점 근방과 반대측 측면에 원주방향의 손상을 발견할 수 있다.
- **거시적인 파면**: O는 균열 발생 기점 = 반원주, 수많은 단차모양 존재. H는 피로균열 진전영역, S는 최종파단부로 생각되는 부분이 중심 근방에 존재, 화살표는 균열 진전방향(사진 1).
- **미시적인 파면**: 균열 발생 기점 근방은 요철이 크고 진전속도가 빠른 면을 나타내고(사진 2), 약간의 비틀림응력이 부하되어 있다. 또 피로진전영역은 사진 3과 같이 의사벽개파면이 관찰되었다.
- **대책**: 강도설계는 굽힘은 내구비를 0.5, 비틀림은 0.3정도 이하의 값을 취하나, 굽힘과 비틀림응력이 복합되면 내구비는 더욱 작은 값으로 한다. 따라서 부하 응력 방향이 중복되지 않도록 사용하거나, 복합되어도 파괴되지 않는 강도 높은 재료를 선택할 필요가 있다.

12. 판스프링의 피로파면

사진 1 균열 발생 기점 근방

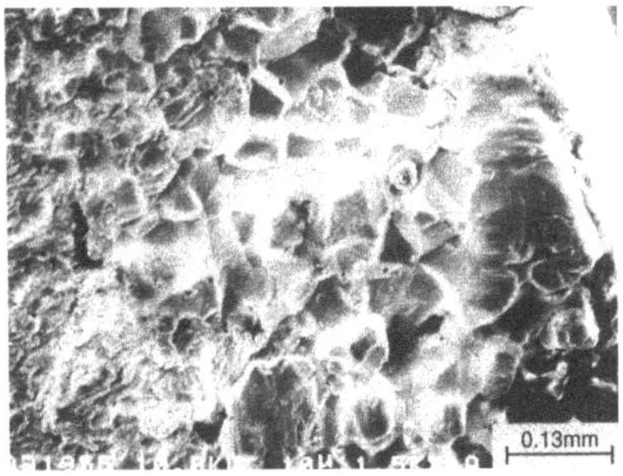

사진 2 균열 발생 기점 근방 확대

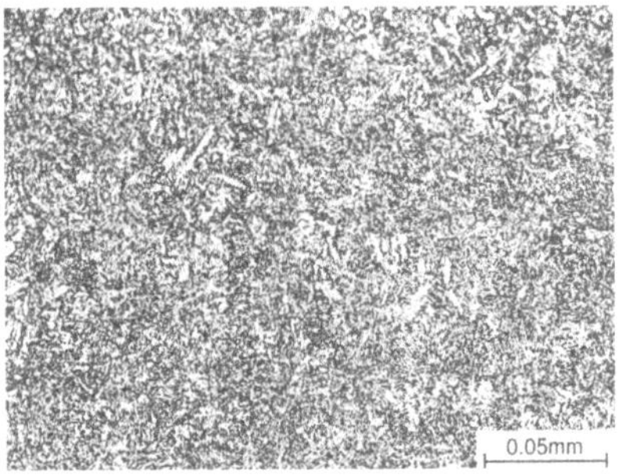

사진 3 금속조직
(조대 베이나이트, 3% 나이탈)

- **재질**: SK5(탄소공구강)
- **열처리**: 오스템퍼링(베이나이트 퀜칭) 경도: 480HV
- **파손상황**: 자동차의 부품으로 사용되고 있는 반원형상의 판스프링이 새 차 구입 후 1개월 만에 파손되었다(정기점검에서 발견).
- **부하응력**: 비틀림응력에 의한 파단
- **파단면 근방**: 판스프링의 폭방향 상하에 손상 존재.
- **거시적인 파면**: O는 균열 발생 기점 근방, H는 피로균열 진전영역 = 비교적 균열 진전속도가 빠르다. 요철이 크고 취성적인 파면으로 최종파단부가 거의 없다, 화살표는 균열 진전방향 = 모서리에서 45° 방향으로 균열이 진전(사진 1).
- **미시적인 파면**: 균열 발생 기점 근방은 사진 2와 같은 부식생성물 때문에 파손기구를 명확하게 규명할 수 없지만, 결정입계균열로 생각되는 rock candy pattern의 파면이다. 또 금속조직은 미용해 탄화물이 비교적 많고, 사진 3과 같은 불완전한 베이나이트 조직을 나타내고 있다.
- **대책**: 열처리조건(오스템퍼링 처리의 가열온도와 유지시간)의 재검토, 비틀림응력이 작용하지 않도록 고려하는 것이 중요하다.

13. 육각 구멍이 있는 볼트의 피로파면

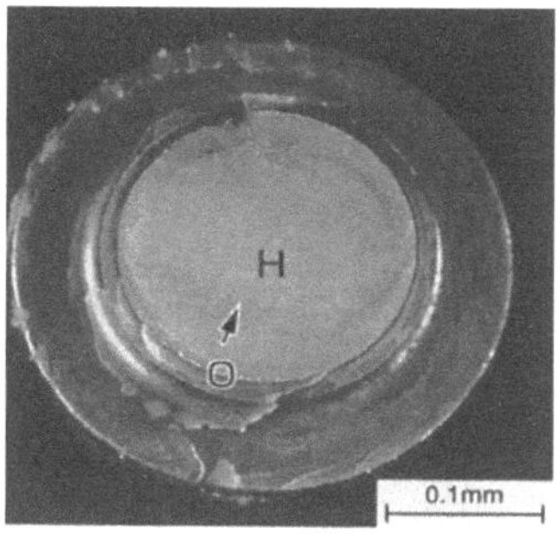

사진 1 거시적인 파단면

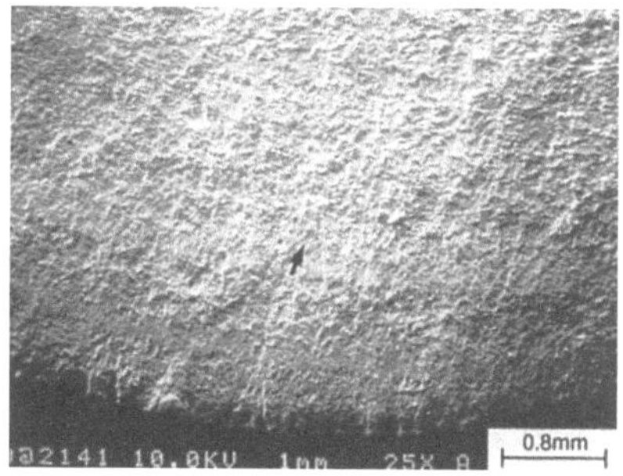

사진 2 균열 발생 기점 근방

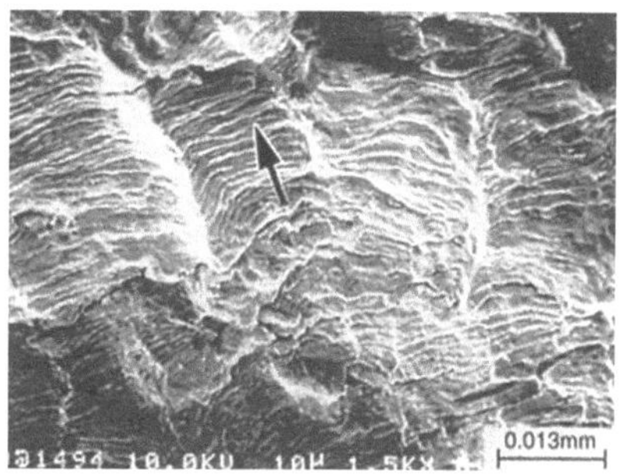

사진 3 피로균열 진전영역
(가로줄무늬는 스트라이에이션)

- **재질**: SCM435(구조용합금강)
- **열처리**: 조질(경도: 48HRC), 강도 12T
- **파손상황**: 타발프레스 기계의 육각 구멍이 있는 앵커(anchor) 볼트가 단기간 사용으로 파괴.
- **부하응력**: 일방향 굽힘응력에 의한 파손
- **파단면 근방**: 균열발생 기점 근방과 반대측의 축부에서 손상 흔적 존재.
- **거시적인 파면**: O는 균열 발생 기점 근방은 약간의 단차모양 존재, H는 최종파단부가 상당히 작고 요철이 작은 피로파면, 화살표는 균열 진전방향(사진 1).
- **미시적인 파면**: 사진 2와 같은 균열 발생 기점 근방은 약간의 계단 모양을 발견할 수 있으나, 전체적으로 요철이 작은 평면이다. 또, 피로균열 진전영역은 사진 3과 같은 균열 진전속도가 비교적 빠른 스트라이에이션 모양을 발견할 수 있다.
- **대책**: 사용재료 및 금속조직(균일한 소르바이트)은 문제가 없고, 오히려 시공 또는 사용 중에 의한 것인가 불확실하지만, 볼트의 느슨해짐에 의한 치우침이 생겨, 과대부하응력이 발생한 것으로 생각된다. 따라서 프레스기계의 보수점검을 철저히 하고 볼트의 느슨해짐이 발생하지 않도록 주의할 것.

14. 트레일러 구동용 차축의 피로파면

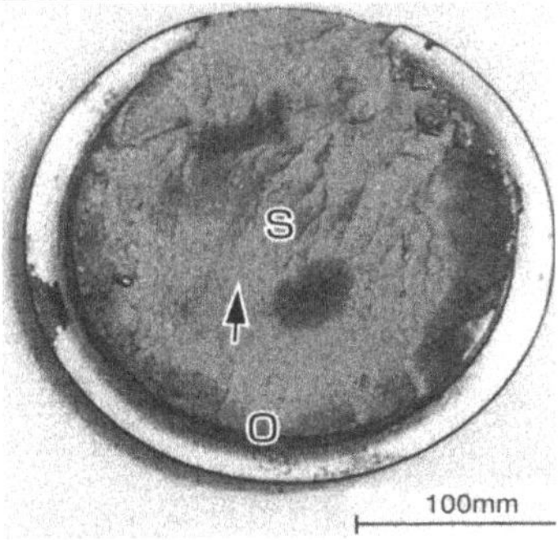

사진 1 거시적인 파단면(O: 균열 발생 기점,
S: 최종파단부, 화살표: 균열 진전방향)

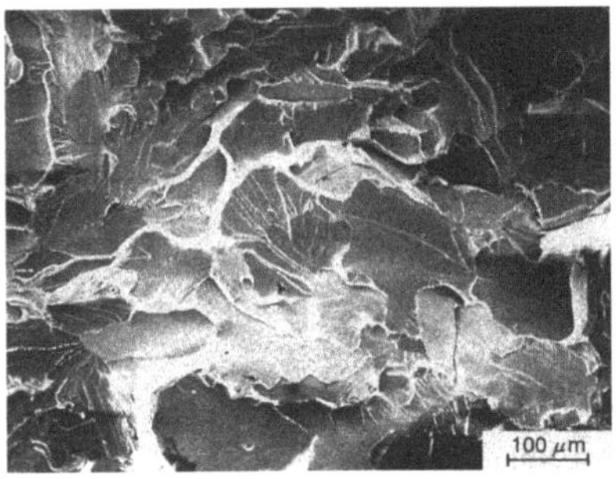

사진 2 균열 발생 기점 근방

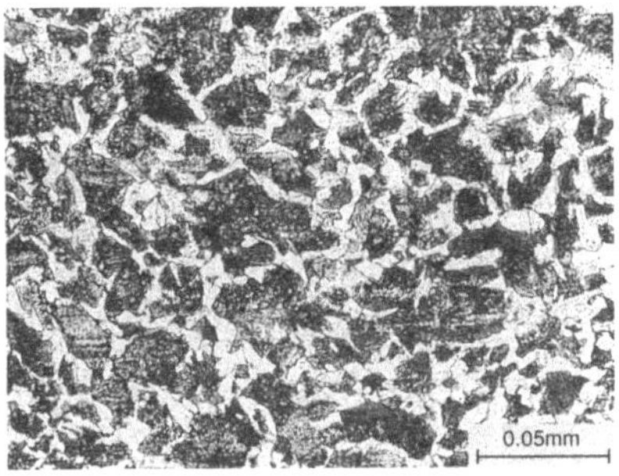

사진 3 금속조직
(페라이트+펄라이트, 3% 나이탈)

- **재질**: S58C(구조용탄소강)
- **열처리**: 템퍼링 후 표면을 1.2 mm 고주파퀜칭.(표면의 경도: 750HV 정도)
- **파손상황**: 대형트레일러의 구동용 차축이 사용 후 반년 만에 파손. 고주파퀜칭을 실시했지만, 다시 파단되었다.
- **부하응력**: 일방향 굽힘응력에 의한 파손
- **파단면 근방**: 균열 발생 기점 근방과 반대측의 축부에 손상 흔적 존재.
- **거시적인 파면**: 균열 발생 기점부가 원주의 약1/4정도이고, 그 부분에는 많은 단차모양을 발견할 수 있다. 또, 피로균열 진전영역이라 생각되는 부분이 상당히 작고, 대부분이 1회의 부하응력으로 파괴된 요철이 큰 면을 나타내고 있다(사진 1).
- **미시적인 파면**: 균열 발생 기점이라 생각되는 고주파퀜칭부는 사진 2와 같은 리버패턴으로 대표되는 의사벽개파면. 또, 비교적 큰 침상의 마르텐사이트 조직이고, 내부는 사진 3과 같이 페라이트 + 펄라이트 조직이다.
- **대책**: 편심이 발생하지 않도록 구동부의 정밀한 조정, 적정한 고주파퀜칭(고주파보다는 저주파로), 전체를 조질재 또는 강도 높은 강종의 선택이 필요하다.

15. 에어컨용 모터 샤프트의 피로파면

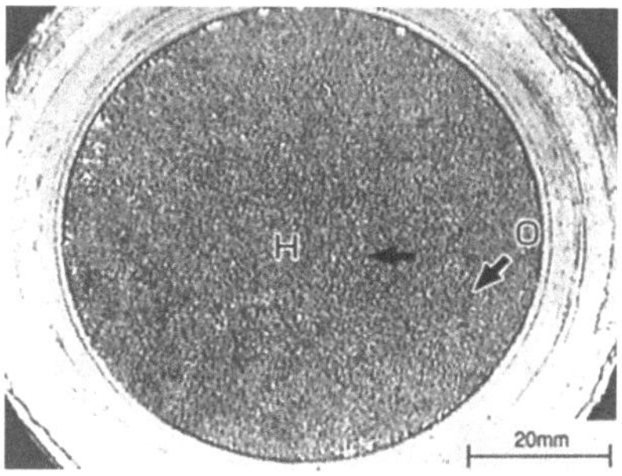

사진 1 거시적인 파단면

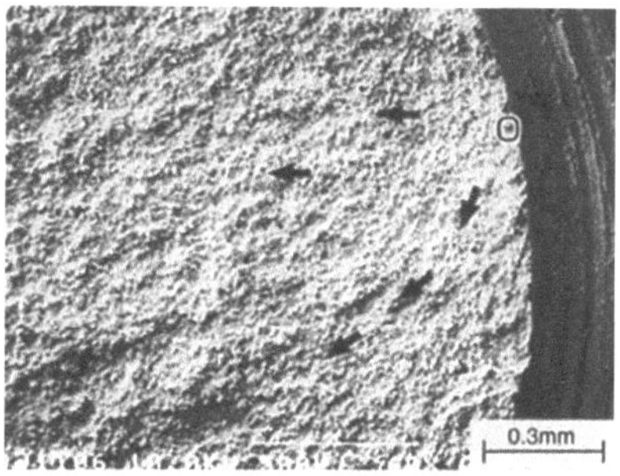

사진 2 균열 발생 기점 근방

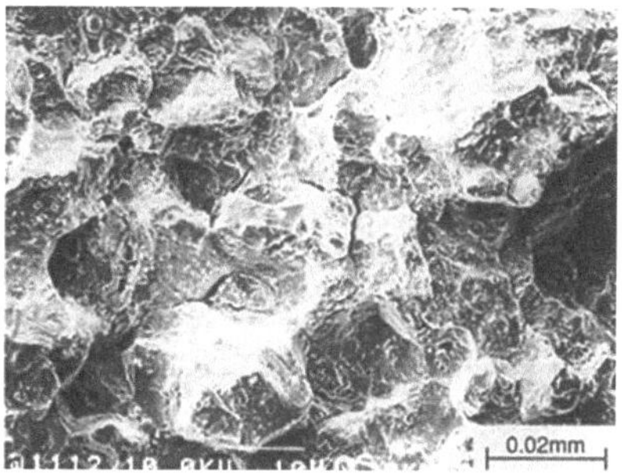

사진 3 균열 진전영역

- **재질**: STS420J2(마르텐사이트계 스테인리스강)
- **열처리**: 퀜칭, 템퍼링(경도: 52HRC)
- **파손상황**: 사무실용 에어컨으로 설치한 2개월 후 모-터 샤프트가 파손됐다.
- **부하응력**: 비틀림응력에 의한 파손
- **파단면 근방**: 파단면 근방은 손상 흔적 없음.
- **거시적인 파면**: O는 균열 발생 기점으로 생각되는 부분(약간의 단차모양 존재). H는 피로균열 진전영역(거의 평면으로 요철이 작고, 최종파단부로 생각되는 부분이 없다.)(사진 1)
- **미시적인 파면**: 균열 발생 기점 근방은 화살표와 같이 비틀림과 굽힘응력에 의한 균열진전의 흔적이 있다(사진 2). 또, 피로균열 진전영역은 사진 3과 같이 딤플과 의사벽개파면이 혼재하고, 비교적 균열 진전속도가 빠르다. 금속조직은 조대한 마르텐사이트와 불충분한 템퍼링 때문에 결정립계가 나타났다.
- **대책**: 퀜칭할 때 오스테나이트화 온도를 적절하게 하고, 템퍼링을 충분하게 실시하여, 경도를 45~48HRC 정도로 하는 것이 바람직하다.

16. 굴삭기용 롤러의 피로파면

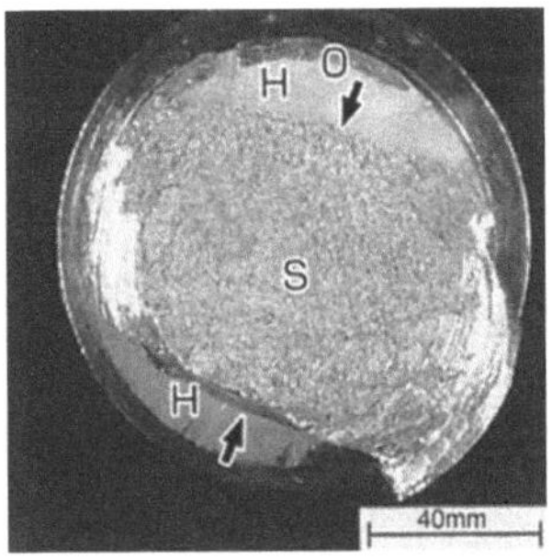

사진 1 거시적인 파단면

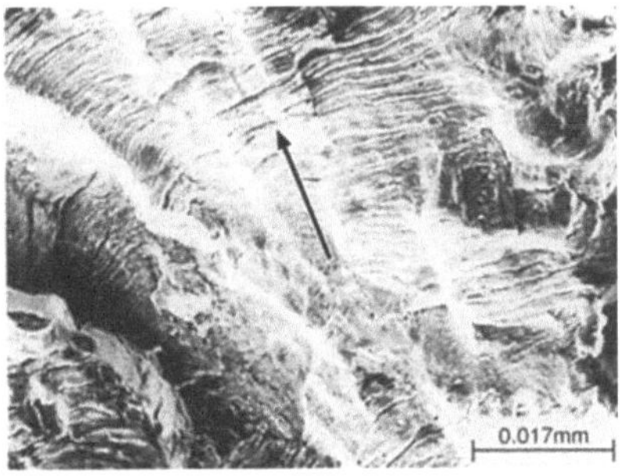

사진 2 피로균열 진전영역

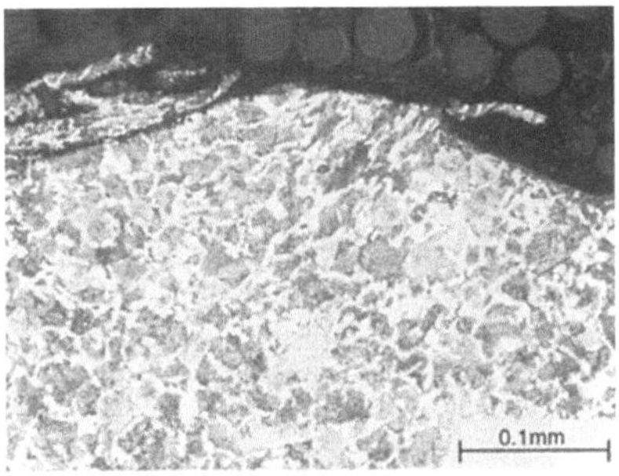

사진 3 균열 발생 기점 근방의
금속조직(3% 나이탈)

- **재질**: S45C(구조용탄소강)
- **열처리**: 어닐링
- **파손상황**: 굴삭기 다리 근처의 롤러가 단기간에 파손. 단 모델을 바꾼 기종에서만 발생
- **부하응력**: 양진 굽힘응력에 의한 파손
- **파단면 근방**: 파단면 근방에는 균열 발생을 유발하는 손상은 없다. 단 균열 발생 기점부는 단붙임에 의한 응력집중부(노치부)가 존재하고 있다.
- **거시적인 파면**: O는 균열 발생 기점, H는 피로균열 진전영역, S는 최종파단부 = 피로균열 진전영역에 비교해 상당히 큰 면적이다), 화살표는 균열 진전방향(사진 1).
- **미시적인 파면**: 피로균열 진전영역은 사진 2와 같이 비교적 진전속도가 빠른 스트라이에이션모양이다. 금속조직(사진 3)은 페라이트와 펄라이트 조직이다.
- **대책**: 피로균열 진전영역이 작고, 최종파단부가 넓고, 어닐링재료이므로 사용응력에 대하여 재료의 강도부족이라 판단된다. 단붙임 부분에는 R이나 C를 붙여서, 조질 등을 실시하여 재료의 강도 증가가 필요하다.

17. 조명기기부품의 피로파면

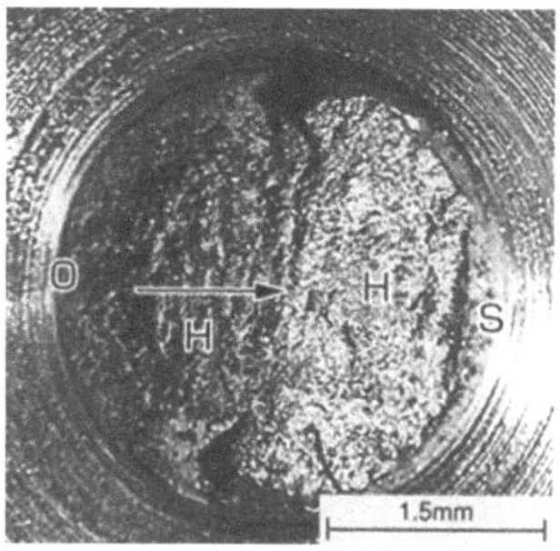

사진 1 거시적인 파단면

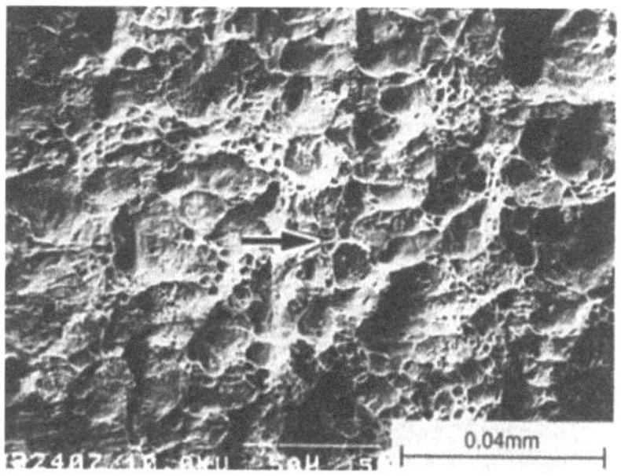

사진 2 균열 발생 기점 근방

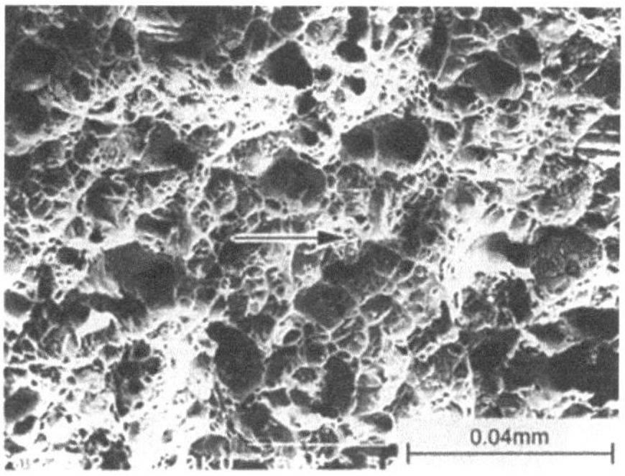

사진 3 최종파단부 근방
(비교적 부하속도가 빠르다)

- **재료**: Pb 함유 쾌삭강
- **열처리**: 노멀라이징
- **파손상황**: 텔레비전용 조명등을 유지하고 있는 부품이 물건에 부딪혀 파괴하였다. 충격은 있었지만 작용한 힘은 파괴할 정도로 크지 않다.
- **부하응력**: 일방향 굽힘응력에 의한 파손
- **파단면 근방**: 균열 발생 기점이 되는 손상 흔적은 없지만, 축이 〈 자 모양으로 구부러져있다.
- **거시적인 파면**(사진 1): 약간 평평한 면도 있지만, 전체적으로 요철이 심한 면이다. O(초승달 모양 부분)는 균열 발생 기점, H는 피로균열 진전영역, S는 최종파단부, 화살표는 균열 진전방향.
- **미시적인 파면**: 사진 2는 균열 발생 기점 근방, 사진 3은 최종파단부에 가까운 부분. 어느 경우도 연성파괴 특유의 딤플모양과 피로균열진전으로 생각되는 부분도 존재하는 것으로부터 균열 발생 기점 근방은 비교적 반복부하속도가 느린 피로파면, 최종파단부 근방은 빠른 피로파면이다.
- **대책**: 상용 부하응력에 의하여 균열이 발생한 것으로 생각되기 때문에, 강도가 높은 사용재료로 변경하거나 열처리를 실시하여 강도 상승이 필요하다. 물건이 부딪혀 파손한 것은 2차적

18. 배수용 절수 기기 부품의 피로파면

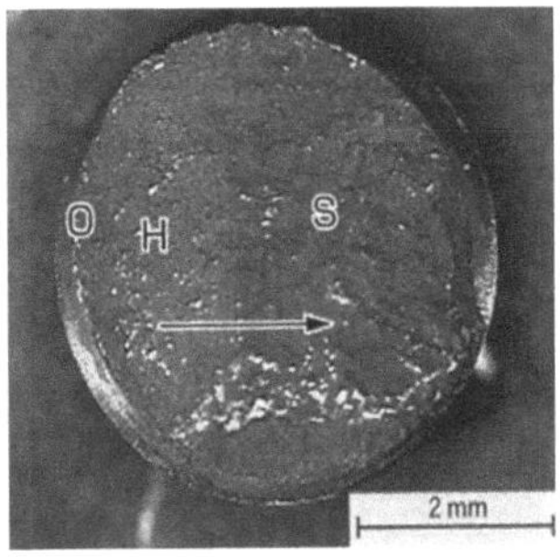

사진 1 거시적인 파단면

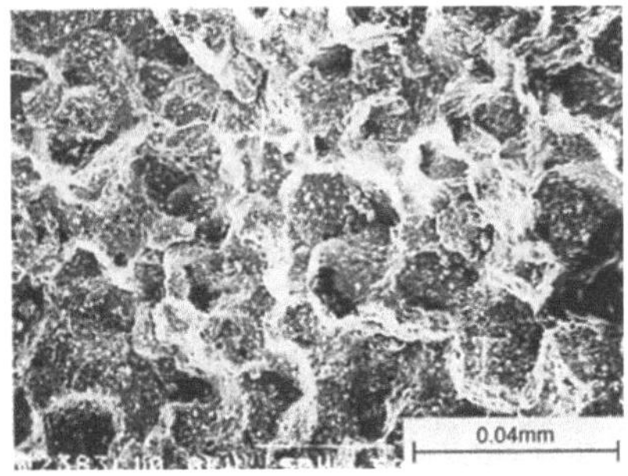

사진 2 파단면 전체의 입계균열

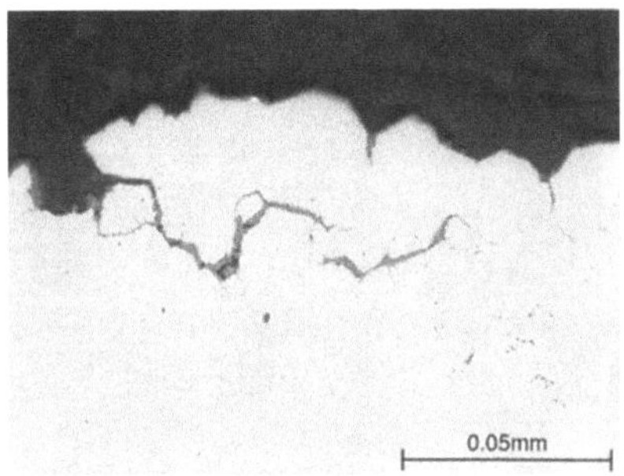

사진 3 파단면 근방의 금속조직
(non etching)(결정입계 산화)

- **재질**: STS304(오스테나이트계 스테인리스강)
- **열처리**: 고용화 열처리
- **파손상황**: 배수용 기기의 절수밸브 부품이 설계수명보다 단기간에 파괴. 사용 중에 약간의 응력이 작용하고 있다.
- **부하응력**: 편진 굽힘응력에 의한 파손
- **파단면 근방**: 균열 발생 기점이 된 손상 흔적은 없지만, 붉은 녹 생성물로 전체가 덮여있다.
- **거시적인 파면**(사진 1): 파단면 전체가 붉은 녹 생성물로 덮여 있지만, 요철이나 다른 상황으로 판단하면 O가 균열 발생 기점으로 생각되는 부분. H는 피로균열 진전영역, S는 최종파단부 = 비교적 넓다), 화살표는 균열 진전방향.
- **미시적인 파면**: 피로균열 진전영역 및 최종파단부 근방 어느 파단면도, 전체가 사진 2와 같은 rock candy pattern의 입계파면이다. 금속조직(사진 3)은 파단면 직하에 입계산화를 발견할 수 있다.
- **대책**: 응력부식에 의하여 파괴한 것으로 생각되기 때문에, 배수의 성분을 검토하고, 응력부식균열이 발생되지 않는 재료의 선택이 필요하다.

19. 탭핑(tapping) 나사의 피로파면

사진 1 거시적인 파단면

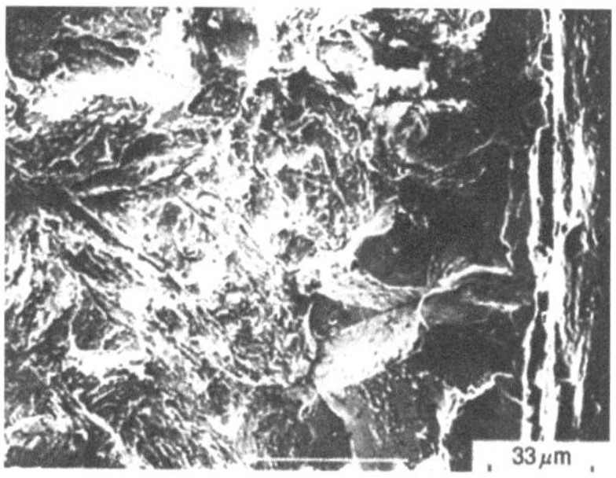

사진 2 균열 발생 기점 근방

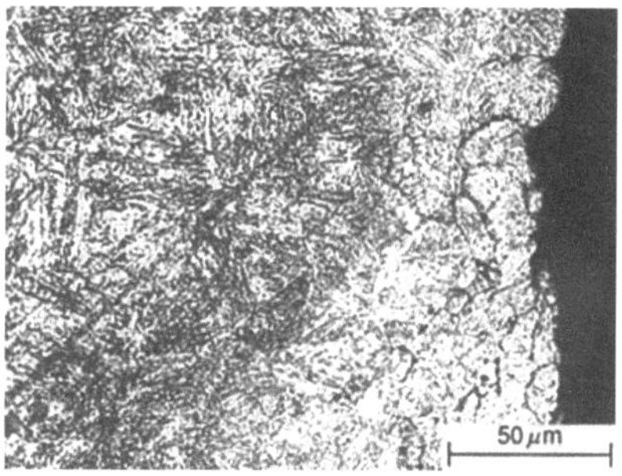

사진 3 파단면 근방의 금속조직
(10% 나이탈)

- **재질**: STS410(마르텐사이트계 스테인리스강)
- **열처리**: 퀜칭, 템퍼링
- **파손상황**: 콘크리트 위에 설치된 목제 툇마루의 나사가 체결부에서 파손(야외)
- **부하응력**: 일방향 굽힘응력에 의한 파손
- **파단면 근방**: 붉은 녹은 발견할 수 없었지만, 파단면 근방은 부식생성물이 존재하고 있다.
- **거시적인 파면**(사진 1): 전체적으로 비교적 요철이 큰 면을 나타내고, H가 피로균열 진전영역, S의 약 반이 최종파단부. O는 피로균열 발생 기점, 화살표는 균열 진전방향.
- **미시적인 파면**(사진 2): 균열 발생 기점 근방은 rock candy pattern의 입계파면이고, 그 내부는 의사벽개파면을 나타내고 있다. 금속조직(사진 3)은 표면근방에 입계부식이 있었다.
- **대책**: 빗물 또는 다른 수분에 의하여 체결부에 입계부식이 발생하여 두께가 얇아지고, 더욱이 1방향 굽힘응력이 작용하여 파괴되었다고 판단된다. 따라서 수분의 침입을 저지하는 시공 방법이나, 내식성 재료 사용 혹은 표면처리가 필요. 간편한 방법으로는 페인트 도포, 2상 스테인리스강, 질화 등이 유효하다고 생각된다.

20. 체결용 볼트의 피로파면

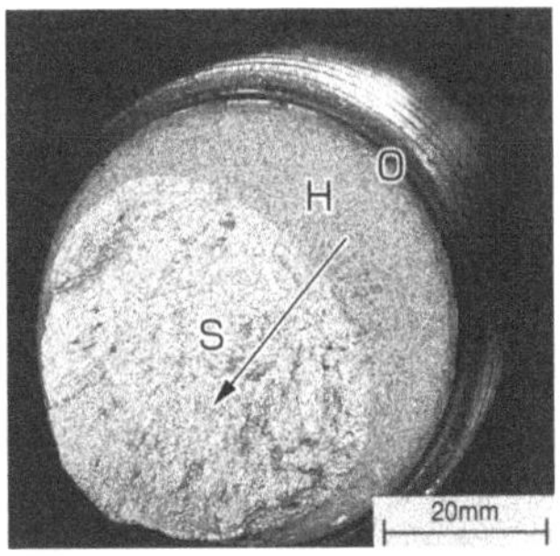

사진 1 거시적인 파단면

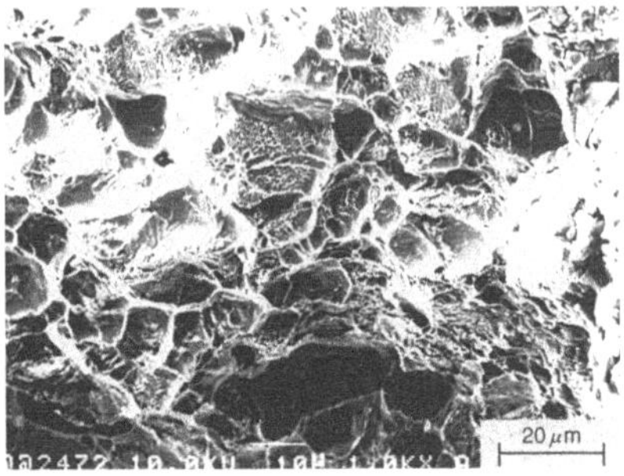

사진 2 피로균열 전파영역

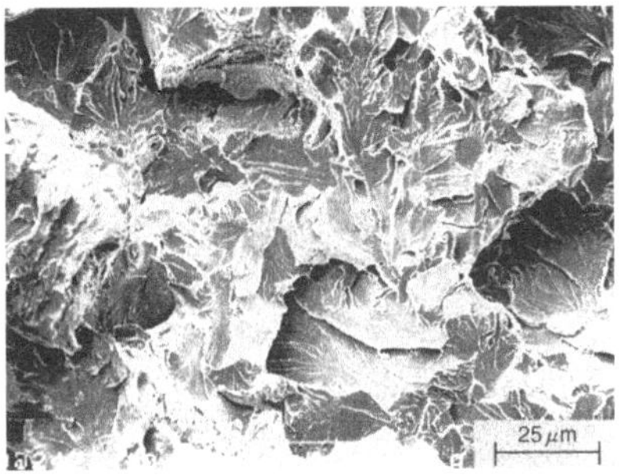

사진 3 최종파단부의 미시적파면

- **재질**: S45C(구조용탄소강)
- **열처리**: 어닐링
- **파손상황**: 냉간 인발용 프레스의 앵커볼트가 설치된 후 단시간에 파손됐다.
- **부하응력**: 일방향 굽힘응력에 의한 파손
- **파단면 근방**: 파단부는 나사계곡 밑부분 및 주변부에서 균열 유발 손상 흔적 없음.
- **거시적인 파면**: 균열 발생 기점부는 파단면의 반원주부, 피로균열 진전영역이 비교적 작고, 1회의 과대부하응력에 의하여 파괴한 부분이 크다. O는 균열 발생 기점 근방(반원주), H는 피로균열 진전영역, S는 최종파단부, 화살표는 균열 진전방향(사진 1)
- **미시적인 파면**: 피로균열 진전부는 입계파면과 딤플(사진 2)이 존재하고, 비교적 균열 진전속도가 빠르다. 또 최종파단부도 의사벽개파괴면(사진 3)을 나타내고, 전체적으로 균열 진전속도가 빠르다. 조직은 페라이트 + 펄라이트.
- **대책**: 부하응력의 크기가 불분명하기 때문에 판단이 어렵지만, 파면 및 금속조직에서 추정하면, 사용재료의 강도가 부족하므로. 구조용합금강을 조질 처리하고, 강도를 향상시켜 사용할 필요가 있다.

21. Push rod(푸시로드)의 피로파면

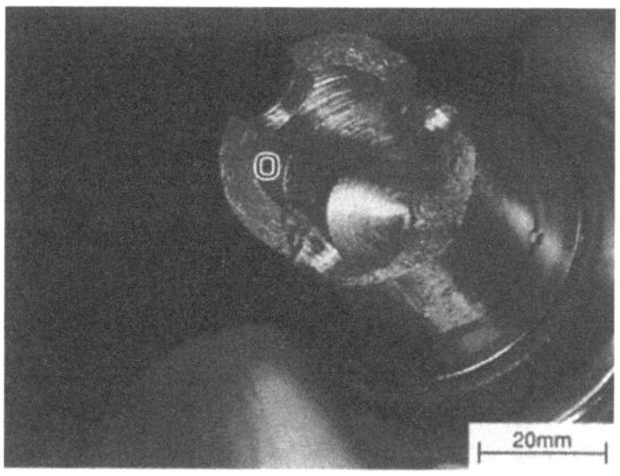

사진 1 거시적인 파단면

사진 2 균열 발생 기점 근방
(O: 균열 발생 기점)

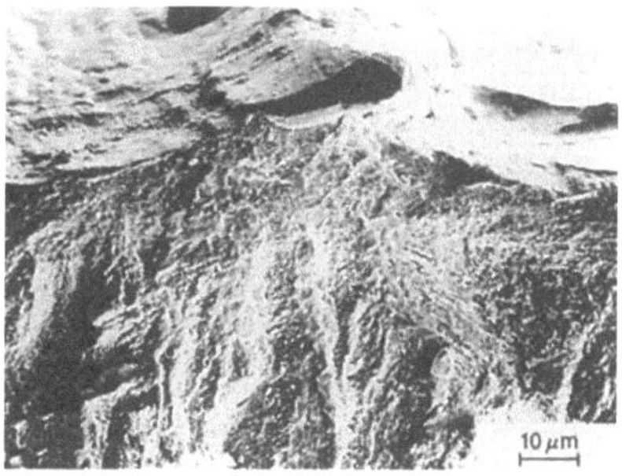

사진 3 균열 발생 기점 근방

- **재질**: S45C(구조용탄소강)
- **열처리**: 어닐링(풀림처리)
- **파손상황**: 건설기계에 사용되고 있는 push rod가 단시간 사용으로 파괴됐다.
- **부하응력**: 일방향 굽힘응력에 의한 파손
- **파단면 근방**: 파단부는 평면보다 약간 내부인 내측에 있고, 주변에는 타격 흔적은 발견할 수 없었지만, 기계 가공 면이 상당히 거칠다.
- **거시적인 파면**: 균열 발생 기점부가 원통부의 내면에 존재하고, 피로균열 진전영역이 작고, 정적하중에 의한 파단부가 넓다. 또, 비교적 요철이 심한 파단면이다. O는 균열 발생 기점(사진 1).
- **미시적인 파면**: 피로균열 발생 기점 근방은 선반에 의한 거친 공구 마크가 있고, 그 마크를 기점으로 균열이 발생하였다. 또, 피로균열 진전영역도 의사벽개파면을 나타내고, 균열의 진전속도도 비교적 빠르다(사진 2: O는 균열 발생부, 사진 3: 균열 발생 기점부에는 공구의 흔적을 볼 수 있다).
- **대책**: 기계가공의 면조도의 향상 또는 비교적 과대부하응력에 의한 파면으로 생각되기 때문에, 어닐링재가 아닌 조질재를 사용한다.

22. connection screw(커넥션스크류)의 피로파면

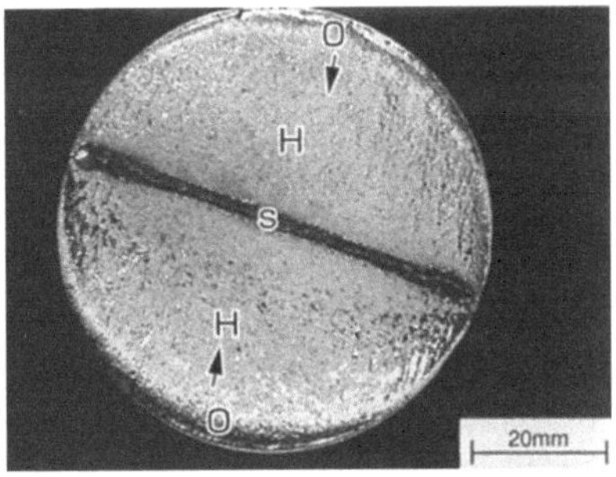

사진 1 거시적인 파단면

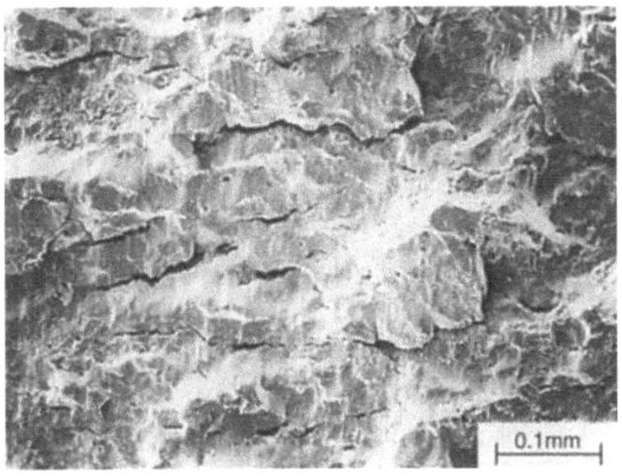

사진 2 피로균열 진전영역

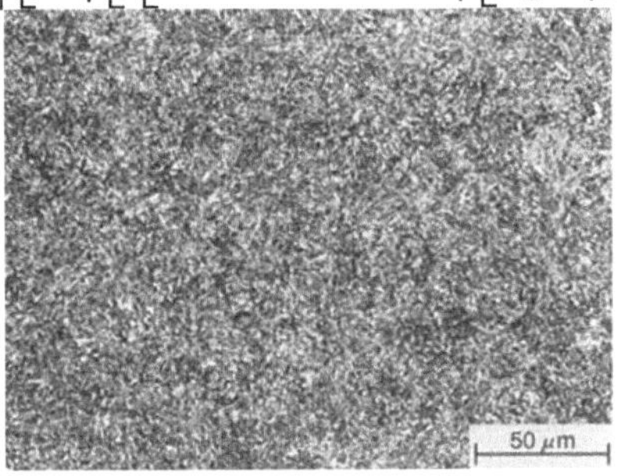

사진 3 금속조직
(균일한 소르바이트, 3% 나이탈)

- **재질**: SNCM439(구조용합금강)
- **열처리**: 조질(경도: 48HRC)
- **파손상황**: 냉간프레스용 기계의 connection screw가 단기간 사용으로 파괴.
  새로운 것으로 바꿔도 수명은 짧다.
- **부하응력**: 양진 굽힘응력에 의한 파손
- **파단면 근방**: 파단근방에 손상 흔적은 없지만, 힘이 작용하는 부분에 약간의 편심 손상 흔적이 존재.
- **거시적인 파면**: 피로균열 진전영역이 넓고, 최종파단부가 작고 거의 중앙에서 발견되었다. 또, 파단면 전체가 비교적 평탄하다. O는 균열 발생 기점으로 생각되는 부분, H는 피로균열 진전영역, S는 최종파단부, 화살표는 균열 진전방향(사진 1).
- **미시적인 파면**: 파면 전체가 상대재에 의하여 문질러졌기 때문에, 파괴의 기구를 명확하게 알 수 없지만, 균열 진전방향에 대하여 직각으로 미세한 크랙을 발견할 수 있었기 때문에, 균열 진전속도는 비교적 빠르다고 생각된다(사진 2). 또, 금속조직은 균일한 소르바이트이고, 이상은 없다(사진 3).
- **대책**: 피로균열 진전영역이 넓고, 최종파단부가 작고, 또 약간 편심의 손상 흔적을 발견할 수 있기 때문에, 사용재료보다는 오히려 프레스기계의 정밀도를 재조사할 필요가 있다.

23. 유압펌프용 볼트의 피로파면

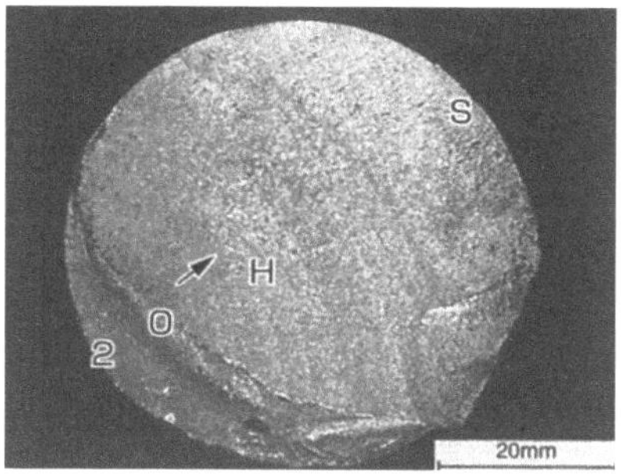

사진 1 거시적인 파단면

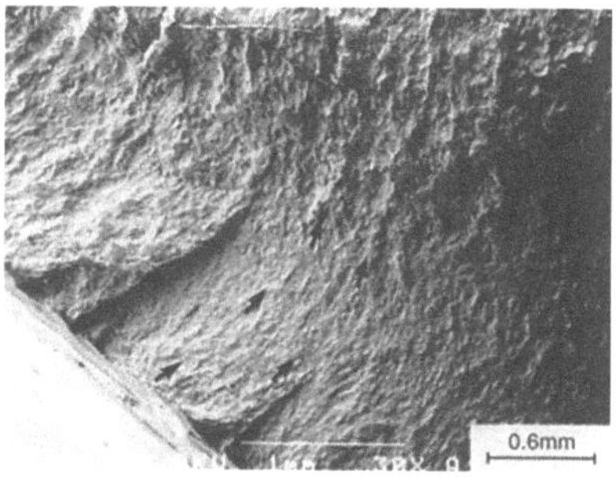

사진 2 정적 파단부(비틀림응력에 의한 파단)

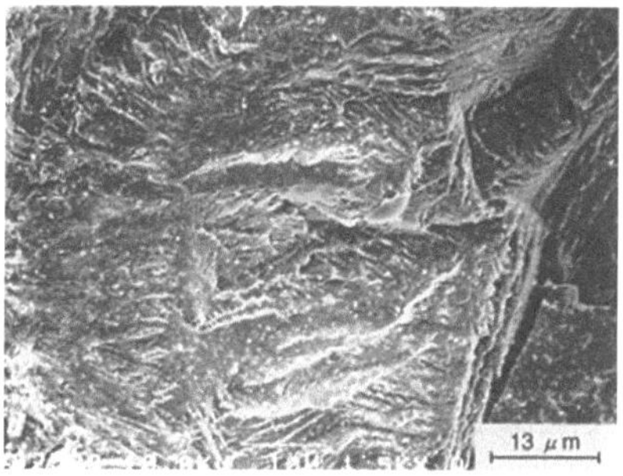

사진 3 피로균열 진전영역

- **재질**: STS316(오스테나이트계 스테인리스강)
- **열처리**: 고용화열처리
- **파손상황**: 기름 수송용 펌프의 볼트가 단기간 사용으로 파괴됐다
- **부하응력**: 일방향 굽힘응력에 의한 파괴
- **파단면 근방**: 특별히 균열을 유발하는 손상은 없다
- **거시적인 파면**: 사진 1과 같이 파단면 모양이 정적인 면과 피로파면의 2개로 나눠져 있다. O는 피로균열 발생 기점 근방, H는 피로균열 진전영역, S는 최종파단부로 상당히 작다.
- **미시적인 파면**: 사진 2는 사진 1의 2를 확대한 것으로, 정적 비틀림응력에 의한 균열이 발생하여 진전(화살표) 하였다. 또, 사진 3은 피로균열 진전영역으로 피로파괴 특유의 스트라이에이션을 발견할 수 있다. 이상과 같은 파단면에서 추정하면, 파괴의 원인은 시공시 또는 사용시인가는 불명확(시공시가 크다) 하지만, 정적인 비틀림응력이 부하되어 균열이 발생하고, 그 후는 사용시의 반복응력으로 균열이 진전한 것으로 생각된다.
- **대책**: 최종파단부가 상당히 작기 때문에, 재료와 사용부하응력은 적합하므로, 체결시의 응력을 관리하고, 정적인 초기 균열이 발생하지 않도록 한다.

24. 금속 절단용 블레이드(blade)의 피로파면

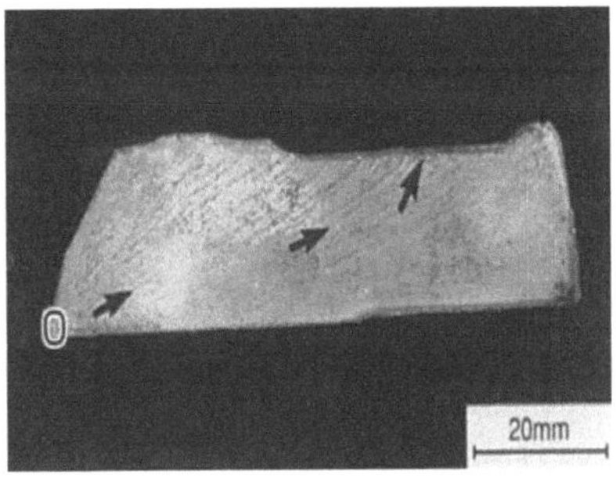

사진 1 거시적인 파단면

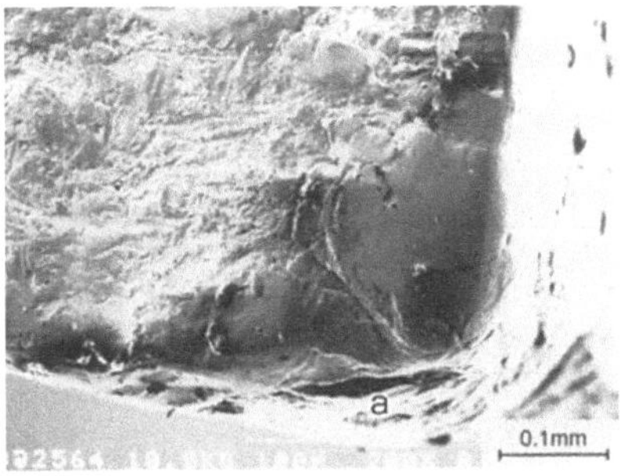

사진 2 균열 발생 기점 근방

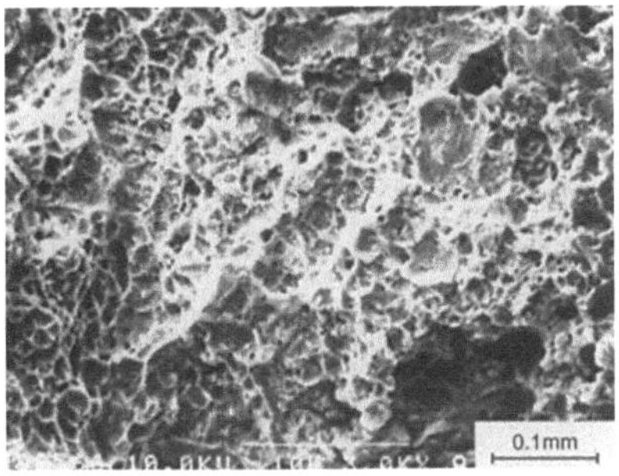

사진 3 피로균열 진전영역(dimple pattern)

- **재질**: SNCM439(구조용합금강)
- **열처리**: 퀜칭, 템퍼링(경도: 50HRC)
- **파손상황**: 가위형상의 절단용 블레이드를 사용하는 경우, 보통은 환봉을 절단하는 것과 같은 방법을 쓰지만, 10 mm 정도의 두꺼운 부재의 R부를 절단. 유압으로 절단 날이 작동한다.
- **부하응력**: 일방향 비틀림응력에 의한 파손
- **파단면 근방**: 양날이 맞물리는 부분에 부분적인 손상 흔적을 발견할 수 있다.
- **거시적인 파면**(사진 1): 균열 발생 기점(O)은 사용 시에 최대응력이 부하되는 절단 날의 뒷부분이다. 피로균열 진전영역이 작고, 대부분의 파면은 정적인 응력에 의해 파괴되었다. 약간 비틀림응력이 작용하여 파괴하였다. 화살표는 균열 진전방향.
- **미시적인 파면**: 균열 발생 기점 근방은 상대재에 의해 문질러졌기 때문에, 파괴의 원인은 불명확하지만, 그 근방에는 과대응력에 의해 생긴 손상 흔적이 있다(사진 2의 a). 또 피로균열 진전영역은 비교적진전속도가 느린 딤플모양(사진 3).
- **대책**: 비틀림응력이 작용하는 부적절한 사용방법을 피해야 한다.

25. 머리 수술용 공구의 피로파면

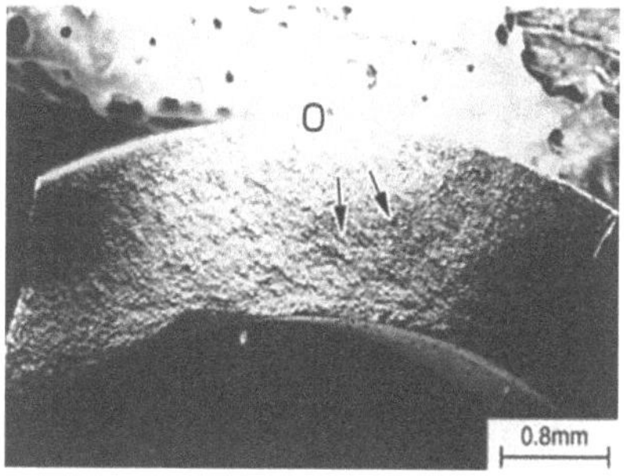

사진 1 거시적인 파단면

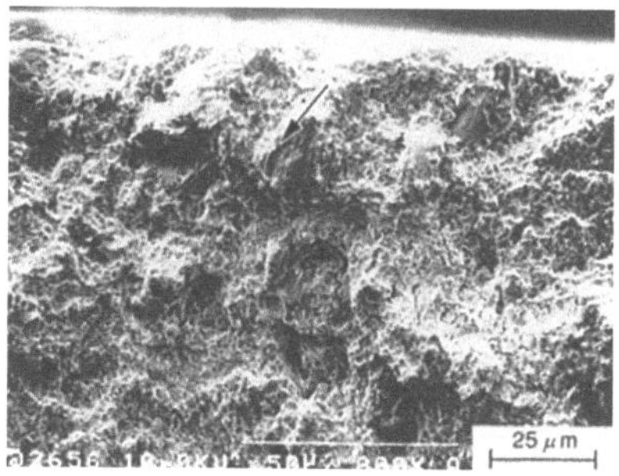

사진 2 균열 발생 기점 근방(진전속도가 느린 딤플)

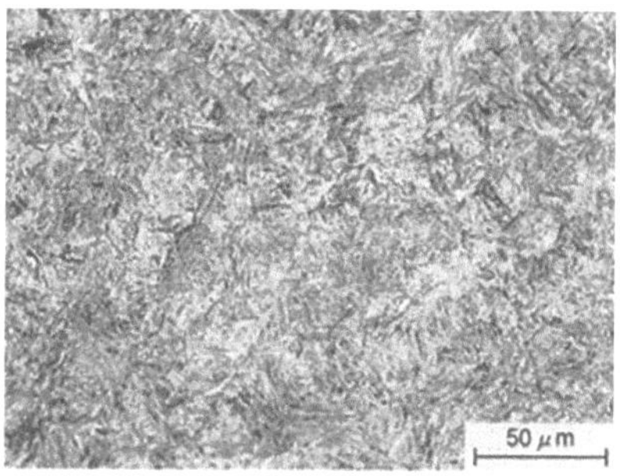

사진 3 금속조직
(거친 마르텐사이트, 5% 나이탈)

- **재료**: SKS93(특수공구강)
- **열처리**: 퀜칭, 템퍼링(경도: 61HRC)
- **파손상황**: 머리 수술 중에 공구의 일부가 파괴. 원통형 드릴로서 날이 4개 있다. 3년 사용하였지만 날이 1개 파손하였다.
- **부하응력**: 일방향 굽힘응력과 비틀림응력이 약간 작용해서 파손
- **거시적인 파면**(사진 1): O는 균열 발생 기점 근방, 화살표는 균열 진전방향이다. 비교적 평평한 면을 나타내고 있다. 파단면 주변에는, 균열을 유발하는 손상 흔적은 없다.
- **미시적인파면**: 사진 2는 균열 발생 기점 근방을 나타낸 것으로, 균열 진전속도가 비교적 느린(부하응력속도가 느리다) 딤플패턴을 나타내고 있다. 또, 부하응력 방향에 약간 비틀림이 추가된 굽힘응력에 의해 균열이 진전하였다.
- **대책**: 사용상황 및 파단면 등에서 다른 날에도 손상이 있다고 판단하여 양측의 날을 조사한 결과, 균열이 발생하여 있는 것을 판명. 금속조직(사진 3)은 약간 거친 템퍼링 마르텐사이트. 굽힘응력이 추가되어 무리한 사용방법 및 열처리도 약간 문제가 있어서 재검토의 필요가 있다.

26. 엔진용 커넥팅 로드의 피로파면

사진 1 거시적인 파단면

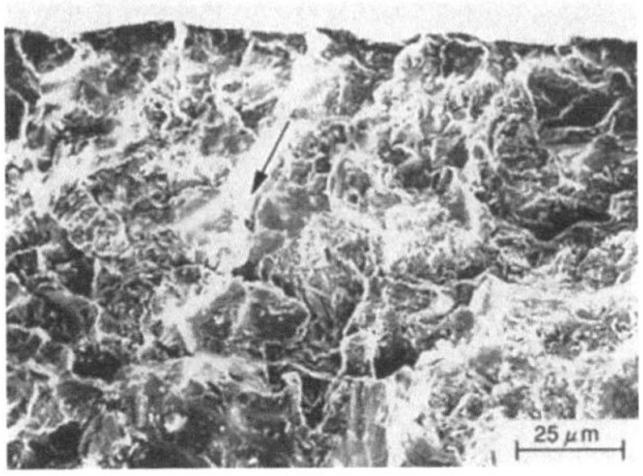

사진 2 균열 발생 기점 근방
(딤플과 의사벽개파면이 혼재)

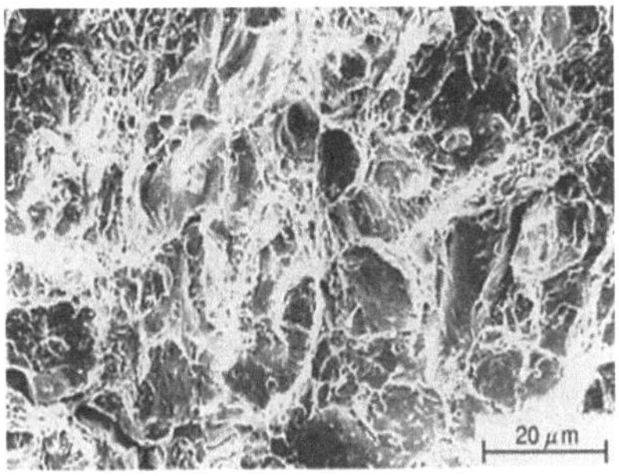

사진 3 피로균열 진전영역(진전속도가 느린 딤플)

- **재료**: SCM420(구조용 저합금강)
- **열처리**: 침탄퀜칭, 템퍼링(샤프트 접촉부만 경화)
- **파손상황**: chainsaw 엔진 회전부분에 사용되고 있는 커넥팅 로드가 단시간 사용에 파손. 파괴는 여러 곳이다.
- **부하응력**: 일방향 굽힘응력에 의한 파손
- **거시적인 파면**: 균열 발생 기점은 O로 나타낸 샤프트 접촉부의 내측 중앙이고, 사진 1과 같이 비교적 평평하다. 피로파괴 면적이 넓고 최종파단부가 작다. 화살표는 균열 진전방향.
- **미시적인 파면**: 피로균열 발생 기점 근방의 파면은 사진 2와 같이 비교적 딤플모양이 많은 의사벽개파면이다. 일반적으로 침탄퀜칭은 경도가 높기 때문에, 입계균열파면이 많이 생성되지만, 약간 연성을 나타내는 취성파면이다. 또 최종파단부에 가까운 피로균열 진전영역도 사진 3처럼 딤플모양을 나타내고 있다. 따라서 부하응력은 비교적 작다.
- **대책**: 파단면 모양에서 전체가 침탄으로 생각되어 금속조직을 검토했다. 결과적으로는 내부도 침탄조직이 관찰되었다. 침탄조건에서 생각하면, 내면 연삭시에 표면의 침탄 경화층을 많이 연삭하였기 때문에 강도부족으로 판단된다.

27. 사출 성형용 금형의 피로파면

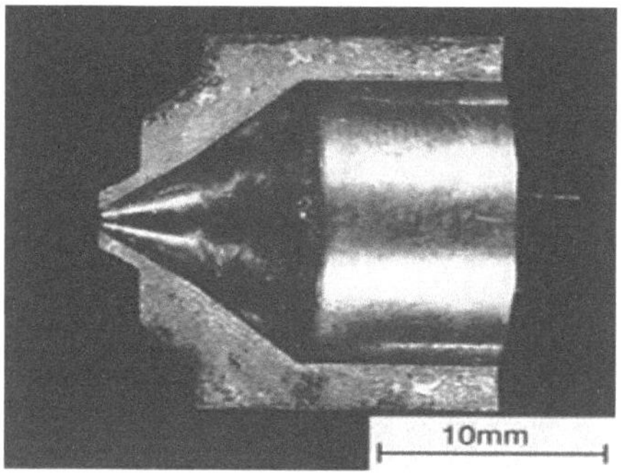

사진 1 거시적인 파단면

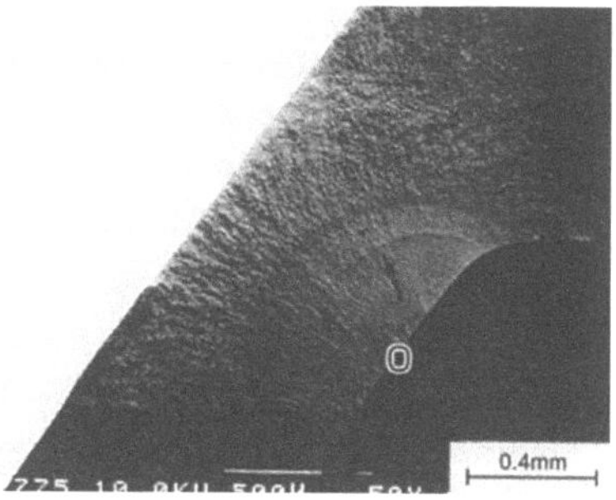

사진 2 균열 발생 기점 근방
(O: 기점, 화살표: 균열 진전방향)

사진 3 균열 발생 기점 근방(1: 갈라진 균열)

- **재질**: SKH59(분말고속도강)
- **열처리**: 퀜칭, 템퍼링(경도: 63HRC)
- **파손상황**: 수지의 내압을 반복해서 받는 사출 성형용 금형의 출구가 단시간 사용으로 파손.
- **부하응력**: 일방향 굽힘응력에 의한 파손
- **파단면 근방**: 파단면과 직각면에 부식의 손상 흔적이 다수 존재.
- **거시적인 파면**: 단단한 재료의 특유한 파면인 평평한 면을 나타내고, 균열 발생 기점을 확인하기 어렵다(사진 1). 또, 사진 2와 같이 균열 발생 기점은 수지내압이 작용하는 내측이 아닌 외측으로 비교적 피로진전영역이 작다. O는 균열 발생 기점으로 한 곳이 아닌 어떤 폭에서 균열이 발생하여, 화살표처럼 방사상으로 진전.
- **미시적인 파면**: 사진 3은 균열 발생 기점 근방을 확대한 것으로. 외측면은 내압의 팽창에 의하여 견디지 못하고, 균열이 발생한 것과 같은 흔적을 발견할 수 있다.
- **대책**: 파단면이나 측면의 손상 흔적 등으로 추정하면, 내압에 대하여 재료의 강도가 부족하다. 내압을 제어할 수 없으면, 외측을 강화하기 위하여 쇼트피닝이나 단단한 피막을 코팅할 필요가 있다.

28. 전동톱(chain saw)용 모터축의 피로파면

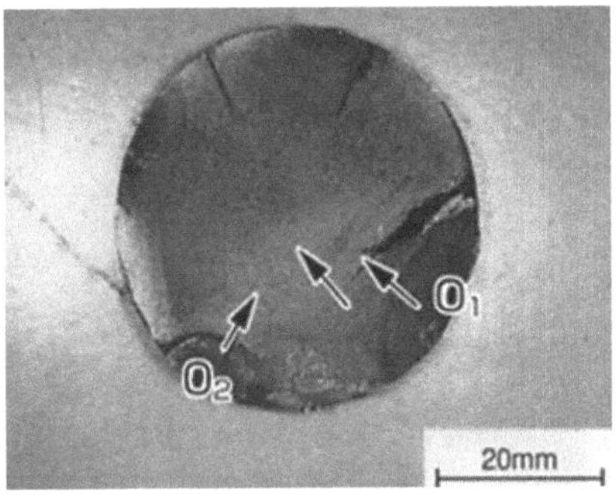

사진 1 거시적인 파단면

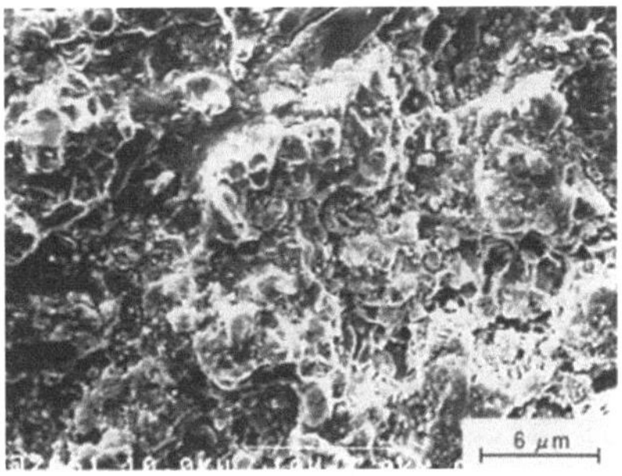

사진 2 균열 발생 기점 근방
(입계, 의사벽개균열)

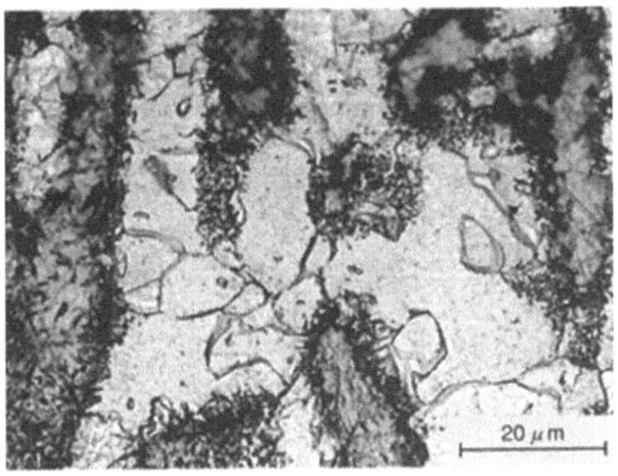

사진 3 균열 발생 기점 근방의 금속조직
(흰색: 페라이트, 검은색: 펄라이트, 5%나이탈)

- **재질**: S45C(구조용탄소강)
- **열처리**: 어닐링
- **파손상황**: 목재가공용 전동톱 모터축이 단기간 사용으로 파손됐다. 부하응력은 비교적 작다.
- **부하응력**: 굽힘과 비틀림응력에 의한 파손
- **파단면 근방**: 4곳의 균열 발생 기점으로 생각되는 부분의 측면에 스폿용접 흔적이 있다.
- **거시적인 파면**(사진 1): 균열 발생 기점은 O로 나타낸 4곳, 검은색의 피로파괴 면적이 다르고, O_1 이 최초로 O_2가 2번째 균열 발생이라고 생각된다. 또, 단차모양은 비교적 크지만 파단면 전체는 평평하다. 화살표는 균열 진전방향.
- **미시적인 파면**: 균열 발생 기점 근방은 사진 2처럼, 부식생성물로 덮여있어 불명확하지만, 입계나 의사벽개균열이라고 생각된다. 또, 사진 3은 기점 근방의 금속조직으로 조대화된 페라이트 + 펄라이트다.
- **대책**: 이상의 여러 결과에서 파괴의 원인은 스폿 용접한 부분의 강도부족이다. 용접시공의 이유가 불명확 하지만, 용접 열영향부는 강도가 저하되는 것을 명심하라.

29. 교반기용 날개의 피로파면

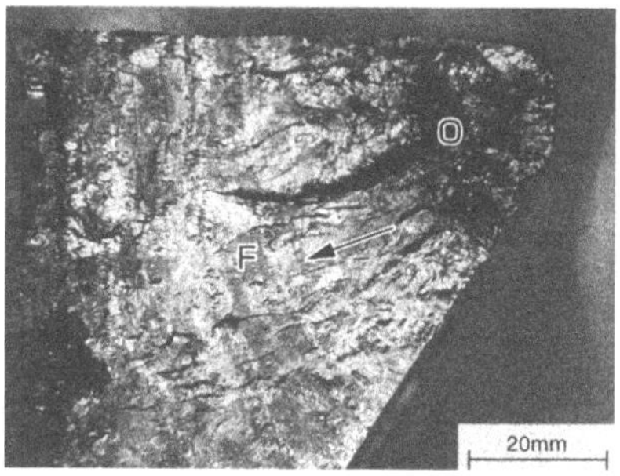

사진 1 거시적인 파단면

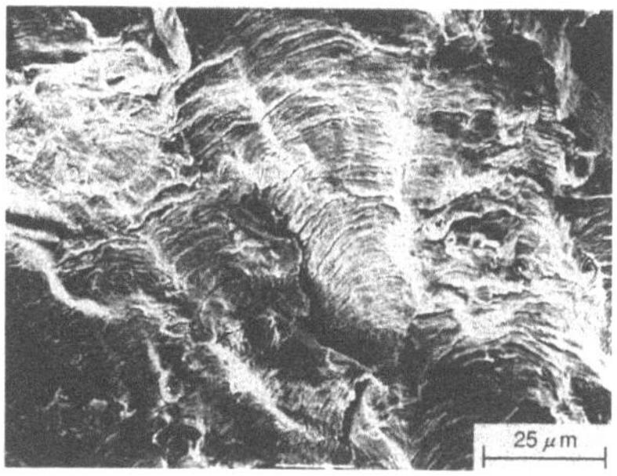

사진 2 균열 발생 기점 근방의 피로파면

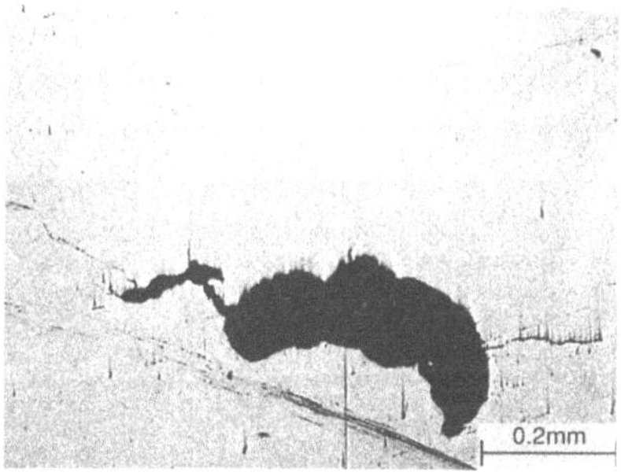

사진 3 균열 발생 기점 근방
(검은색은 산화물)

- **재질**: STS304(오스테나이트계 스테인리스강)
- **열처리**: 고용화열처리
- **파손상황**: 왕복 회전운동하는 교반기의 날개가 날개 뿌리에서 파손, 납품 후 3~4년 경과
- **부하응력**: 일방향 굽힘응력에 의한 파손
- **파단면 근방**: 균열 발생 기점 근방은 사용 중의 회전에 의한 마찰 흔적이 존재한다.
- **거시적인 파면**(사진 1): 화살표는 균열 진전방향, F는 피로균열 진전영역, O는 균열 발생 기점으로 최대전단응력을 받는 최표면이 아닌, 약간 내부이다. 또, 균열 발생 시에 과대응력이 작용한 요철의 심한 쉐브론(chevron) 모양이고, 그 후 비교적 균열 진전속도가 느린 피로파면이다.
- **미시적인 파면**(사진 2): 균열 발생 기점 근방의 균열 진전속도가 빠른 피로파면이다. 또, 균열 기점이 내부에 존재하므로 기점 근방의 금속조직을 관찰한 결과, 끝부분은 용접에 의한 덧살이고, 그 연결부위는 사진 3과 같은 큰 산화물이 존재한다.
- **대책**: 파괴의 원인은 용접의 부적절에 의한 강도부족으로 생각된다. 용접재는 벌크재와 비교하여 강도가 90 ~ 60% 정도 저하하는 것을 고려할 필요가 있다.

30. 반송용(搬送用) 체인의 피로파면

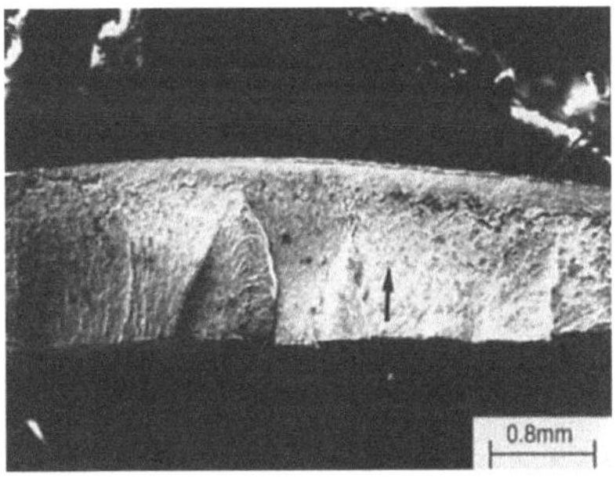

사진 1 거시적인 파단면 (화살표: 균열 진전방향)

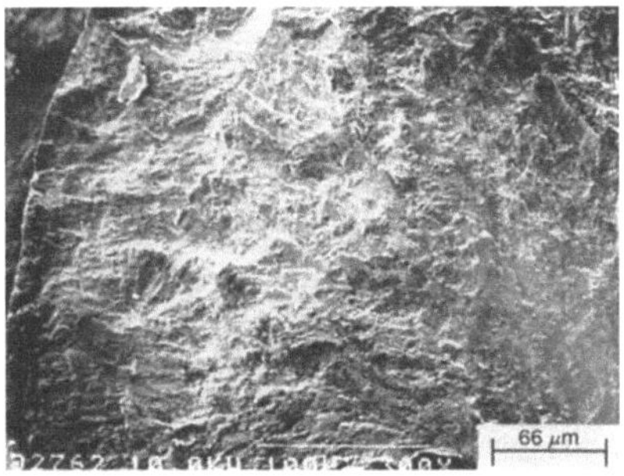

사진 2 균열 발생 기점 근방

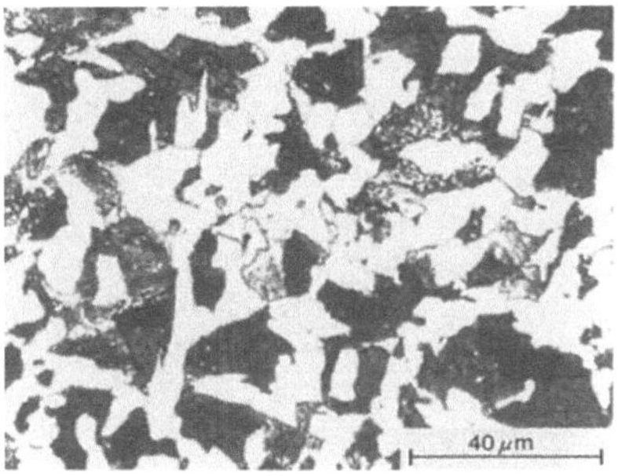

사진 3 금속조직(페라이트+펄라이트(흑), 5% 나이탈)

- **재질**: S45C(구조용탄소강)
- **열처리**: 노멀라이징
- **파손상황**: 회전하고 있는 판상의 체인이 판끼리 체결하고 있는 부분에서 파손됐다. 사용기간은 비교적 짧다.
- **부하응력**: 일방향 굽힘응력에 의한 파손
- **파단면 근방**: 체결부분을 꺾어 구부리는 가공시에 생겼다고 생각되는 손상 흔적이 균열 발생부측 판의 폭방향에 있다.
- **거시적인 파면**: 사진 1과 같이 일방향 굽힘응력에 의하여 파괴한 것이다. 균열 발생부도 폭이 넓고, 일차균열로 생각되는 긴 단차모양{ratchet(미늘톱니바퀴)마크}이 수많이 발견되었다. 화살표는 균열 진전방향.
- **미시적인 파면**: 비교적 단차모양이 적은 부분을 미시적으로 관찰한 것이 사진 2다. 스트라이에이션 간격이 넓고, 균열 진전속도가 빠르다. 또 금속조직인 사진 3은 표준적인 노멀라이징 조직이다.
- **대책**: 이상과 같은 관찰 결과에서, 굽힘 가공시에 균열 발생을 유발하는 손상 흔적을 방지할 것. 파단면의 요철이 크므로 조질 실시 또는 강도 높은 재료로 변경할 것. 더욱이 상용 부하응력을 낮게 하는 것 등을 고려할 필요가 있다.

31. 커플링(coupling) 축의 피로파면

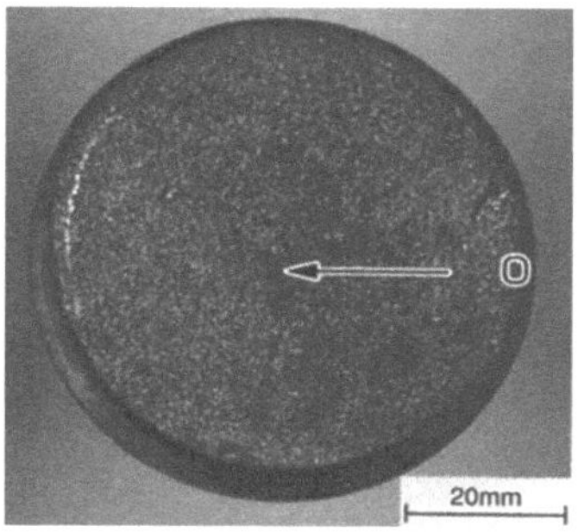

사진 1 거시적인 파단면

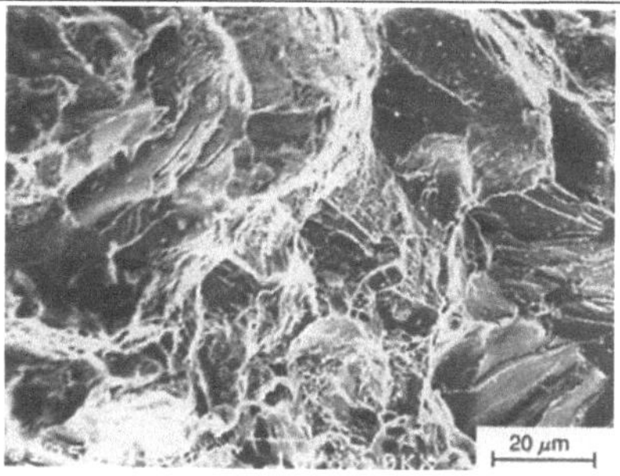

사진 2 피로균열 진전영역
(딤플 + 의사벽개파면)

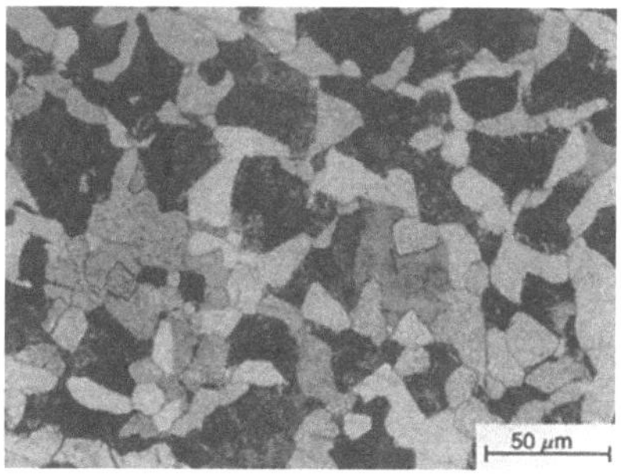

사진 3 금속조직
(페라이트(흰색)+펄라이트(검은색), 3% 나이탈)

- **재질**: S45C(구조용탄소강)
- **열처리**: 어닐링
- **파손상황**: 컨테이너의 운반에 사용되고 있는 다리 기둥의 커플링 축이 3개 중 2개가 파손. 과거에도 비슷한 사고가 발생하고 있었다.
- **부하응력**: 일방향 굽힘응력에 의한 파손
- **파단면 근방**: 균열 발생을 유발하는 손상 흔적은 없다.
- **거시적인 파면**: 사진 1과 같이 O가 균열 발생 기점 근방, 피로균열 진전영역이 넓고, 최종파단부가 상당히 작다. 또 전체적으로 평탄하고, 부하응력도 비교적 작다. 화살표는 균열 진전방향.
- **미시적인 파면**: 최종파단부는 전체적으로 의사벽개파면이지만, 피로균열 진전영역은 사진 2처럼 딤플과 의사벽개가 혼재한 파면이다. 또 금속조직은 약간 거칠지만, 사진 3과 같이 페라이트 + 펄라이트다.
- **대책**: 파단면, 금속조직 등에서 추정하면, 사용응력은 비교적 작은 것으로 생각되기 때문에 조질을 실시하여(S45C로 좋을까? SCM재라면 더욱 좋다) 강도를 높게 한다면, 장수명화가 가능할 것으로 생각된다.

32. 중계용 볼트의 피로파면

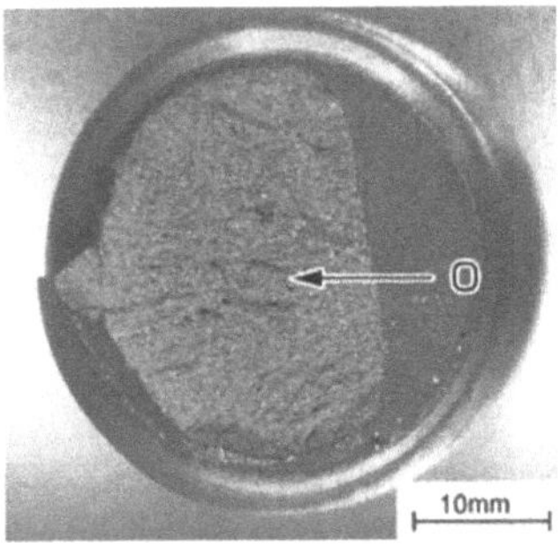

사진 1 거시적인 파단면

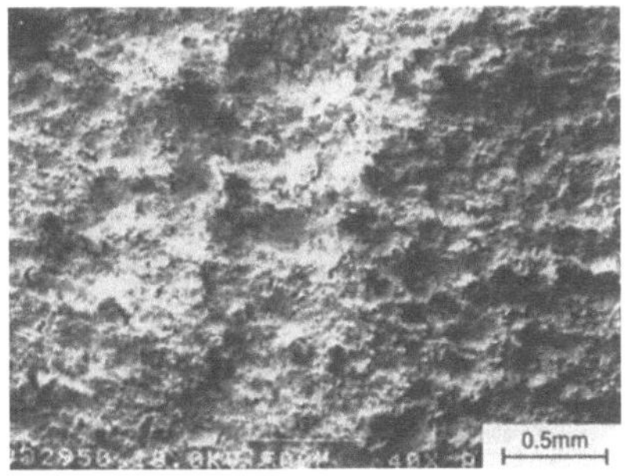

사진 2 피로균열 진전영역

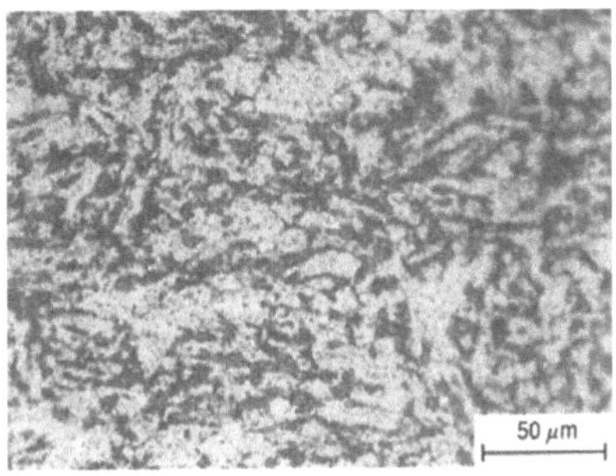

사진 3 금속조직(페라이트(흰색)+구상 세멘타이트(검은색)
조질 불완전, 3% 나이탈)

- **재질**: SCM435(구조용합금강)
- **열처리**: 조질(경도: 28HRC), 볼트의 제조공정은 육각으로 압연가공 후 열처리 → 나사가공, 일부 ϕ38로 기계가공
- **파손상황**: 터널 공사용 연결용 볼트가 단기간 사용으로 육각부 가까운 부분에서 파손
- **부하응력**: 일방향 굽힘응력에 의한 파손
- **파단면 근방**: 파단부는 나사 뿌리면, 주변부에는 균열을 유발하는 손상 흔적이 없다.
- **거시적인 파면**(사진 1): O는 균열 발생 기점 근방, 검은색이 피로균열 진전영역, 회색이 1회의 응력으로 파손된 영역(최종파단부)으로, 피로균열 진전면적과 비교하면 크다. 화살표는 균열 진전방향.
- **미시적인 파면**: 사진 2는 균열 발생 기점을 나타낸 것으로 균열 진전속도가 비교적 느린 딤플 조직. 최종파단부는 의사벽개파면으로 금속조직(사진 3)은 불완전한 소르바이트 조직이다.
- **대책**: 파손의 원인은 나사의 가공공정과 불완전한 열처리다. 제품의 치수에 맞춰 절단→ϕ38로 한 후 나사가공, 최종적으로 열처리를 실시하면 강도가 향상된다.

33. 펌프용 구동축의 피로파면

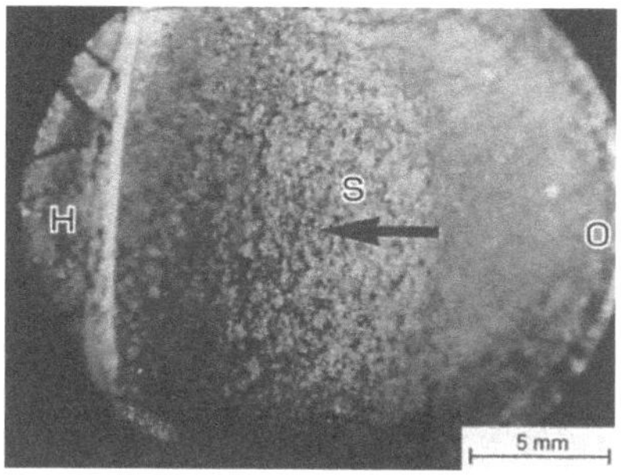

사진 1 거시적인 파단면

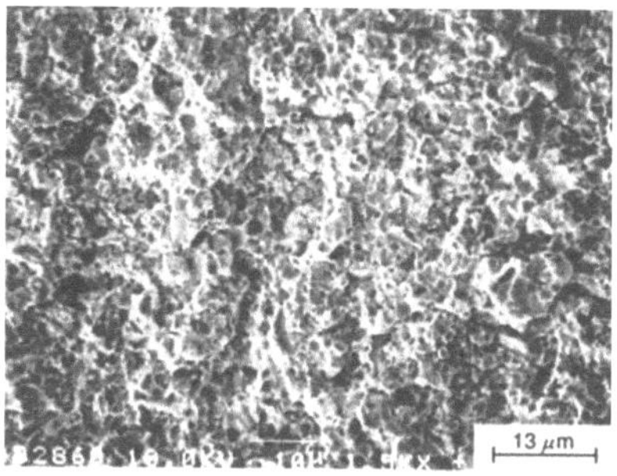

사진 2 피로균열 진전영역

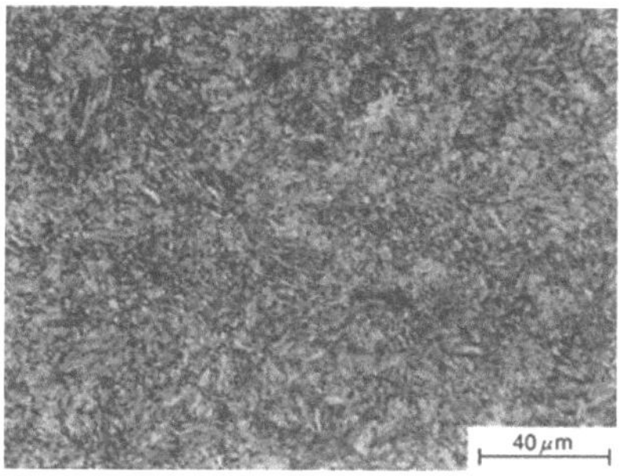

사진 3 금속조직: 소르바이트(3% 나이탈)

- **재질**: SCM435(구조용합금강)
- **열처리**: 조질(경도: 48HRC)
- **파손상황**: 정밀 유압펌프 구동축이 시운전 중 파손.
- **부하응력**: 약간 비틀림응력이 작용한 일방향 굽힘응력에 의한 파손
- **파단면 근방**: 파단면 근방은 균열 발생을 유발하는 손상 흔적이 없다.
- **거시적인 파면**(사진 1): O는 균열 발생 기점, S는 피로균열 진전영역으로 비교적 거친면을 나타내고 있다. H는 최종파단부로 비교적 면적이 작다, 화살표는 균열 진전방향.
- **미시적인 파면**: 균열 발생 기점 근방에는 균열 발생을 유발하는 결함은 발견할 수 없다. 또 피로균열 진전 부분은 사진 2와 같이 매우 작은 딤플모양을 발견할 수 있었고, 부하응력 속도는 느리지만 과대 부하응력에 의한 파괴로 생각된다.
- **대책**: 재질, 조질 경도, 파단면의 모양에서 파괴의 원인을 추정하면, 운전개시 시에 있어서 기계의 간격문제, 설치 정밀도 불량 등에 의한 파손사고로 생각된다. 따라서 강도 높은 재료로 변경해도 해결은 어렵기 때문에, 시공에 주의를 요한다.

34. 코일 스프링의 피로파면

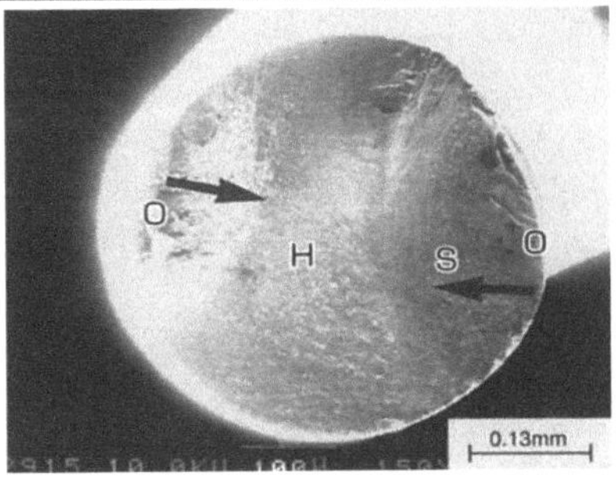

사진 1 거시적인 파단면

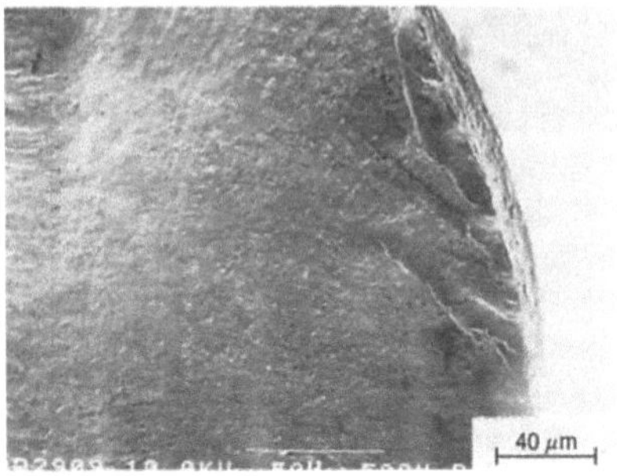

사진 2 균열 발생 기점 근방(손상 흔적 존재)

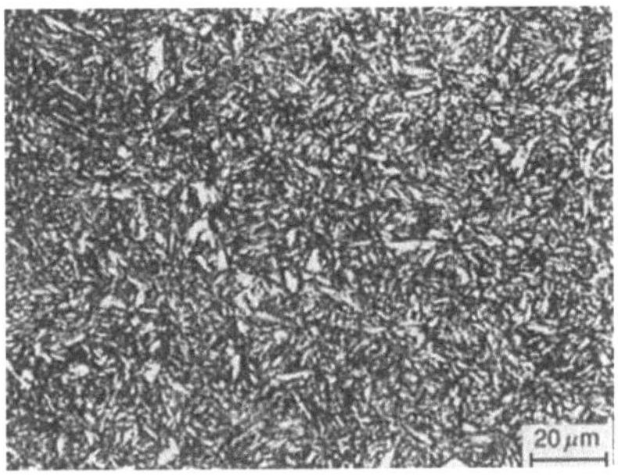

사진 3 금속조직 : troostite(5% 나이탈)

- **재질**: SUP6(스프링강)
- **열처리**: 퀜칭, 템퍼링(경도: 52HRC)
- **파손상황**: 자동차의 경량화를 위해 사용된 코일 스프링이 단시간 사용으로 파괴.
- **부하응력**: 양진 굽힘응력에 의한 파괴
- **파단면 근방**: 균열 발생 기점 근방의 측면에 손상 흔적.
- **거시적인 파면**(사진 1): O는 균열 발생 기점으로 생각되는 부분으로, 양진 굽힘응력에 의하여 균열 진전, S는 피로균열 진전영역, H는 최종파단부로 피로균열 진전영역에 비교하면 면적이 크다. 화살표는 균열 진전방향.
- **미시적인 파면**: 사진 2는 균열 발생 기점 근방의 SEM사진을 나타낸 것으로, 압흔 손상을 발견할 수 있고, 이 상흔을 기점으로 균열이 발생하였다. 또 비교적 큰 단차모양도 존재. 금속조직(사진 3)은 약간 조대한 마르텐사이트다.
- **대책**: 균열 발생 기점 근방에 존재하는 손상 흔적이 균열 발생의 직접 원인이지만, 피로균열 진전영역에 비교해서 최종파단부가 큰 것으로 보아, 스프링 자체의 강도에도 약간 문제가 있다. 손상 흔적이 생긴 원인을 규명하는 것도 중요하지만, 부하응력의 크기와 스프링 강도를 재검토하는 것도 중요하다.

✓ troostite는 강조직의 한 종류이고, 마르텐사이트를 약 400℃까지 템퍼링함으로서 얻어지는 미세한 조직이다. 마르텐사이트에 비하여 약간 무르지만, 인성은 뛰어나다. 그러나 부식하기 쉬운 결점이 있다.

35. 환기팬용 모터축의 피로파면

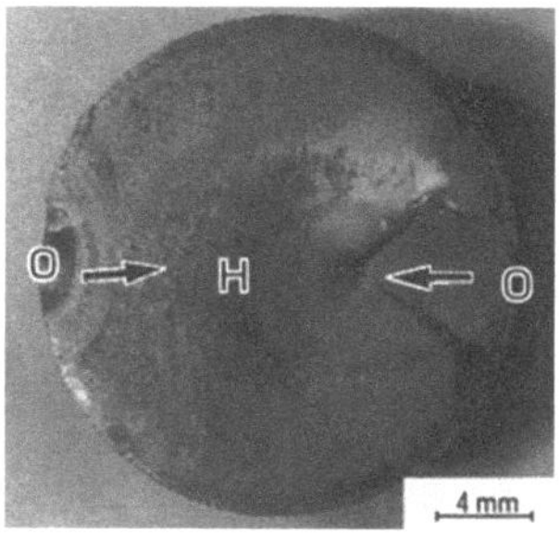

사진 1 거시적인 파단면

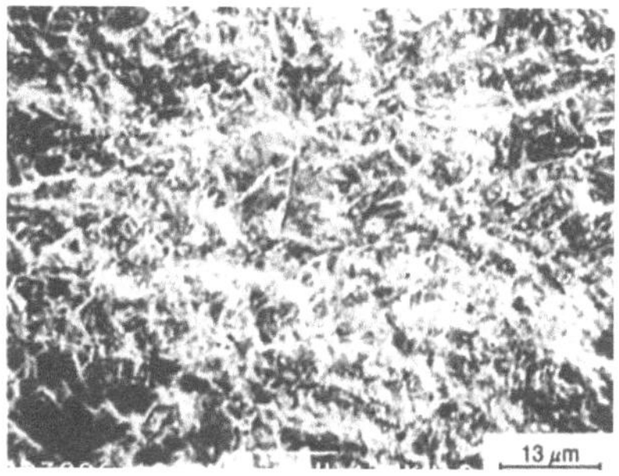

사진 2 피로균열 진전영역(의사벽개파면)

사진 3 금속조직(페라이트(흰색)+펄라이트(검은색), 약간 거친 어닐링조직, 3% 나이탈)

- **재질**: S45C(구조용탄소강)
- **열처리**: 어닐링
- **파손상황**: 대형 환기팬의 모터축이 1년을 채우지 못한 사용으로 파괴.
- **부하응력**: 양진 굽힘응력에 의한 파손
- **파단면 근방**: 균열 발생 기점 근방의 측면에 부딪친 흔적의 손상을 발견할 수 있다.
- **거시적인 파면**(사진 1): O는 균열 발생 기점이고, 조개껍질 모양이 피로균열 전파영역, H는 최종 파단부, 화살표는 균열 진전방향이다. 피로균열 진전영역에 비교하면, 최종파단부가 비교적 넓고, 조개껍질 모양의 간격도 약간 넓다(1회의 부하응력으로 진전한 균열길이).
- **미시적인 파면**(사진 2): 피로균열 진전영역의 미시적인 파면으로 매우 미세하지만, 의사벽개파괴파면이다. 또, 금속조직(사진 3)은 페라이트 + 펄라이트로, 약간 결정립이 큰 섬유조직을 나타내고 있다.
- **대책**: 균열 발생 기점 근방의 부딪친 흔적이 발생한 원인을 검토할 것.
  파단면의 각 영역에서 추정하면, 부하응력에 대하여 어닐링재는 강도가 낮다.
  조질 처리하여 강도의 향상을 도모할 필요가 있다.

36. 자동차용 서스펜션(suspension)의 피로파면

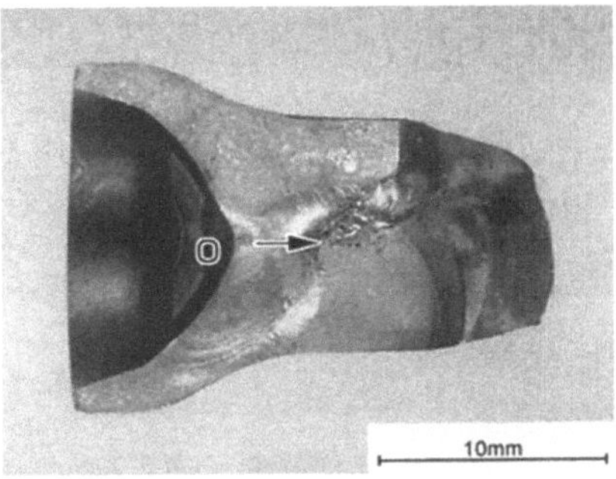

사진 1 거시적인 파단면

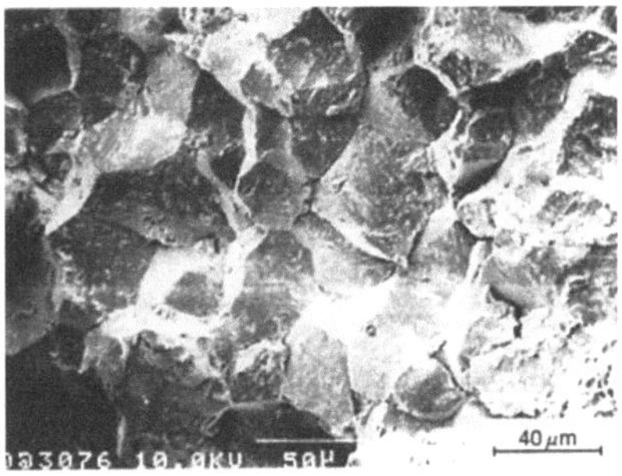

사진 2 균열 발생 기점부의 미시적파면(입계균열과 딤플이 혼재)

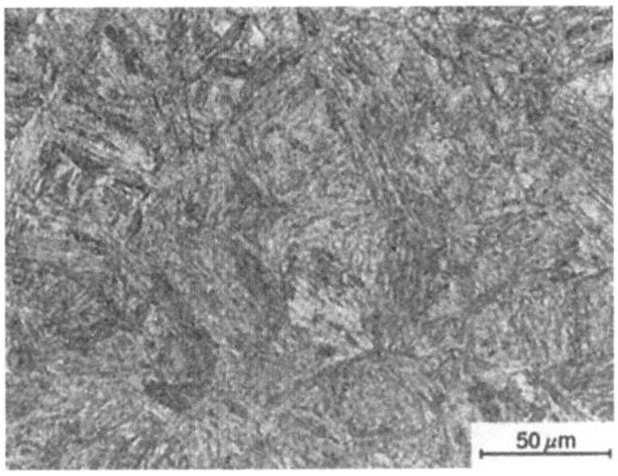

사진 3 금속조직
(거친 마르텐사이트, 3% 나이탈)

- **재질**: SCM440(구조용합금강)
- **열처리**: 조질(경도: 48HRC)
- **파손상황**: 승용차의 서스펜션 컵 부분이 파손. 과거에 사고를 일으킨 차량이다.
- **부하응력**: 일방향 굽힘응력에 의한 파손
- **파단면 근방**: 파손의 기점은 컵 하부, 편측 부딪침에 의한 손상 흔적을 발견할 수 있다.
- **거시적인 파면**: 사진 1과 같이 균열 발생 기점 근방은 요철이 심하고, 균열 진행 부분은 미세한 조개껍질 모양을 나타내고 있다. O는 균열 발생 기점 근방, 화살표는 균열 진전방향.
- **미시적인 파면**: 균열 발생 기점 근방은 사진 2와 같이 약간 딤플모양도 있지만, rock candy 로 대표되는 입계파면이다. 또 피로균열 진전영역은 약간 의사벽개파면이 혼재한 취성피로파면을 나타내고 있다. 사진 3은 금속조직을 나타낸 것으로, 상당히 거친 라스 마르텐사이트.
- **대책**: 이상과 같은 결과로부터, 파괴의 원인은 부적절한 퀜칭 또는 편심에 의한 과대 부하응력 등을 생각할 수 있기 때문에, 열처리조건, 간극 등을 재검토 할 필요가 있다.

37. 에어컨용 밸브의 피로파면

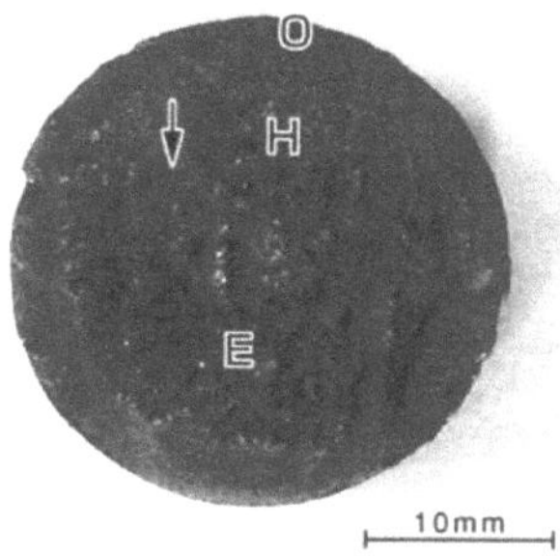

사진 1 거시적인 파단면

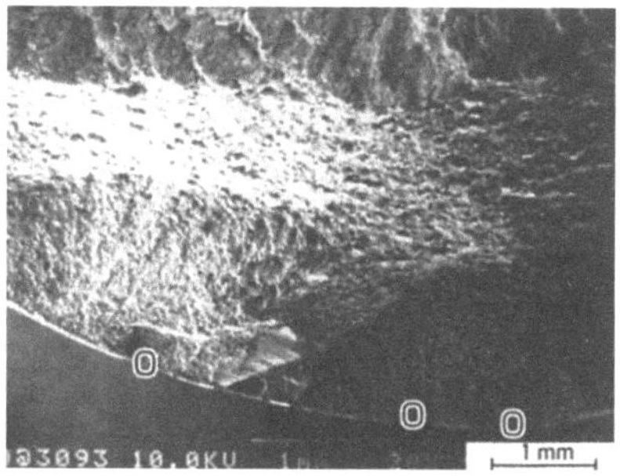

사진 2 균열 발생 기점 근방
(O부: 균열 발생 기점)

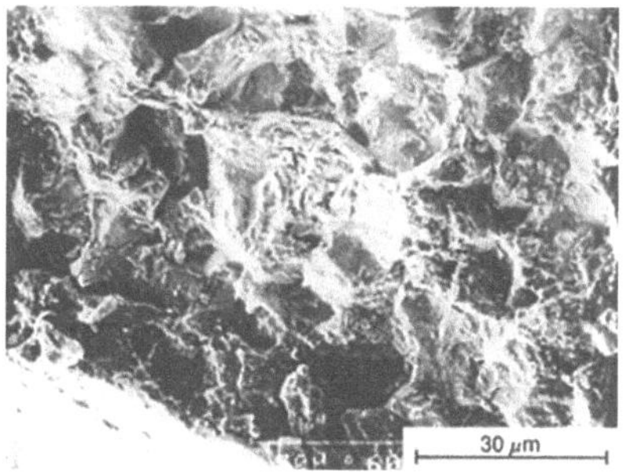

사진 3 O부의 미시적 사진

- **재질**: 황동(7/3 황동)
- **열처리**: 어닐링
- **파손상황**: 오피스용 에어컨의 냉각수용 밸브가, 설치 후 단시간에 파손됐다.
- **부하응력**: 반원주부의 표면이 비틀림응력, 일부는 편진 굽힘응력에 의한 파손
- **파단면 근방**: 원주의 여러 부분에 부딪친 흔적이 존재하고 있다(비교적 깊다).
- **거시적인 파면**(사진 1): O는 피로균열 발생 기점, H는 피로균열 진전영역으로, 요철이 심한 면적이 작다. E는 최종파단부로, 피로균열 영역에 비교해 면적비율이 크다. 화살표는 균열 진전방향이다.
- **미시적인 파면**: 사진 2는 균열 발생 기점 근방을 나타낸 것이다. O와 같이 부딪친 흔적의 균열 발생 기점을 많이 발견할 수 있다. 사진 3은 입계파괴에 가까운 의사벽개파면을 나타내고 있다.
- **대책**: 어떤 공정에서 발생한 것인지 불명확하지만, 표면의 손상 발생 원인을 조사할 것.
  최종파단부가 크기 때문에 재료의 강도 향상이 필요하다.

38. 인쇄기용 모터축의 피로파면

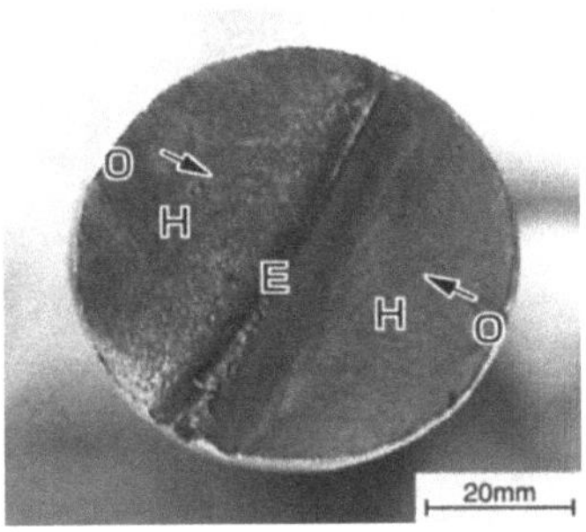

사진 1 거시적인 파단면

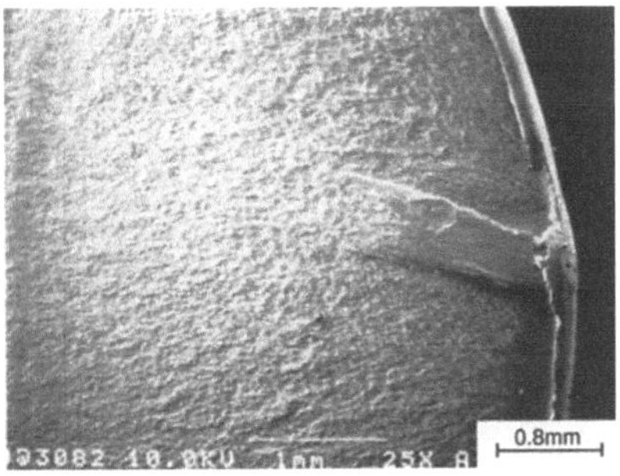

사진 2 균열 발생 기점 근방

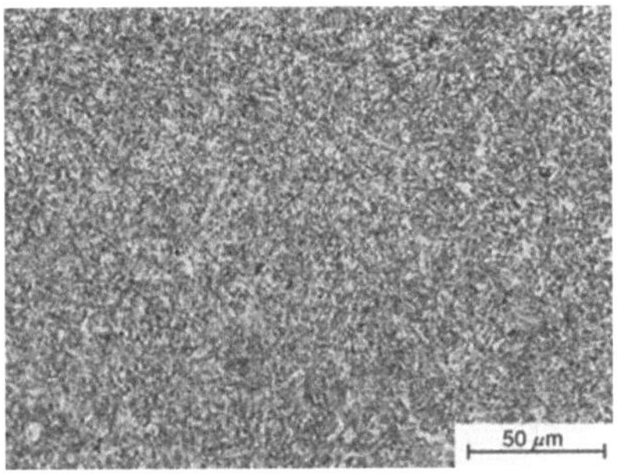

사진 3 금속조직(3% 나이탈)

- **재질**: SCM435(구조용합금강)
- **열처리**: 조질(경도: 48HRC)
- **파손상황**: 인쇄기의 모터축이 반년 만에 파손됐다.
- **부하응력**: 양진 굽힘응력에 의한 파손
- **파단면 근방**: 특히 균열 발생을 유발하는 손상 흔적은 없다.
- **거시적인 파면**(사진 1): O는 균열 발생 기점이고, 화살표 방향으로 균열이 진전하였다. H는 피로균열 진전영역이고. E는 최종파단부다. 균열 발생 기점 근방은 과대 부하응력에 의하여 발생한 단차모양이 있고, 피로균열 진전영역에 비하여 최종파단부 면적비율이 비교적 작다.
- **미시적인 파면**: 사진 2의 균열 발생 기점 근방은 계단 모양 이외에 약간 균열 진전속도가 빠른 평탄한 의사벽개피로파면이다. 금속조직(사진 3)은 이상을 발견할 수 없었다.
- **대책**: 이상과 같은 결과로부터, 균열의 발생은 돌발적인 굽힘응력에 의한 과대응력에 의하여 발생한 것이라고 생각되기 때문에, 파손 부위의 주변을 조사할 필요가 있다. 즉, 다른 부분에 과대응력이 작용하고, 이차적으로 파손한 가능성이 크다.

39. 대형 환기팬용 날개의 피로파면

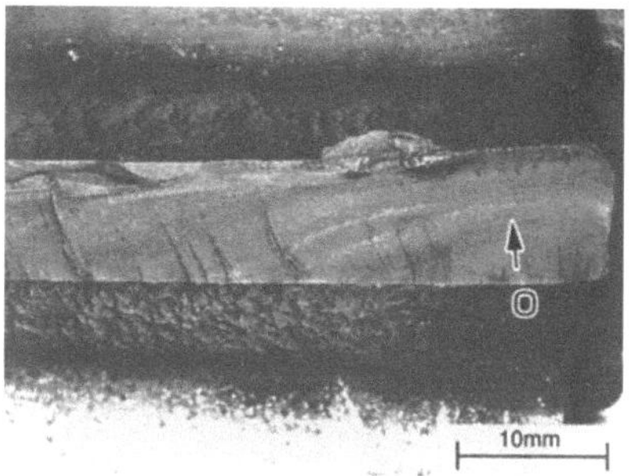

사진 1 거시적인 파단면

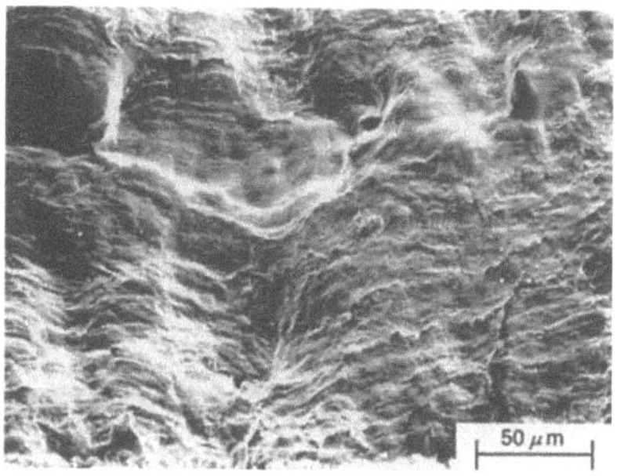

사진 2 균열 발생 기점 근방의 미시적 사진 (계단상의 모양이 1회씩의 반복에 의해 진전한 균열의 길이: 스트라이에이션)

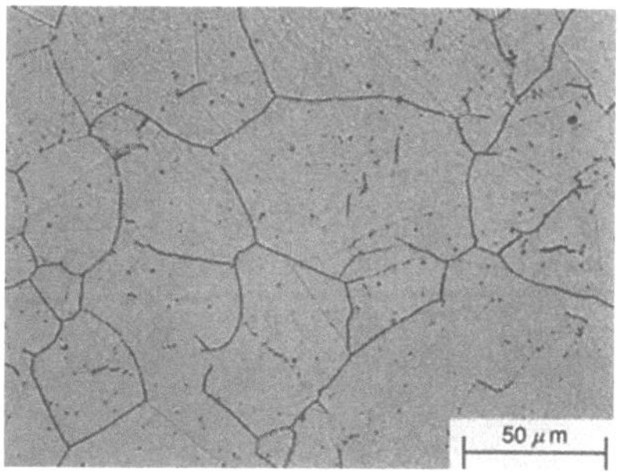

사진 3 금속조직(Cr탄화물이 결정립계에 석출, 10% 수산전해)

- **재질**: STS304(오스테나이트계 스테인리스강)
- **열처리**: 고용화열처리
- **파손상황**: 야외에 설치된 직경 4 m의 대형 환기팬의 날개뿌리가 반년 만에 파손됐다. 파손된 부분은 용접부다.
- **부하응력**: 약간 비틀림이 가해진 일방향 굽힘
- **파단면 근방**: 균열 발생 기점 근방은 용접에 의한 열영향부로, 용접 끝부분이다.
- **거시적인 파면**(사진 1): O는 균열 발생 기점, 화살표는 피로균열 진전방향. 비교적 긴 단차모양이 존재하고 있다.
- **미시적인 파면**: 사진 2는 균열 발생 기점 근방이다. 비교적 균열 진전속도가 빠른 스트라이에이션을 발견할 수 있고, 용접에 의한 산화물의 혼입도 약간 존재하고 있다. 사진 3은 균열 발생 기점 근방의 금속조직으로, 용접의 열영향에 의하여 Cr탄화물이 결정립계에 석출하여 있다.
- **대책**: 용접에 의한 강도부족으로 판단된다. 따라서 용접 끝부분에 패이지 않는 용접법, 용접후의 응력제거 어닐링(대형으로 전체 가열이 불가능하기 때문에, 불꽃으로 연한붉은색 정도 = 550~580 ℃)을 실시할 필요가 있다.

40. 터보팬용 날개의 피로파면

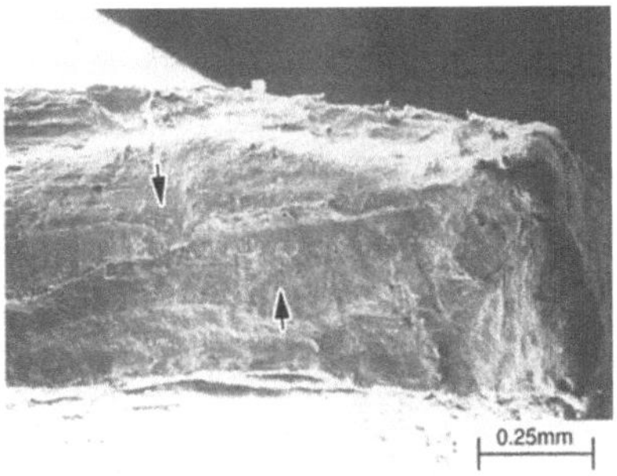

사진 1 거시적인 파단면

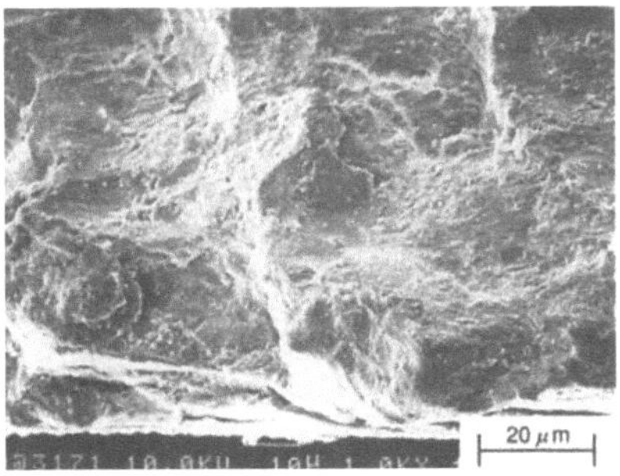

사진 2 균열 발생 기점 근방

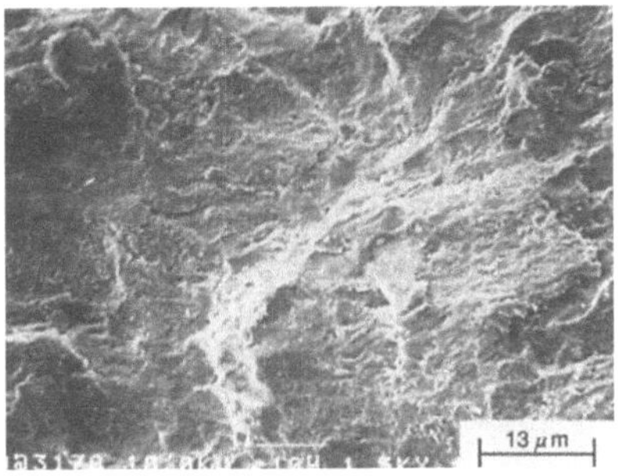

사진 3 피로균열 진전영역

- **재질**: SCM435(구조용합금강)
- **열처리**: 조질(경도: 48HRC)
- **파손상황**: 대형 트레일러에 탑재된 터보팬용 날개가 약 2년여의 사용으로 파손
- **부하응력**: 양진 굽힘응력에 의한 파손
- **파단면 근방**: 파단면 근방에는, 파괴를 유발하는 결함은 없다.
- **거시적인 파면**: 균열 진전방향은 사진 1의 화살표와 같이 양쪽이고, 균열 발생 기점은 파단면의 폭방향 전체이다. 파면전체가 요철이 심한 면이고, 큰 단차모양도 발견할 수 있다.
- **미시적인 파면**: 사진 2와 3은 피로균열 진전영역을 관찰한 것으로, 금속조직 의존성도 약간 있지만, 비교적 균열 진전속도가 빠른 피로파면이다. 균열 발생 기점으로 생각되는 부분에는 순간적인 과대 부하응력에 의하여 발생하였다고 생각되는 홈 형상의 흔적이 있다.
- **대책**: 이상과 같은 결과로부터, 사용 재료 강도 이상의 과대한 굽힘응력이 순간적으로 작용하여 파괴된 것으로 생각된다. 따라서 과대 부하응력이 작용하는 원인을 조사하고, 열처리를 포함한 사용 재료의 검토를 실시할 필요가 있다.

41. 절단기용 축의 피로파면

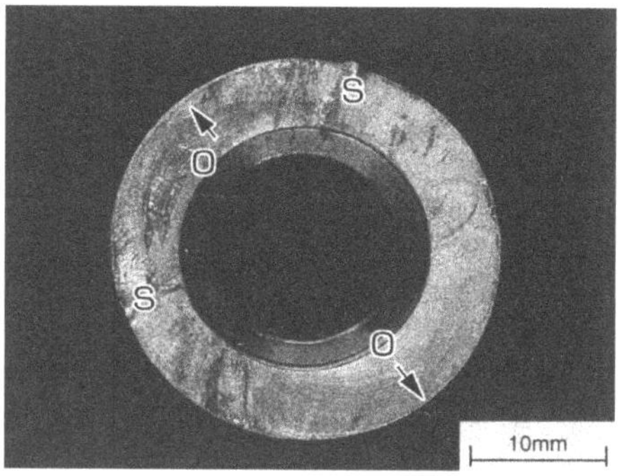

사진 1 거시적인 파단면

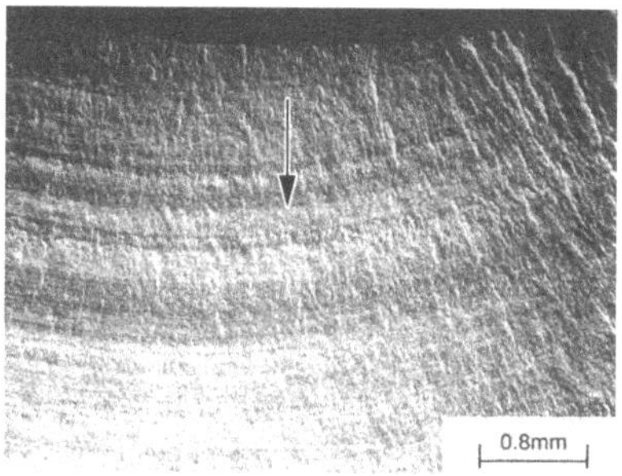

사진 2 피로균열 발생 기점 근방
(가로줄 무늬=비치마크: 1회의 반복에 의해 균열이 진전한 길이, 화살표: 균열 진전방향)

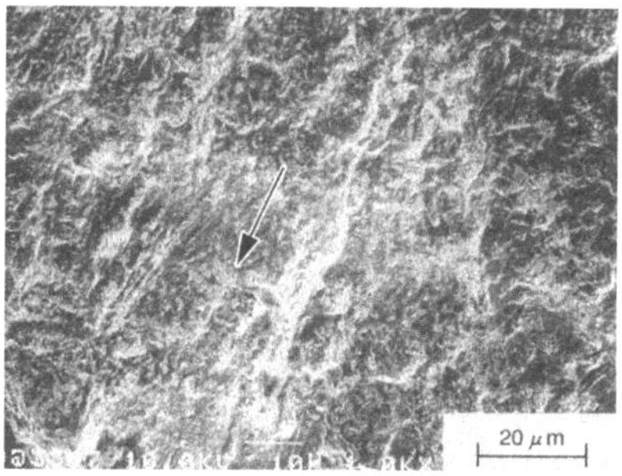

사진 3 피로균열 진전영역(화살표: 균열 진전방향)

- **재질**: SCM435(구조용합금강)
- **열처리**: 조질(경도: 43HRC)
- **파손상황**: 철판절단기의 모터축이 약 1년에 파손, 설계는 3년 정도의 수명
- **부하응력**: 양진 굽힘응력에 의한 파손
- **파단면 근방**: 균열 발생을 유발하는 부딪친 흔적, 그 외의 손상은 없다.
- **거시적인 파면**: O는 피로균열 발생 기점으로, 내측부터다. 피로균열 진전영역은 넓고, 최종파단부는 S처럼 적다.
- **미시적인 파면**: 사진 2와 3과 같이 균열 발생 기점 근방에는 균열 발생에 관여한 결함은 발견할 수 없었고, 작은 단차모양을 약간 발견할 수 있는 것으로 보아 균열 진전속도는 비교적 느린 것으로 생각된다.
- **대책**: 파단면 그 외로부터 추정하면, 재료의 강도와 사용조건이 비교적 일치하였다고 생각된다. 그러나 내부에서 균열 발생이 발생하였고, 외주부는 단단한 용사피막이 되어있는 것 등으로부터 제조공정을 약간 변경하고, 내부에도 고주파퀜칭이나 질화, 그 외의 방법으로 경질 피막층을 만드는 것을 추천한다.

42. 전기기구용 지지대의 피로파면

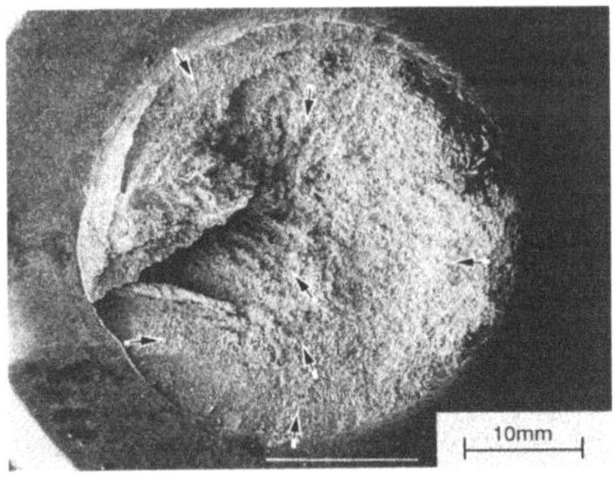

사진 1 거시적인 파단면

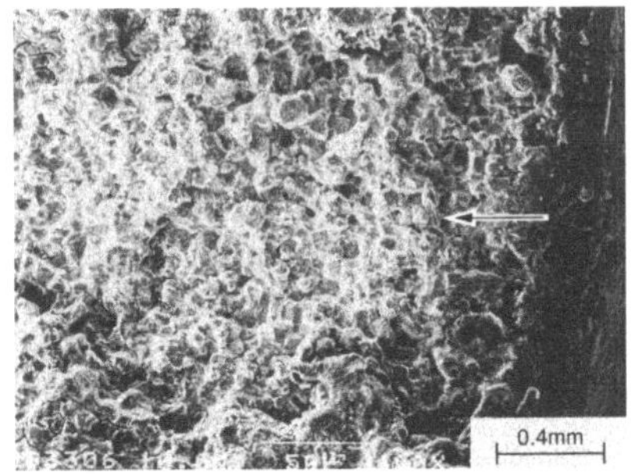

사진 2 굽힘응력에 의해 균열이 발생한 부분(화살표: 균열 진전방향)

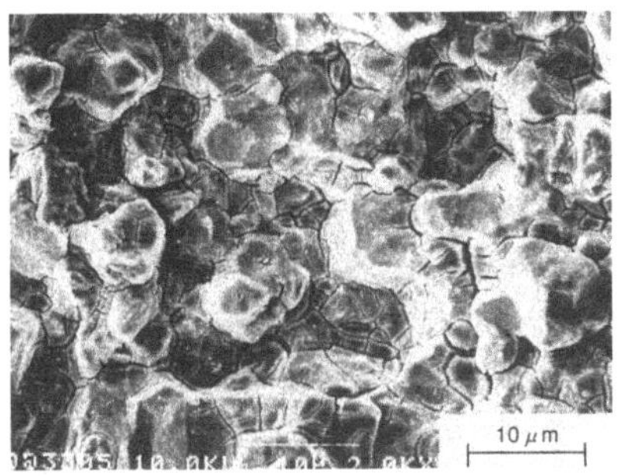

사진 3 피로균열 진전영역

- **재질**: 황동(7/3황동)
- **열처리**: 어닐링
- **파손상황**: 극장에 설치된 조명전기기구의 지지대가 약 반년여에 파손
- **부하응력**: 여러 가지 방향에서 굽힘, 비틀림응력이 부하되어 파손됐다.
- **파단면 근방**: 특히 균열을 유발하는 손상 흔적 등은 발견할 수 없었다.
- **거시적인 파면**(사진 1); 화살표는 균열 진전방향으로, 여러 가지 방향에서 굽힘이나 비틀림응력이 작용하고 있다, 피로균열 진전영역도 비교적 작고, 최종파단부가 크다.
- **미시적인 파면**: 파단면 전체가 부식생성물로 덮여있기 때문에, 파괴의 기구를 명확히 할 수 없지만, 사진 2 및 3과 같이 딤플이 혼재한 입계파면을 나타내고 있다.
- **대책**: 이상과 같은 결과로부터, 파괴의 원인을 추정하면, 시공시인가 사용중인가는 불명확하지만, 쇠장식이 느슨하여 여러 가지 방향에서 과대한 굽힘이나 비틀림응력이 부하된 것으로 생각할 수 있다. 따라서 느슨함이 생기는 원인, 굽힘이나 비틀림응력이 작용하는 원인 및 과대응력이 되는 원인을 조사하는 것이 중요하다.

43. 엔진용 축의 피로파면

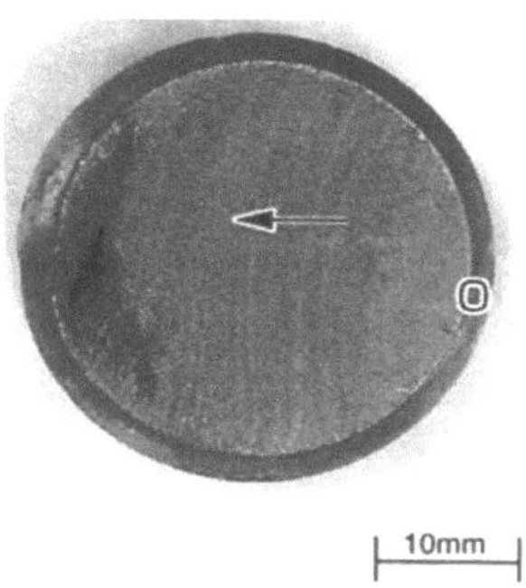

사진 1 거시적인 파단면

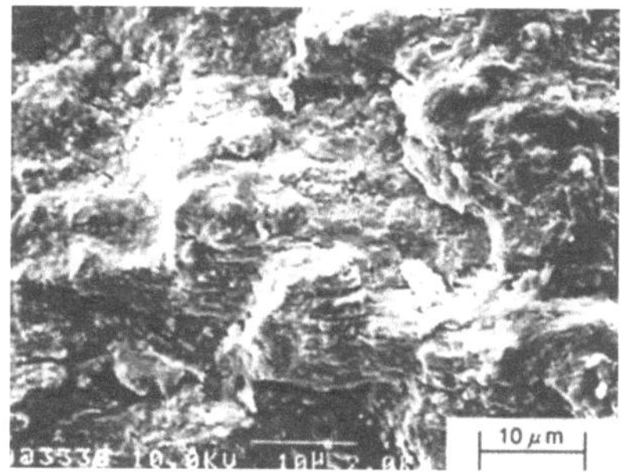

사진 2 피로균열 진전영역
(계단상의 모양이 스트라이에이션)

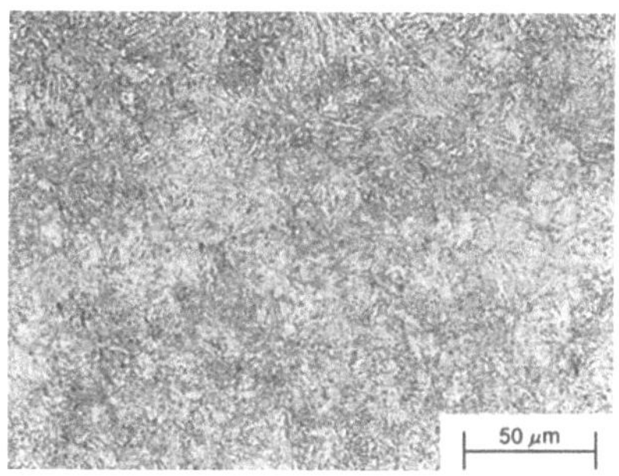

사진 3 금속조직(5% 나이탈)

- **재질**: 비조질강(강종불명)
- **열처리**: 비조질강으로 구입(경도: 35HRC)
- **파손상황**: 가스터빈용 엔진축이 약 1년 정도에서 파손
- **부하응력**: 일방향 굽힘응력에 의한 파손
- **파단면 근방**: 계단부분의 R이 작고, 주변부에는 편심의 흔적이 있다.
- **거시적인 파면**: 균열 발생 기점은 사진 1의 O와 같이 한군데이고, 약간의 단차모양을 발견할 수 있다. 하지만 평탄한 피로균열 진전영역이 넓고, 최종파단부의 면적이 작다. 화살표는 균열 진전방향을 나타낸다.
- **미시적인 파면**: 사진 2는 균열 발생 기점보다 2~3 mm 내부지만, 피로균열진전 특유의 스트라이에이션 모양을 발견할 수 있고, 간극은 0.5 μm 정도. 진전속도와 부하응력은 비교적 작다. 금속조직은 특별한 문제가 없다.
- **대책**: 파단면, 금속조직, 가공형상 등에서 설계에는 문제가 없다고 생각되지만, 약간 R을 크게 하고, 편심의 원인을 조사하는 것이 중요하다.

44. 스프라인 샤프트(spline shaft)의 피로파면

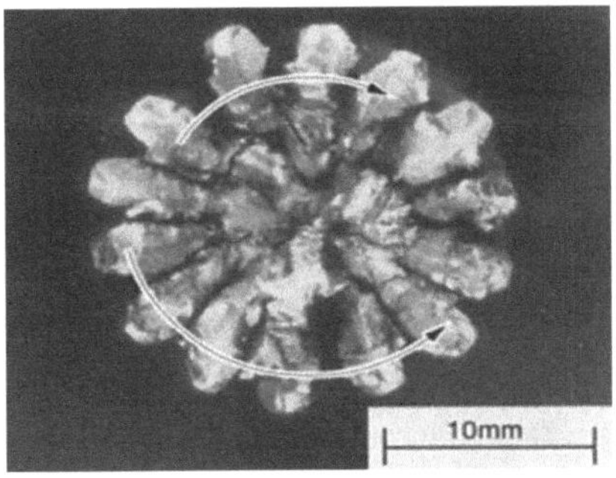

사진 1 거시적인 파단면

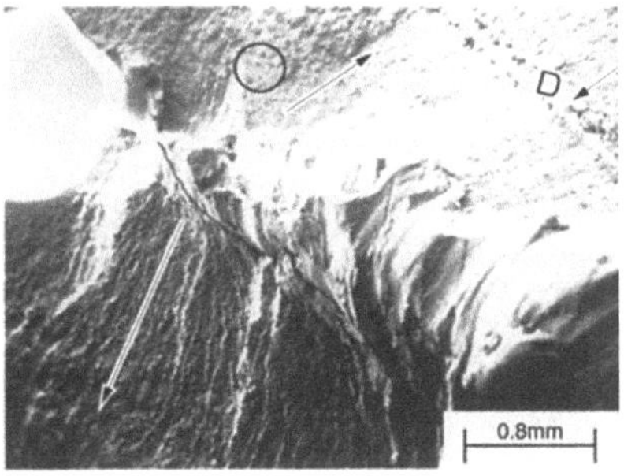

사진 2 균열 발생 기점 근방(화살표: 균열 진전방향, D: 최종파단부)

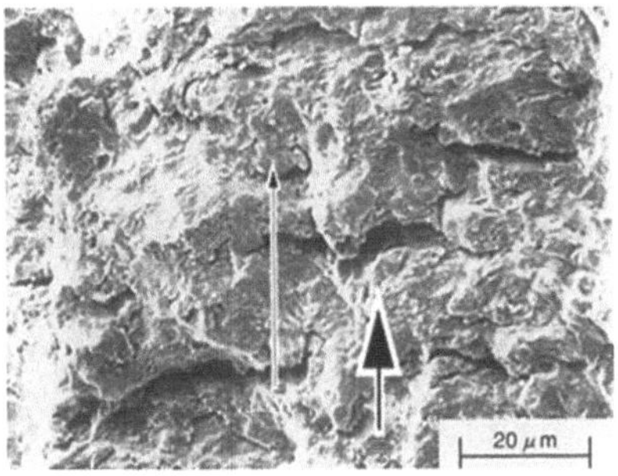

사진 3 피로균열 진전영역
(비교적 균열 진전속도가 빠르다, 화살표: 진전방향)

- **재질**: S45C(구조용탄소강)
- **열처리**: 어닐링 또는 노멀라이징(경도: 180HB)
- **부하응력**: 양진 비틀림응력에 의한 파손
- **파손상황**: 기어변속에 사용되는 스프라인 샤프트가 사용 1개월 정도에 파손
- **파단면 근방**: 특별한 타격 흔적 등 손상을 발견할 수 없다.
- **거시적인 파면**: 파단면 전체가 사진 1과 같이 요철이 심한 면을 나타내고, 거시적으로는 피로를 판단하는 것이 곤란한 모양이다. 따라서 균열 발생 지점을 알 수 없다. 화살표는 균열 진전방향.
- **미시적인 파면**: 사진 2는 균열 발생 기점으로 생각되는 부분으로, 양진 비틀림응력(화살표: 균열 진전방향)에 의하여 균열이 진전하였다. 사진 3은 사진 2의 O부를 나타낸 것으로, 스트라이에이션을 약간 발견할 수 있지만, 균열 진전속도가 상당히 빠른(부하응력이 큼) 파면을 나타내고 있다.
- **대책**: 부하응력의 크기를 알 수 없기 때문에, 명확한 판단을 할 수 없다. 금속조직(페라이트 +펄라이트), 파면의 모양 등으로 파괴의 원인을 추정하면, 사용재료의 강도부족이라고 생각된다. 재료의 강도에 대하여 매우 큰 부하응력이다. S45C를 조질 처리하더라도 무리이다. SCr, SCM, SNCM재 등의 조질재가 필요하다고 생각된다.

✓ spline shaft : 축의 둘레에 같은 간격으로 4~수십 줄의 key 모양의 凹凸을 붙인 것

45. 판스프링의 피로파면

사진 1 거시적인 파단면

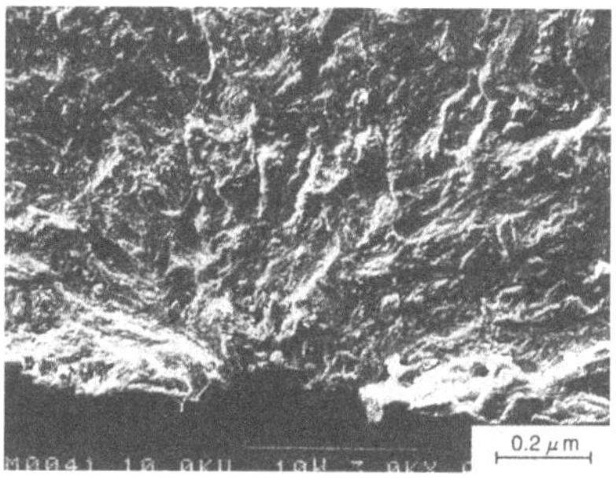

사진 2 균열 발생 기점

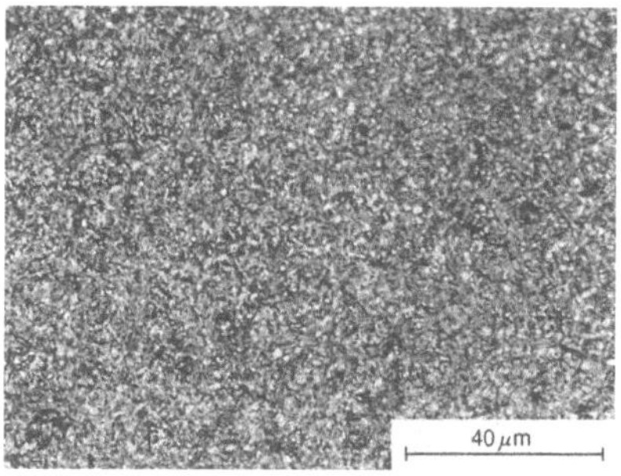

사진 3 금속조직
(불완전 베이나이트, 3% 나이탈)

- **재질**: SK5(탄소 공구강)
- **열처리**: 오스템퍼처리(경도: 48HRC)
- **파손상황**: 전장용 부품으로 사용하던 판스프링이 설계수명보다 단시간에 파손.
- **부하응력**: 일방향 굽힘응력에 의한 파손
- **파단면 근방**: 파단면과 직각면의 여러 부분에 부딪친 흔적의 손상을 발견할 수 있다.
- **거시적인 파면**: 사진 1과 같이 S는 균열 발생부, 화살표는 균열 진전방향. 피로균열 진전영역이 비교적 작고, 최종파단부가 큰 면적을 나타내고 있다. 비교적 요철도 심한 파면이다.
- **미시적인 파면**: 사진 2는 균열 발생 기점을 나타낸 것으로, 부딪친 흔적이 있고, 이 흔적을 기점으로 균열이 발생하여 방사상으로 진전하였다. 금속조직(사진 3)은 이상을 발견할 수 없었다.
- **대책**: 표면의 부딪친 흔적이 균열 발생의 원인이지만, 재료의 강도와 사용응력의 불합리라 생각된다. 사용응력을 저하시키거나, 피로한도가 높은 재료를 선택하거나, 43-45HRC 정도의 경도를 가지도록 오스템퍼 처리하던가, 탄화물계 재료가 아닌, 페라이트 + 펄라이트계의 재료를 사용하여 43HRC정도의 경도로 하는 것이 바람직하다.

46. 스크류(screw)의 피로파면

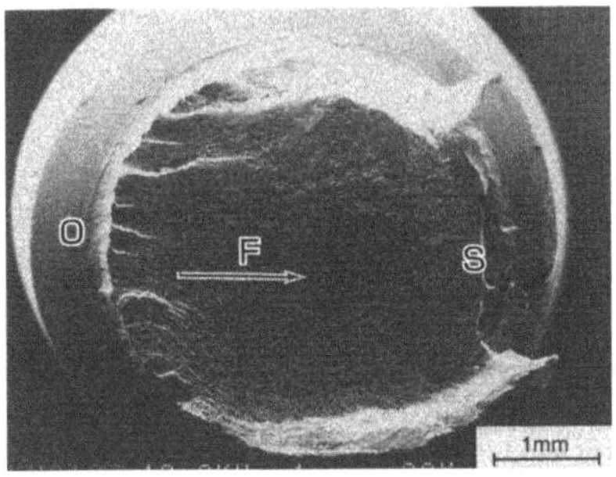

사진 1 거시적인 파단면

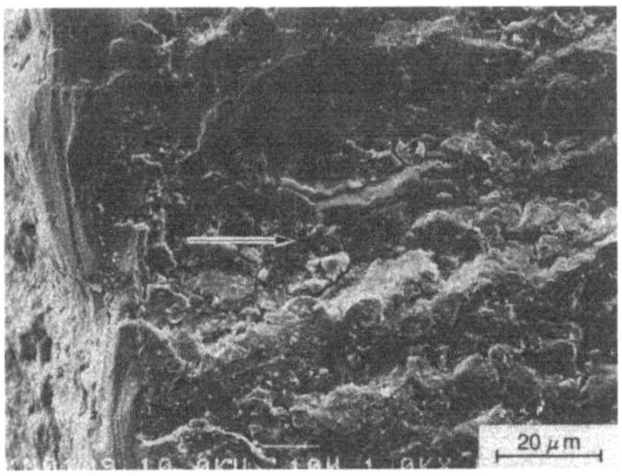

사진 2 균열 발생 기점 근방
(화살표: 균열 진전방향)

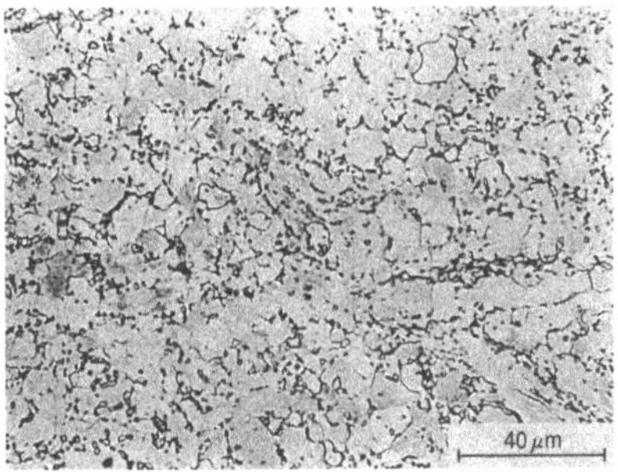

사진 3 금속조직(10% 불산)

- **재질**: 티탄합금(6Al-4V-Ti)
- **열처리**: 진공어닐링
- **파손상황**: 크루저(순양함)용 스크류가 단시간 사용에 파손됐다.
- **부하응력**: 약간 비틀림이 작용한 일방향 굽힘에 의한 파손
- **파단면 근방**: 균열 발생 기점으로 생각되는 부분에 단붙임 부분이 존재하고 R 가공 미실시.
- **거시적인 파면**((사진 1): O는 균열 발생 기점부로 여러 군데에서 균열이 발생, 상당히 큰 단차모양이 있다. F는 피로균열 진전영역으로 요철이 크고 진전속도가 비교적 빠른 패턴을 나타내고 있다. S는 최종파단부로 비교적 작은 면적이다.
- **미시적인 파면**: 미시적인 사진 2는 파단면 전체가 부식생성물로 덮여있기 때문에 파괴 기구를 명확하게 규명할 수 없지만, 진전속도가 빠른 피로파면이다. 금속조직(사진 3)은 표준적인 어닐링 조직이다.
- **대책**: 충격적인 과대응력이 부하되었기 때문에, 균열이 발생한 것으로 생각된다. 따라서 단붙임 부분에 R가공을 실시하여, 응력집중을 완화시킬 것. 설치 시 정밀도를 향상시킬 것과 동시에 일방향 굽힘응력이 작용한 원인을 구명할 것.

47. 냉동기용 재생기부품의 피로파면

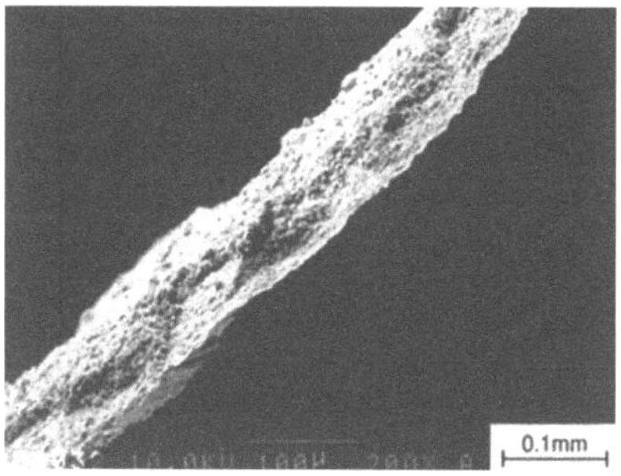

사진 1 거시적인 파면(부식생성물로 파괴기점을 확인하기 어렵다)

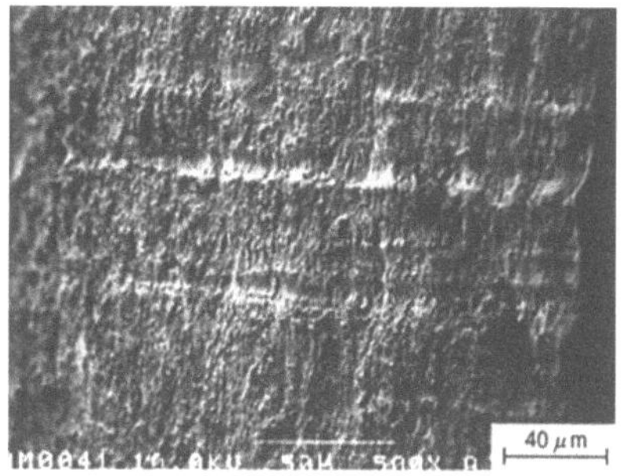

사진 2 피로균열 진전파면(계단상의 모양이 1회의 반복응력으로 균열이 진전한 거리)

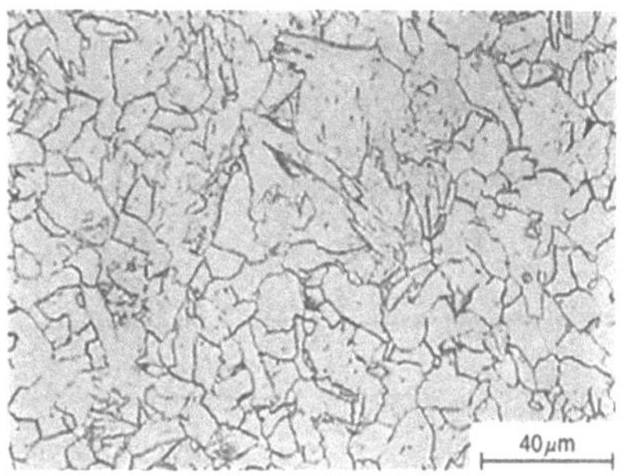

사진 3 금속조직(페라이트+약간의 펄라이트)

- **재질**: SPCC(냉간압연강판)
- **열처리**: 어닐링
- **파손상황**: 공업용 흡수식 냉동기의 재생기용 부품이 비교적 단시간에 파손됐다.
- **부하응력**: 일방향 굽힘응력에 의한 파손
- **파단면 근방**: 녹 형태의 부식 구멍(pit)이 약간 있지만, 균열 발생을 유발한 흔적은 없다.
- **거시적인 파면**(사진 1) : 부분적으로 부식생성물이 덮여있기 때문에, 균열 발생 기점, 피로균열 진전영역 등이 명확하지 않다.
- **미시적인 파면**: 사진 2는 부식생성물이 비교적 적은 부분을 관찰한 결과다. 피로파괴의 흔적이 있고, 조개껍질 형태의 모양에서 추정하면, 비교적 균열 진전속도가 빠른 변동응력이 작용한 면을 나타내고 있다. 금속조직(사진 3)은 특별한 이상이 없었다.
- **대책**: 사용 환경으로 추정하면, SPCC재에서는 녹의 발생이 빠르다. 부식에 강한 재료로 변경하거나 Zn도금 강판 등을 사용하여 녹의 발생을 방지할 필요가 있다. 변동응력이 부하되는 원인은 파손부 근방의 진동에 의한 것으로 생각할 수 있고, 진동대책을 세우는 것이 바람직하다.

48. 플랙시블(flexible) 튜브의 피로파면

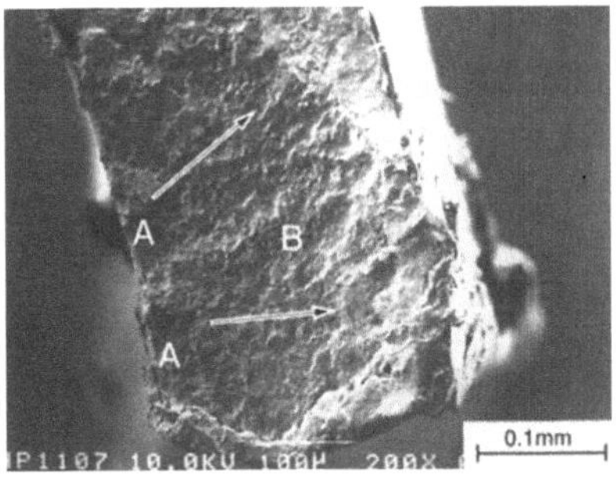

사진 1 거시적인 파단면

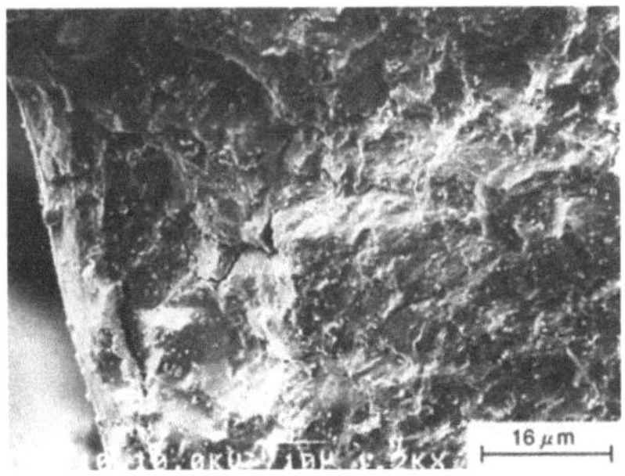

사진 2 피로균열 발생 기점 근방(취성파면으로 생각된다)

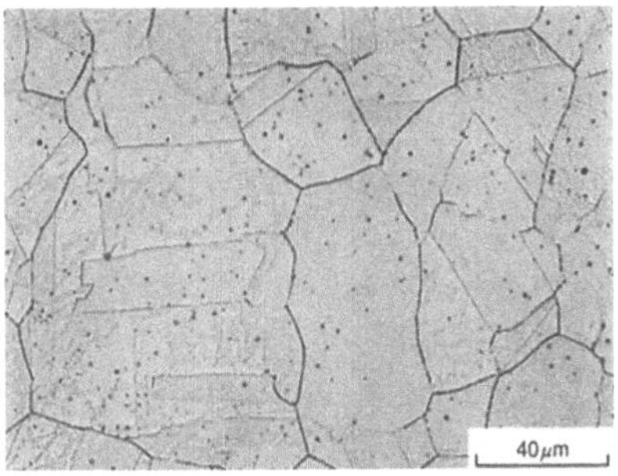

사진 3 금속조직: 고용화가 불완전(10% 수산(옥살산) 전해)

- **재질**: STS304(오스테나이트계 스테인리스강)
- **열처리**: 고용화열처리
- **파손상황**: 수도관을 보호하고 있는 튜브의 접속부가 단시간 사용으로 파손
- **부하응력**: 일방향 굽힘응력에 의한 파손
- **파단면 근방**: 몇 군데 큰 굴곡부가 있다.
- **거시적인 파면**(사진 1): A는 균열 발생 기점으로 생각되는 부분으로, B는 피로균열 진전영역, 화살표는 균열 진전방향이다. 전체적으로 요철이 비교적 심한 면을 나타내고, 피로균열 진전영역이 작고 최종파단부가 크다.
- **미시적인 파면**: 사진 2는 균열 발생 기점 근방의 미시적 사진을 나타낸 것이다. 파면전체가 부식생성물로 덮여있기 때문에 파괴의 기구를 알 수 없지만, 입계균열 형상의 부분이 약간 발견되므로, 굽힘에 의한 과대응력 또는 응력부식균열에 의한 것으로 판단된다. 금속조직(사진 3)은 고용화가 불완전한 조직을 나타내었다.
- **대책**: 과대응력인가 응력부식균열인가 알 수 없지만, 취급에 주의하고, 사용 중에 접속부 근방에는 굴곡부가 발생하지 않도록 한다. 부식균열의 경우는 부식 환경을 조사하고, 더욱이 고용화 열처리를 실시하거나 사용재료의 변경 등을 고려할 필요가 있다.

49. 작은 나사의 피로파면

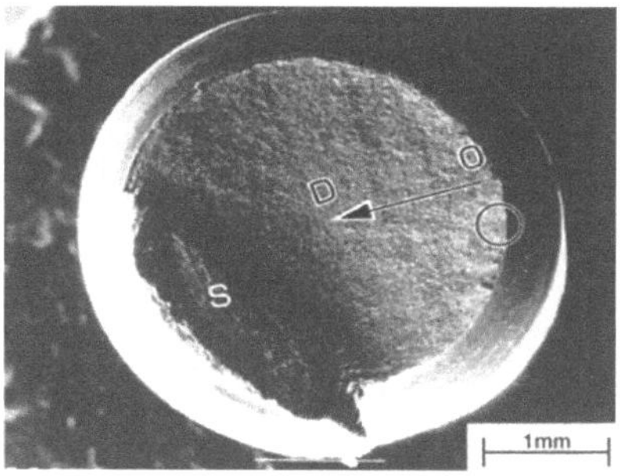

사진 1 거시적인 파단면

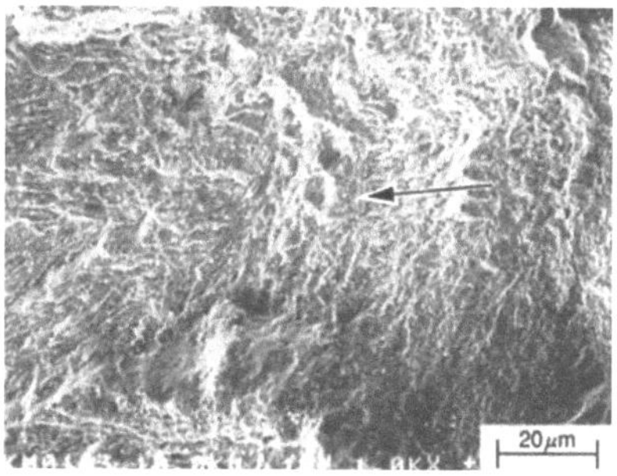

사진 2 균열 발생 기점 근방(의사벽개파면)(화살표: 균열 진전방향)

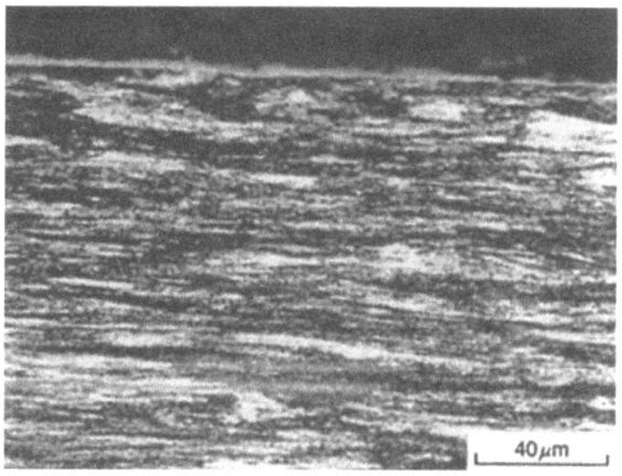

사진 3 금속조직: 섬유조직(5% 나이탈)

- **재질**: SWCH(냉간압조용 탄소강선)
- **열처리**: 침탄퀜칭, 템퍼링
- **파손상황**: 지폐인쇄용 기계에 사용되고 있는 체결용 작은 나사가 파손, 새로운 나사로 교환하여도 단시간에 파손됐다.
- **부하응력**: 일방향 굽힘응력에 의한 파손
- **파단면 근방**: 균열 발생을 유발하는 손상 흔적은 존재하고 있지 않다.
- **거시적인 파면**(사진 1): 피로균열 진전영역은 비교적 평탄하지만, 균열 발생 기점으로 생각되는 부분에는 작지만 약간의 단차모양을 볼 수 있다. 피로균열영역에 비교하여 최종파단부가 크다. 화살표는 균열 진전방향, O는 피로균열 발생 기점, D는 피로균열 진전영역, S는 최종파단부.
- **미시적인 파면**: 사진 2는 피로균열 발생 기점 근방을 나타낸 것으로, 비교적 균열 진전속도가 빠른 의사벽개파면을 나타내고 있다. 사진 3은 표면 근방의 금속조직으로 섬유상조직을 나타내고 있지만 특별히 문제는 없다.
- **대책**: 최종파단부가 비교적 크기 때문에, 사용재료의 강도를 높이던가, 부하응력을 감소시킬 필요가 있다. 주변부의 진동이나 느슨해짐 등을 조사, 재검토하는 것도 중요하다.

50. 펌프축 기어의 피로파면

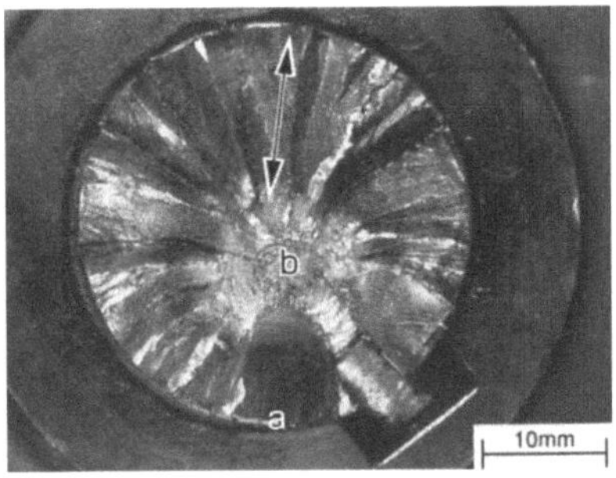

사진 1 거시적인 파단면
(a: 균열 발생 기점, b: 최종파단부)

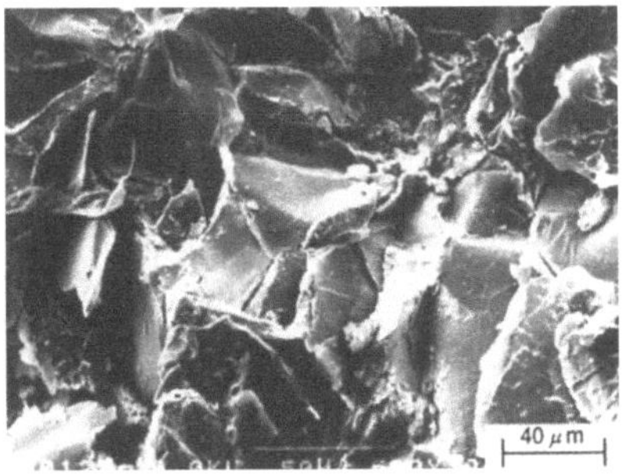

사진 2 피로균열 진전영역
(균열 진전속도가 빠른 리버패턴)

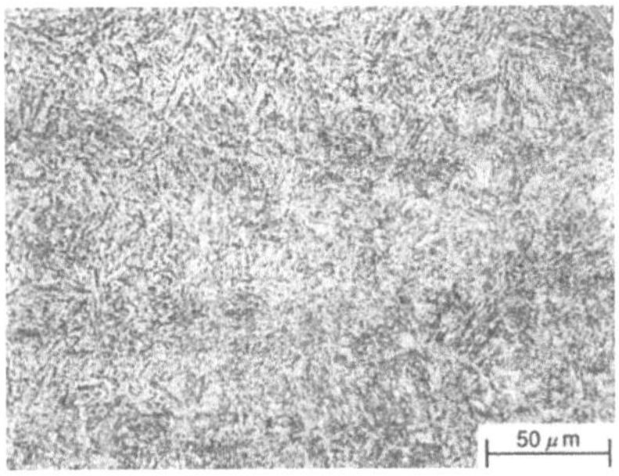

사진 3 금속조직(조대화한 소르바이트, 3% 나이탈)

- **재질**: SCM435(구조용합금강)
- **열처리**: 조질(경도: 48HRC)
- **파손상황**: 2025 rpm으로 회전하는 유압용 펌프의 기어가 단기간에 파손됐다.
- **부하응력**: 양진 비틀림응력에 의한 파손
- **파단면 근방**: 균열 발생을 유발하는 타격 흔적이나 손상 흔적은 없지만, 기어와 축의 연결부위에 R이 없고, 직각에 가까운 형상이다.
- **거시적인 파면**(사진 1) : 균열 발생 기점은 원주부 전체이고, 수많은 단차모양을 발견할 수 있다. 최종파단부의 영역도 작고 요철이 심한 면을 나타내고 있다. 화살표는 균열 진전방향을 나타낸다.
- **미시적인 파면** : 사진 2는 피로균열 진전영역으로 리버패턴으로 대표되는 의사벽개파면을 나타내고 있다, 금속조직(사진 3)은 비교적 조대화한 소르바이트 조직이다.
- **대책**: 단붙임 부분에 응력집중원이 되는 노치부가 존재하고 있는 것도, 균열 발생에는 영향을 주지만, 불완전한 조질 열처리(퀜칭시 over heat)가 크게 영향을 준다. 따라서 열처리의 관리가 필요하다.

51. 직류 모터축의 피로파면

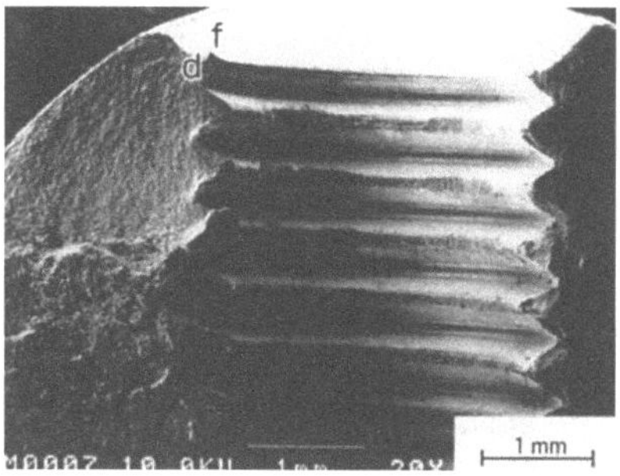

사진 1 거시적인 파단면

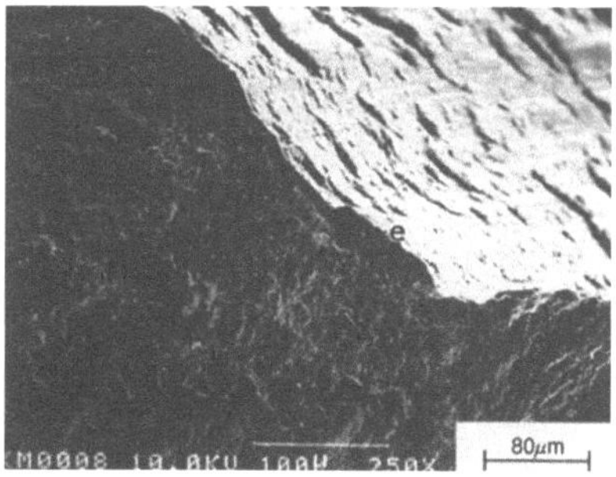

사진 2 균열 발생 기점 근방

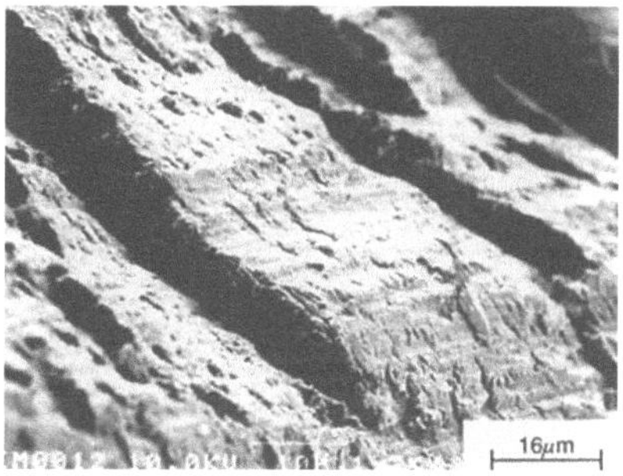

사진 3 테이퍼의 기계가공 흔적

- **재료**: SCM435(구조용합금강)
- **열처리**: 조질(경도: 48HRC)
- **파손상황**: 윤전기용 모터축이 설계수명보다도 단시간에 파손됐다.
- **부하응력**: 일방향 굽힘응력에 의한 파손
- **파단면 근방**: 기계가공에 의하여 미세하고 많은 줄무늬를 발견할 수 있었다.
- **거시적인 파면**(사진 1) : 비교적 균열 진전속도가 빠른 피로파면을 나타내고 있다. d는 균열 발생 기점 근방, 화살표는 균열 진전방향, f는 축 나사부의 테이퍼(taper) 부분이다.
- **미시적인 파면**: 균열 발생 기점 근방의 미시적인 파면을 사진 2에 나타냈다. 파면의 e에 수직한 손상 흔적이 있고, 이 손상 흔적에서 균열이 발생하였다. 사진 3은 사진 1의 테이퍼 부분을 확대한 것으로 기계가공 흔적이 수많이 관찰되었다. 이상에서 균열 발생은 기계가공 흔적인 원인으로 생각된다.
- **대책**: 피로균열 발생은 원자에서 발생하는 것이고, 작은 기계가공 흔적에서도 응력집중원이 된다. 따라서 면의 조도를 매우 작게 하는 것이 중요하다.

52. 도르래(pulley)축의 피로파면

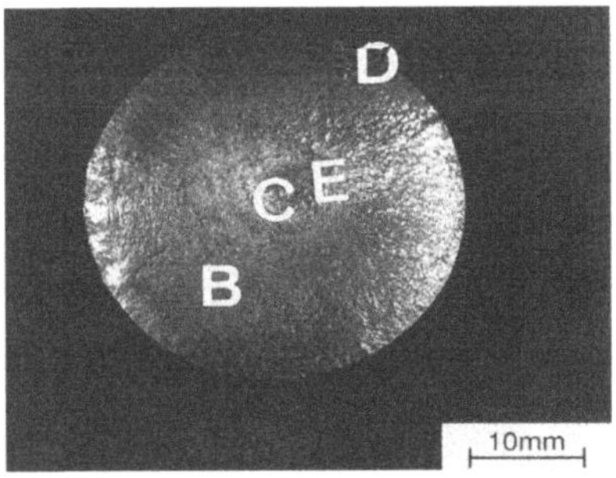

사진 1 거시적인 파단면

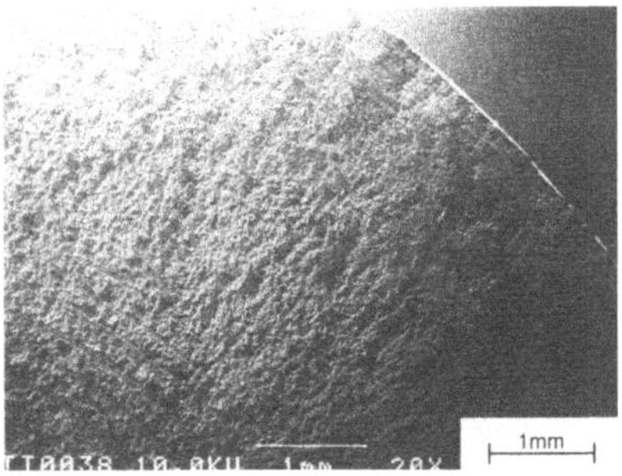

사진 2 균열 발생 기점 근방

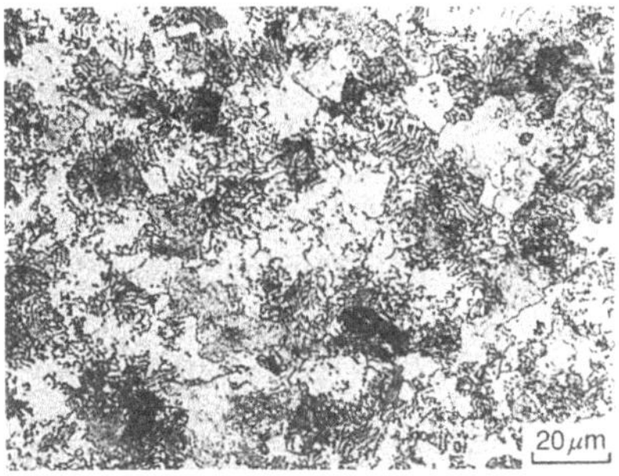

사진 3 불완전한
어닐링조직(페라이트+펄라이트(검은색), 5% 나이탈)

- **재질**: S45C(구조용탄소강)
- **열처리**: 어닐링
- **파손상황**: 모터에서 힘을 전달하는 도르래 축이 6개월 정도의 사용으로 파손됐다.
- **부하응력**: 축력에 의한 파손
- **파단면 근방**: 파단면 근방에는 계단 부분이 존재하고, R가공 등은 실시하지 않았다.
- **거시적인 파면**(사진 1): 균열 발생 기점은 원주부 전체(D)이고, 약간의 단차모양을 볼 수 있다. B와 E는 피로균열 진전영역, C는 최종파단면으로 비교적 면적이 크다. 균열의 진전방향은 원주 전체에서 중심부로 향하여 진전하고 있다.
- **미시적인 파면**(사진 2): 비교적 요철이 큰 면을 나타내고, 약간의 단차모양도 존재하고, 균열 진전속도도 빠르다. 이상에서, 파괴 원인은 과대 부하응력으로 생각된다. 금속조직(사진 3)은 약간 부적절한 어닐링 조직이다.
- **대책**: 응력집중부가 되는 단붙임 부분은 R가공이 물론이지만, 재료의 강도에 약간 문제가 있다. 부하응력의 제어가 불가능하다면, 고강도 재료의 선택이 필요하다. 즉, S45C의 조질재 또는 구조용 합금강(SCr, SCM재 등)의 조질재가 바람직하다.

53. 주조용 금형의 피로파면

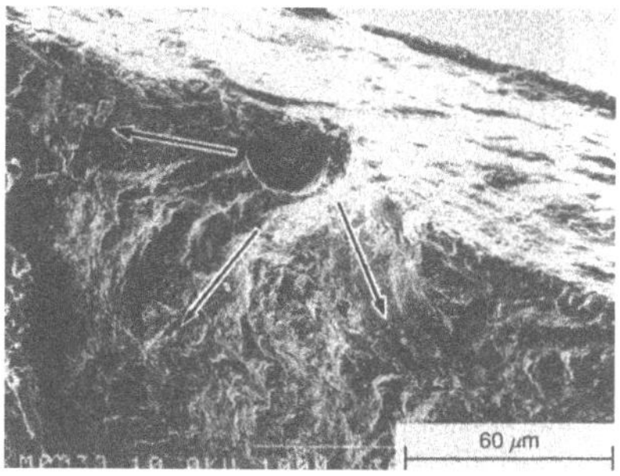

사진 1 균열 발생 기점
(원형: 개재물, 화살표: 균열 진전방향)

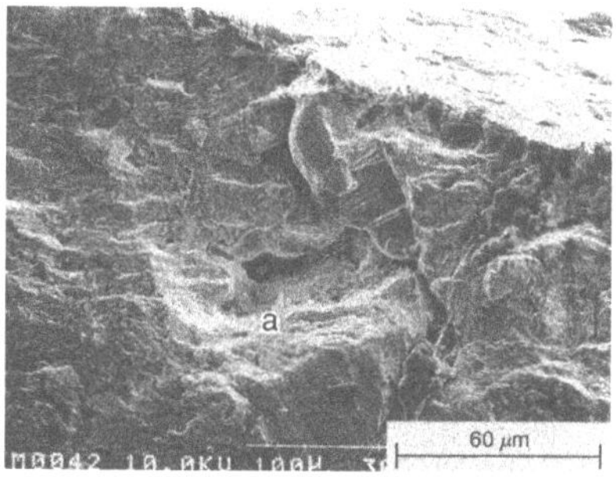

사진 2 균열 발생 기점 근방
(a: 개재물이 탈락한 부분)

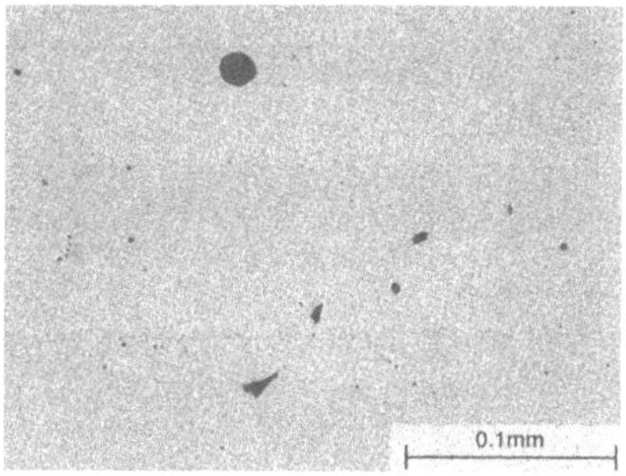

사진 3 비금속개재물(원형: C계, 삼각형: TiN)

- **재질**: SKD61(열간 다이스강)
- **열처리**: 퀜칭, 템퍼링(경도: 48HRC)
- **파손상황**: Zn 다이캐스팅용 금형이 3개월 정도의 사용으로 파손됨.
  사용빈도는 많지 않다.
- **부하응력**: 열 사이클 피로에 의한 일방향 굽힘에 의한 파손
- **파단면 근방**: 특히 균열 발생을 유발한 흔적은 없다.
- **거시적인 파면**: 균열 진전속도가 비교적 빠른 요철이 심한 파면을 나타내고 있다. 화살표는 균열 진전방향
- **미시적인 파면**: 사진 1과 같이 균열 발생 기점 근방은 비금속개재물로 생각되는 원형 결함에서 방사상으로 균열이 진전하였다. 기점 근방에도 사진 2와 같이 개재물이 떨어진 것 같은 흔적이 확인되었다. 금속조직 검사(사진 3)는 C계(원형) 및 TiN으로 생각되는 개재물이 많이 존재하고 있다.
- **대책**: 비금속개재물이 적은 재료의 사용이 원칙이다. 본질적인 대책은 아니지만 질화 등의 표면경화를 실시하면, 약간의 열 억제 수명이 연장될 가능성이 있다.

54. 스탠드 조임 쇠의 피로파면

사진 1 거시적인 파단면

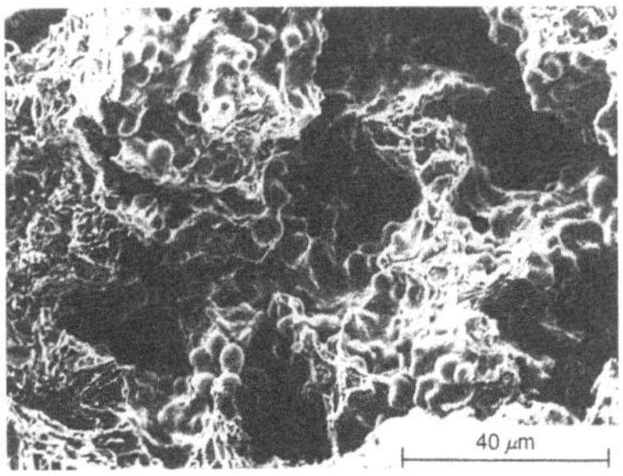

사진 2 균열 발생 기점 근방
(가스결함에 의한 수지상정)

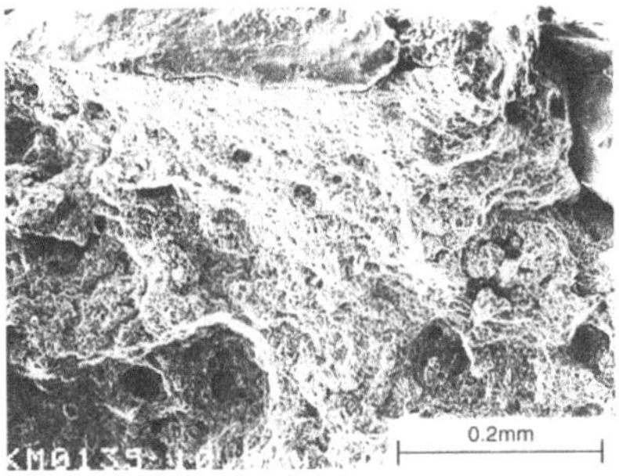

사진 3 정적 파단부(딤플모양)

- **재질**: 알루미늄합금
- **열처리**: 다이캐스팅(주조)
- **파손상황**: 조명기구를 장착하는 스탠드의 조임 쇠가 단시간 사용에 파손.
  운반 시에 복잡한 힘이 작용한다.
- **부하응력**: 일방향 굽힘응력에 의한 파손
- **파단면 근방**: 형상적으로 단붙임이 존재하고 응력집중을 받는 부분이 존재한다.
- **거시적인 파면**: 사진 1과 같이 일방향 굽힘응력에 의한 피로파면이지만, 피로에 의한 부분이 매우 적고, 9할이 정적인 파괴파면이다. a는 피로균열 발생 기점 근방, b는 피로균열 진전영역, 화살표는 균열 진전방향이다.
- **미시적인 파면**: 균열 발생 기점 근방은 사진 2와 같이 주조성형 때의 가스 혹은 덴드라이트 (dendrite)에 의한 것으로 생각되는 수지상 결정이 많고, 다른 부분은 사진 3처럼 딤플모양이다.
- **대책**: 파괴의 원인은 재료결함에 의한 강도부족으로 생각된다. 주조방법이나 주조조건(용해온도, 금형 온도 등)등을 검토할 필요가 있다.

55. 고무성형용 금형의 피로파면

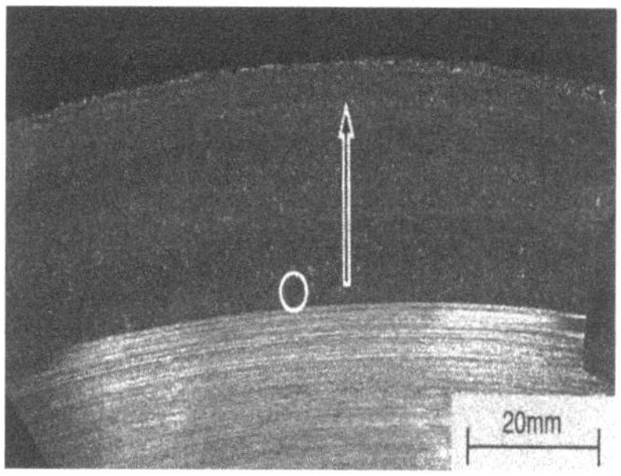

사진 1 거시적인 파단면

사진 2 균열 발생 기점 근방(상당히 요철이 크고 조직의존성 파괴)

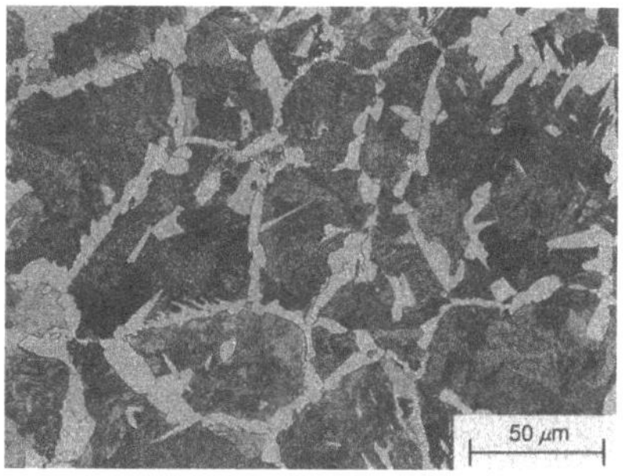

사진 3 금속조직(페라이트: 흰색, 펄라이트: 검은색, 3% 나이탈)

- **재질**: S45C(구조용탄소강)
- **열처리**: 템퍼링 또는 노멀라이징
- **파손상황**: 고무성형용 금형의 기름 토출구 측에서 균열 발생, 외부로 기름유출이 발생했다.
- **부하응력**: 일방향 굽힘응력에 의한 파손
- **파단면 근방**: 계단 부분이 있고, 기계가공에 의한 표면 거칠기도 크다.
- **거시적인 파면**(사진 1) : O로 표시한 가로 일직선의 전면이 균열 발생 기점, 화살표는 피로균열 진전방향이고 피로 진전영역이 크고 최종파단부가 상당히 작다.
- **미시적인 파면**: 사진 2는 균열 발생 기점 근방을 나타낸 것이다. 매우 요철이 크고, 균열 진전속도가 빠르고, 금속조직 의존성에 의하여 균열이 진전하고 있다. 금속조직(사진 3)은 성장한 페라이트 + 펄라이트 조직을 나타내고 있다.
- **대책**: 결정립이 상당히 크기 때문에 재료의 강도부족을 생각할 수 있지만(어닐링, 노멀라이징 온도가 너무 높다), 피로균열 진전영역이 크기 때문에 작용 반복응력은 비교적 낮은 것으로 생각된다. 따라서 균열 발생이 문제이므로 단붙임 부분의 면 거칠기를 경감시키는 것 및 평범한 열처리를 시행하는 것이 중요하다.

56. 롤러(roller) 행거(hanger)의 피로파면

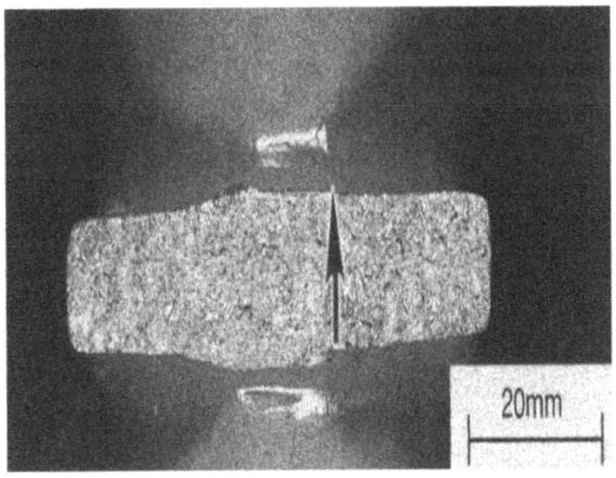

사진 1 거시적인 파단면

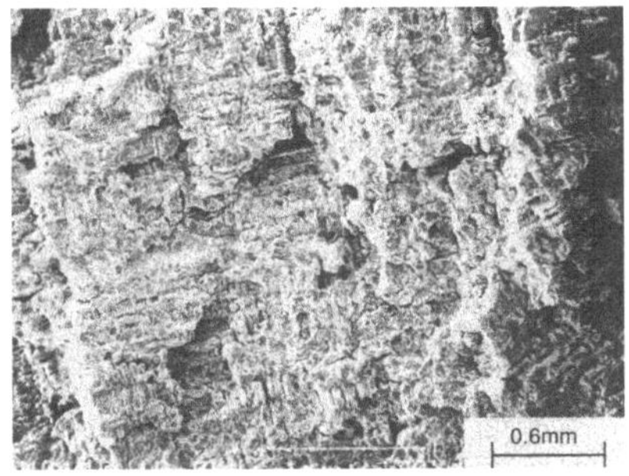

사진 2 피로균열 진전영역
(계단상 모양이 스트라이에이션)

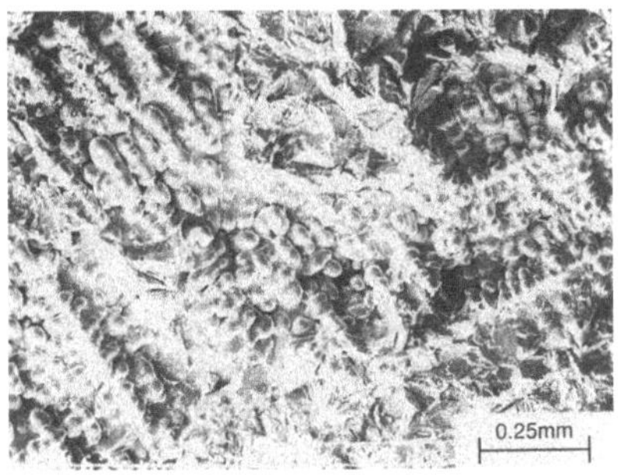

사진 3 가스결함으로 추정되는 부분

- **재질**: Zn다이캐스팅합금
- **열처리**: 없다(주조한 그대로)
- **파손상황**: 자동차용 부품의 도장건조용 롤러 행거가 사용 중에 파손.
  중량물은 매어져 있지 않다.
- **부하응력**: 일방향 굽힘응력에 의한 파손
- **파단면 근방**: 균열 발생을 유발하는 타격 흔적이나 결함은 없다.
- **거시적인 파면**: 사진 1은 파단면의 거시적 사진을 나타낸 것이다. 피로균열 진전영역이 상당히 작고, 파단면의 요철도 크다. 화살표는 균열 진전방향을 나타낸다.
- **미시적인 파면**: 피로균열 진전영역은 사진 2와 같이 스트라이에이션 모양도 발견할 수 있지만, 간극이 넓고 균열 진전속도는 매우 빠르다. 파단면의 일부에 사진 3과 같은 주조 시 가스결함(gas porosity)으로 생각되는 부분이 존재하고 있다.
- **대책**: 파괴의 원인은 재료결함에 의한 강도부족으로 생각된다. 주조방법, 주조온도, 금형온도 등을 고려하는 것이 중요하다. 다이캐스팅 주조 회사는 검수관리체제를 강화할 필요가 있다.

57. 종이 프레스 가공용 받침 기둥의 피로파면

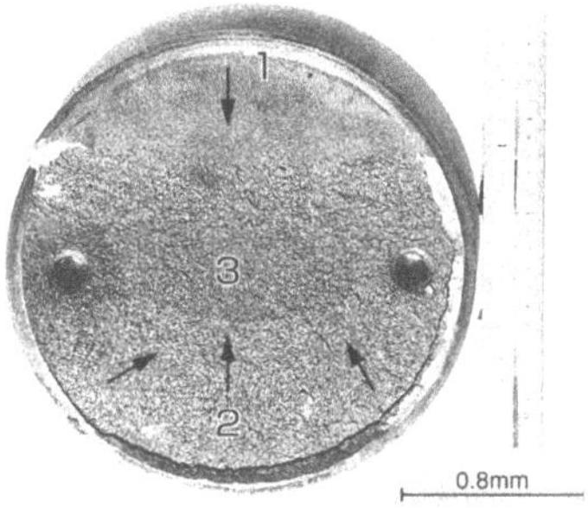

사진 1 거시적인 파단면
(1: 초기균열, 2: 이차균열)

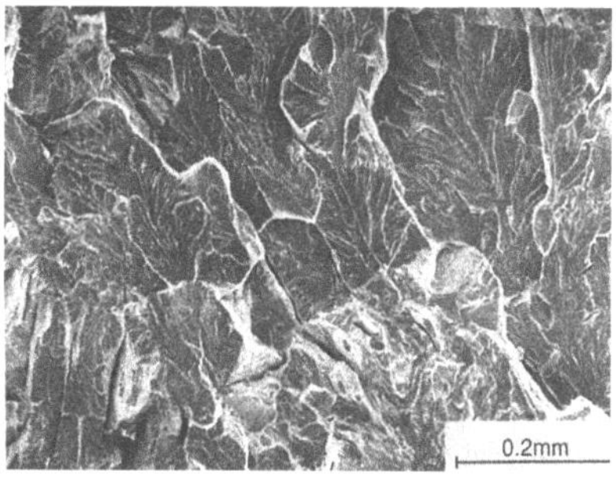

사진 2 비교적 평탄부의 피로균열
진전부(의사벽개파면)

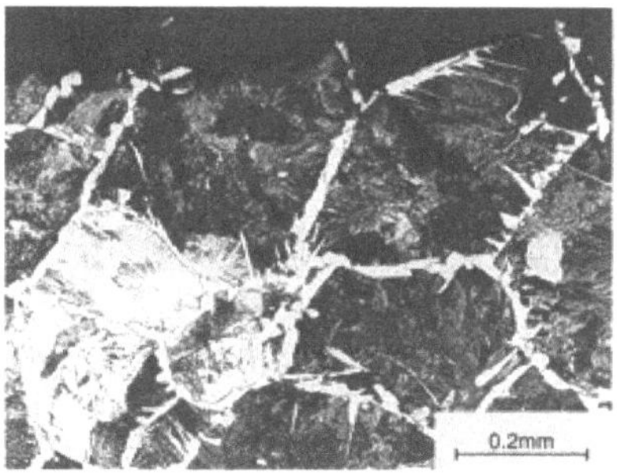

사진 3 금속조직(페라이트: 흰색, 펄라이트: 검은색,
결정립이 조대화된 조직, 3% 나이탈)

- **재질**: S45C(구조용탄소강)
- **열처리**: 노멀라이징
- **파손상황**: 가압력 1300톤으로 가동 후 약 6개월경과, 4개중 1개가 파손됐다.
- **부하응력**: 회전 굽힘응력에 의한 파손
- **파단면 근방**: 계단부에 약간의 응력집중부가 있지만, 균열 발생을 유발하는 손상 흔적은 없다.
- **거시적인 파면**: 사진 1과 같이 1에서 초기 균열이 발생하여 화살표 방향으로 진전하고, 2에서도 발생하여 중심으로 진전, 3이 최종파단부이다. 1 영역은 상당히 평탄하고, 균열 진전속도가 비교적 느리다. 2와 3 부분은 요철이 심하고 진전속도가 빠른 면을 나타내고 있다.
- **미시적인 파면**: 비교적 평탄하고 균열 진전속도가 느린 영역에서도 사진 2와 같은 의사벽개파괴파면을 나타내고, 면전체가 비슷한 패턴을 나타내고 있다. 금속조직(사진 3)은 상당히 결정립이 큰 페라이트 + 펄라이트 조직이다.
- **대책**: 파괴의 원인은 결정립도의 조대화에 의한 강도저하이다. 어닐링, 노멀라이징 온도를 관리하여 열처리를 실시하거나 또는 조질재를 사용해서 강도 높일 필요가 있다.

58. 안전개폐기 구동부의 피로파면

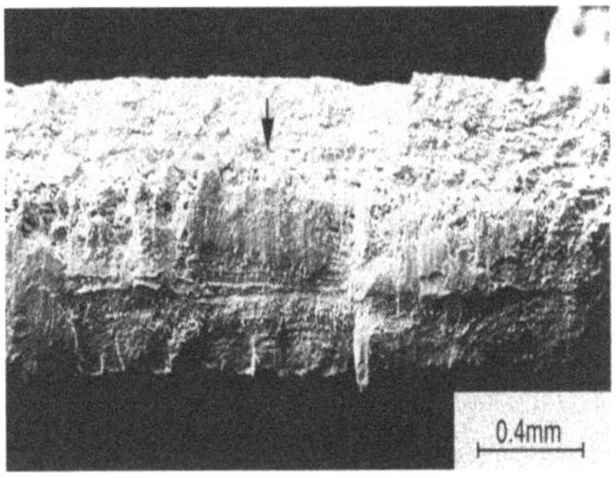

사진 1 거시적인 파단면

사진 2 피로균열 진전영역(계단상의 모양이 스트라이에이션)

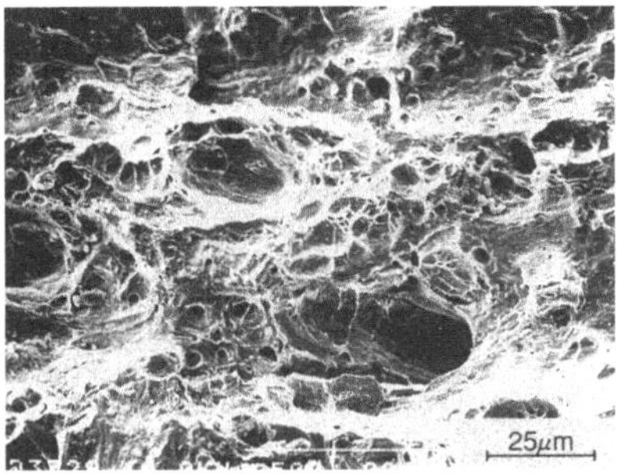

사진3 최종파단(딤플)

- **재질**: S45C(기계구조용탄소강)
- **열처리**: 어닐링
- **파손상황**: 셔터(개폐기)의 자바라를 감아올리는 모-터 구동부가 약 1년여에 파손
- **부하응력**: 양진 굽힘응력에 의한 파손
- **파단면 근방**: 특별히 균열을 유발하는 손상 흔적을 발견할 수 없었다.
- **거시적인 파면**: 사진 1에 나타낸 화살표 방향이 균열 진전방향이고, 균열 발생 기점으로 생각되는 부분이 많이 존재하고 있다. 그 부분에는 비교적 과대응력에 의해 균열이 발생한 단차모양을 발견할 수 있으며, 최종파단부가 대략 중앙부에 존재하고 있으므로, 양진 굽힘응력의 크기는 같은 정도로 생각된다.
- **미시적인 파면**: 사진 2는 피로균열 진전영역을 나타낸 것으로, 비교적 간극이 넓은(1회의 반복응력으로 약 3 μm진전) 스트라이에이션을 발견할 수 있다. 사진 3은 최종파단부로서 연성파괴 특유의 딤플모양이다.
- **대책**: 이상에서 부하응력에 대하여 재료의 강도가 부족하다고 생각된다. 따라서 부하응력을 감소시키든지 인장강도가 높은 재료, 예를 들어 S45C의 조질재, 구조용합금강의 조질재를 사용하는 것이 바람직하다.

59. 자가발전용 엔진부품의 피로파면

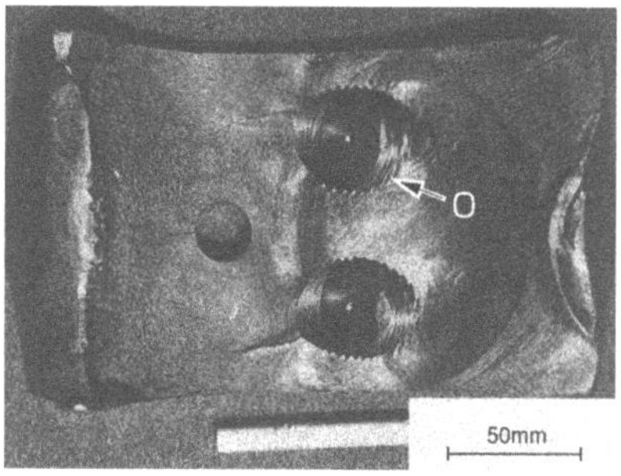

사진 1 거시적인 파단면

사진 2 균열 발생 기점(나사 골밑에서 발생, 수염 모양은 단차모양)

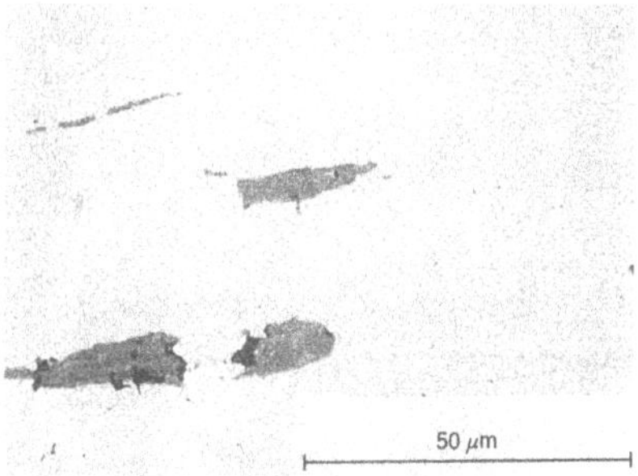

사진 3 MnS계의 비금속개재물

- **재질**: S45C(구조용탄소강)
- **열처리**: 조질(경도: 48HRC)
- **파손상황**: 자가발전용 엔진의 피스톤과 크랭크샤프트 접속봉이 사용 6년 후에 파손
- **부하응력**: 일방향 굽힘응력에 의한 파손
- **파단면 근방**: 균열 발생 기점은 1군데로 볼트 접속용 나사골밑이다. 그 부분의 반대 측에 부딪친 손상 흔적을 발견 할 수 있다.
- **거시적인 파면**: 사진1과 같이 O는 피로균열 발생 기점 근방으로 나사골밑이다. 피로균열 진전영역이 넓고, 최종파단부가 작다. 피로파괴 부분은 평탄하고, 균열 진전속도는 비교적 느린면을 나타내고 있다.
- **미시적인 파면**: 균열 발생 기점 근방은 사진 2와 같이 큰 단차모양을 발견할 수 있고, 일방향 굽힘응력이 작용하였다. 또 이 근방에는 사진 3과 같이 MnS계 개재물이 많이 있고, 금속조직은 줄무늬를 띄고 있다.
- **대책**: 재료적인 문제, 부품의 형상적인 문제, 사용조건의 문제 등 많은 문제가 있고, 파괴방지 대책은 상당히 곤란하다. 전체적으로는 SCM재나 SNCM재 등 고강도재를 사용할 필요가 있다.

60. 노크(knock)부 볼트의 피로파면

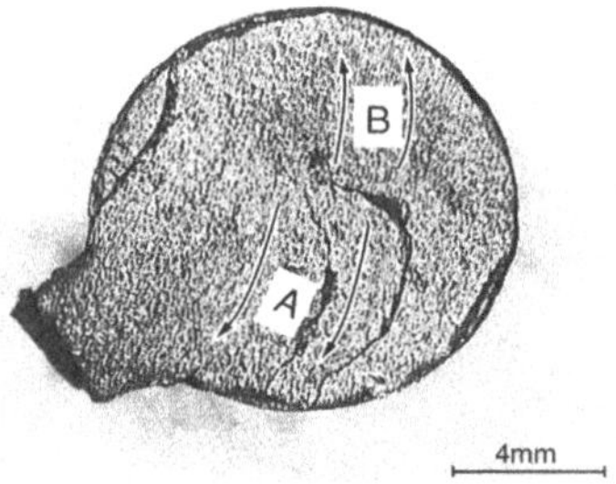

사진 1 거시적인 파단면

사진 2 균열 발생 기점 근방
(매우 큰 단차모양)

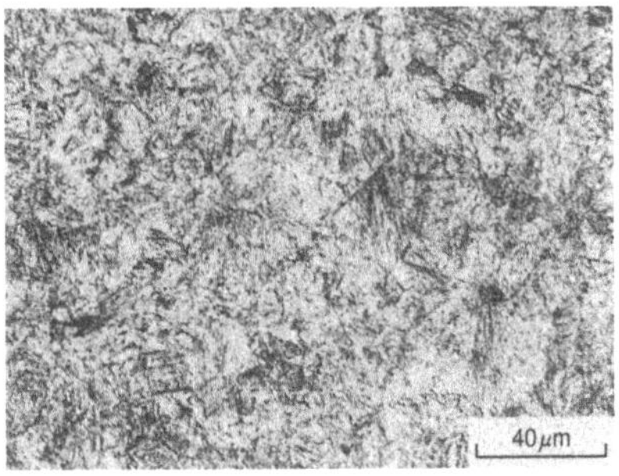

사진 3 금속조직: 조대화한 소르바이트(5% 나이탈)

- **재질**: SCM435(구조용합금강)
- **열처리**: 조질(경도: 45HRC)
- **파손상황**: 냉간단조용 프레스 기계의 노크부 볼트가 운전 개시 후 단시간에 파손
- **부하응력**: 양진 비틀림응력에 의한 파손
- **파단면 근방**: 파단면 근방의 측면 나사부 일부 나사산이 찌부러진 손상 흔적이 있다.
- **거시적인 파면**(사진 1): 화살표 방향은 균열 진전방향이고, 양진 비틀림응력에 의하여 파괴하였다. 피로균열 진전영역이 비교적 작고, 정적인 응력에 의하여 파괴한 영역이 넓다.
- **미시적인 파면**(사진 2): 균열 발생 기점 근방은 나사골밑이지만, 균열을 유발하는 개재물 등은 존재하지 않았다. 피로파면을 포함하여 면전체의 요철이 심하고 큰 단차모양을 발견할 수 있으며, 과대한 양진 비틀림응력에 의하여 파괴하였다. 금속조직(사진 3)은 약간 조대화한 소르바이트다.
- **대책**: 위에 서술한 결과로부터 파괴의 원인을 추정하면, 볼트 설치 시에 윗구멍과 아랫구멍이 불일치했음에도 불구하고 무리하게 설치한 것이 파손원인이라 생각된다. 올바른 시공이 중요하고, 조질 조건을 검토할 필요가 있다.

61. 가죽절단용 모-터 축의 피로파면

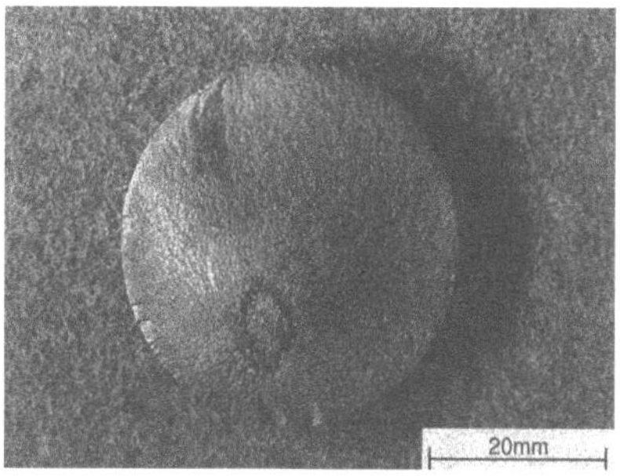

사진 1 거시적인파단면

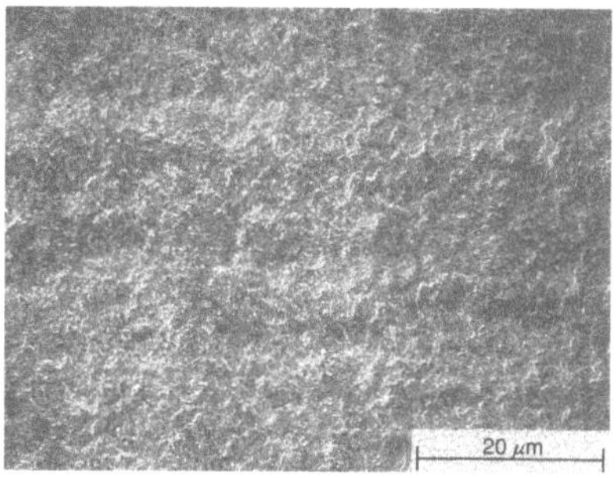

사진 2 피로균열 진전영역

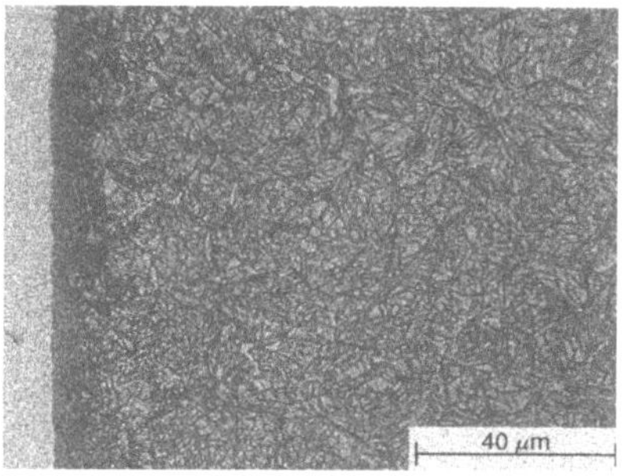

사진 3 금속조직(잔류오스테나이트를 포함한 마르텐사이트,
표면에 미세 펄라이트. 5% 나이탈)

- **재질**: SCM421(구조용합금강 = 표면경화강(surface-hardened steel))
- **열처리**: 침탄퀜칭 - 템퍼링(유효 경화층 0.8 mm, 표면경도 = 780 Hv, 내부경도: 340 Hv)
- **파손상황**: 판상의 가죽을 30장 겹쳐서 절단하는 기계의 모-터 축이 8년 후 파손. 독일제
- **부하응력**: 회전굽힘에 의한 파손
- **파단면 근방**: 원주 전체에 예리한 노치가 존재
- **거시적인 파면**: 사진 1과 같이 균열 발생 기점은 원주부 전체이고 작지만 약간의 단차모양을 발견할 수 있었다. 피로균열 진전영역이 넓고, 최종파단부가 작다. 이와 같은 파면은 사용부하응력은 비교적 작지만, 예리한 노치가 존재하는 경우에 자주 발생하는 전형적인 회전굽힘파면이다.
- **미시적인 파면**: 사진 2는 피로균열 진전영역을 나타낸 것으로 비교적 취성적인 피로파면이다. 사진 3은 표면에 불완전한 퀜칭으로 펄라이트가 생긴 금속조직이다.
- **대책**: 노치가 존재하지 않는 기계설계를 행하든가, 불가능하다면 응력집중에 둔감한 노치로 한다. 탈탄이 발생하지 않도록 침탄성분위기의 관리를 적절하게 실시하고, 표면 근방에 미세한 펄라이트가 발생하지 않도록 한다.

62. 원심분리기용 볼트의 피로파면

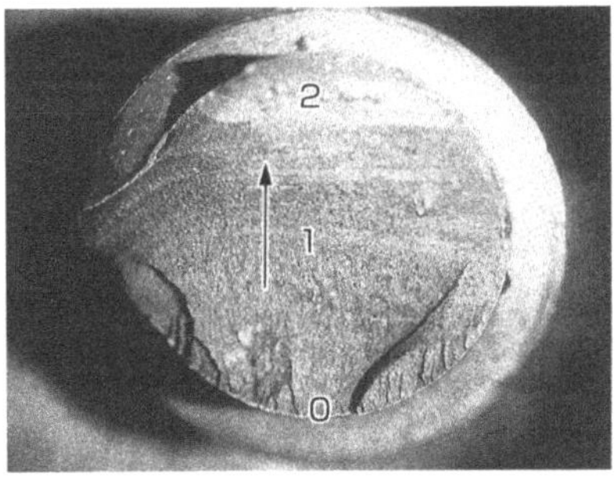

사진 1 거시적인 파단면

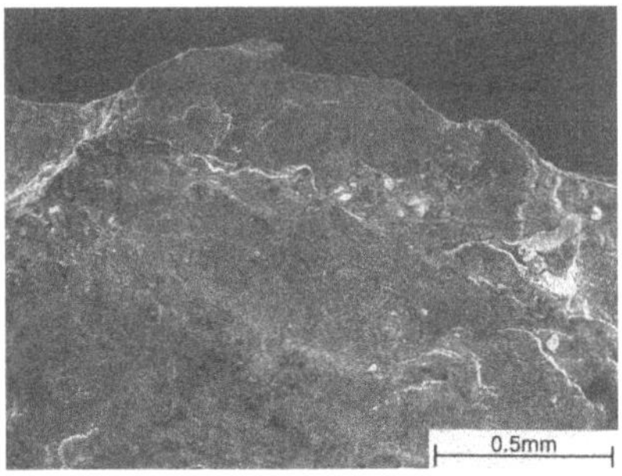

사진 2 균열 발생 기점 근방
(문질러져서 파괴 기구는 불명)

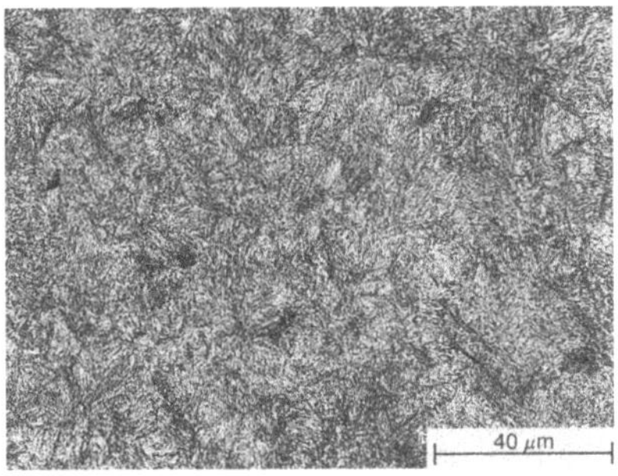

사진 3 금속조직(미세 펄라이트를
함유한 거친 소르바이트, 5% 나이탈)

- **재질**: SCM435(구조용합금강)
- **열처리**: 조질(경도: 48HRC), 강도구분 12.8
- **파손상황**: 혈액용 원심분리기의 볼트가 시운전 중에 파손
- **부하응력**: 편진 굽힘응력에 의한 파손
- **파단면 근방**: 나사골밑은 기계가공 시에 발생한 것으로 추정되는 거친 흔적이 존재
- **거시적인 파면**(사진 1): 균열 발생 기점 근방에는 큰 단차모양(1회의 부하응력으로 생긴 균열의 길이)이 있다. 피로균열 진전영역의 조개껍질모양(반복부하응력에 의하여 진전한 균열의 길이)의 간극도 비교적 넓다(균열 진전속도가 빠르다). 최종파단부는 작지만 전체적으로 비교적 요철이 큰 피로파면이다. 0는 균열 발생 기점 근방, 1은 피로균열 진전영역, 2는 최종파단부, 화살표는 균열 진전방향이다.
- **미시적인 파면**: 균열 발생 기점 근방은 사진 2와 같이 상대재에 의하여 문질러졌기 때문에, 파괴기구를 알 수 없다. 금속조직은 소르바이트 바탕에 미세 펄라이트가 존재(사진 3).
- **대책**: 나사골밑 표면의 거칠기를 작게 하고, 미세 펄라이트가 생성되지 않는 열처리조건이 중요하다.

63. 롤러 샤프트의 피로파면

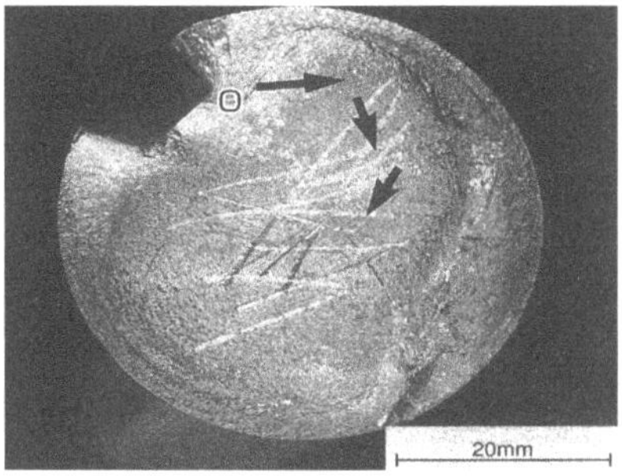

사진 1 거시적인 파단면

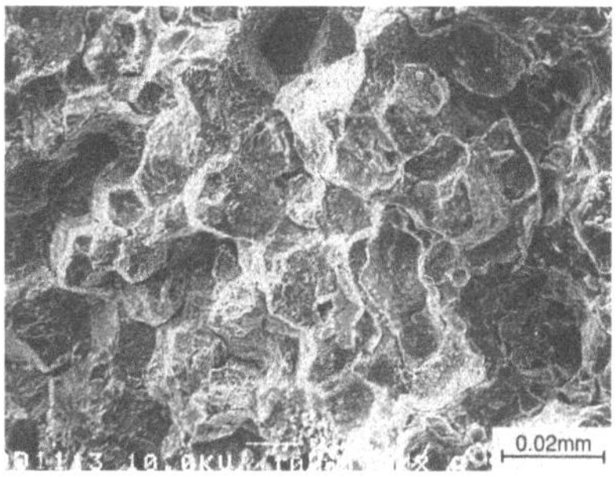

사진 2 균열 발생 기점 근방 (딤플+입계파면)

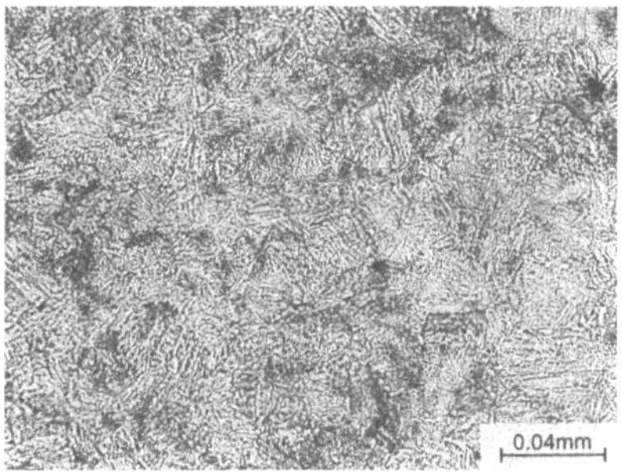

사진 3 금속조직(조대 소르바이트+ 미세 펄라이트(검은색), 3% 나이탈))

- **재질**: SNCM631(구조용합금강)
- **열처리**: 조질 후 표면을 고주파퀜칭, 템퍼링
- **파손상황**: 윤전기용 롤러 샤프트가 사용 후 비교적 단시간에 파손됐다.
- **부하응력**: 편진 비틀림응력에 의한 파손
- **파단면 근방**: 키 홈이 있고, 홈 바닥에는 예리한 응력집중부가 존재.
- **거시적인 파면**(사진 1): O는 균열 발생 기점으로 비틀림응력에 의하여 파괴하였다. 파단면의 요철은 작고 평탄하며, 최종파단부도 작고 사용응력은 비교적 작은 것으로 생각된다.
- **미시적인 파면**(사진 2): 균열 발생 기점 근방은 딤플이 혼재한 입계파면을 나타내고 있다. 파단면 전체를 매크로 에칭에 의하여 고주파퀜칭부를 관찰한 결과, 키 홈에는 경화층을 볼 수 없었고, 다른 부분의 퀜칭 조직은 정상이다. 모재 금속조직(사진 3)은 소르바이트 조직 안에 미세 펄라이트를 발견할 수 있었다.
- **대책**: 균열 발생부가 미경화부의 키 홈으로부터 이며 조질에 의한 미세 펄라이트의 생성이 강도저하의 원인이 되어 균열이 발생한 것으로 생각된다. 따라서 조질 조건의 관리가 중요하다.

64. 도장용 행거(hanger)의 피로파면

사진 1 거시적 파단면(화살표: 균열 진전방향, O: 균열 발생 기점)

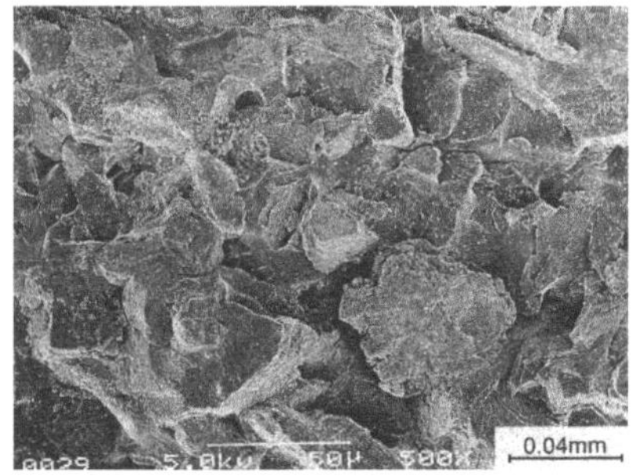

사진 2 피로균열 진전영역(약간의 딤플이 혼재한 입계균열파면)

사진 3 금속조직(페라이트(흰색)+펄라이트(검은색), 결정립이 비교적 크다, 3% 나이탈)

- **재질**: SS400(일반구조용압연강)
- **열처리**: 어닐링
- **파손상황**: 자동차부품 도장용 행거가 사용 7년째 파손. 파손부위는 부품을 매다는 R부분.
- **파단면 근방**: R부 내측에 가공 시에 발생한 것으로 생각되는 비교적 깊고, 폭이 넓은 손상 흔적을 발견할 수 있다.
- **거시적인 파면**: 사진 1과 같이 피로파면면적이 비교적 작고, 요철이 심한 편진 굽힘응력에 의한 파면이다. 균열 발생 기점은 O점으로 가공 시의 손상 흔적을 발견할 수 있는 중앙부이다. 화살표는 균열 진전방향이다
- **미시적인 파면**: 사진 2에 미시적인 파면을 나타냈지만, 전체적으로 약간 딤플(연성)이 혼재한 입계파면이다. 금속조직(사진 3)은 약간 결정립이 조대화한 페라이트(흰색) + 펄라이트(검은색)조직으로 R부 근방에는 부식에 의한 산화물도 발견되었다.
- **대책**: 행거 제작 시에 R부에 손상 흔적이 발생하지 않도록 가공방법과 어닐링 가열온도에 주의한다. 3~4년에 1번은 R부 내측에 생성되어 있는 산화피막을 줄 등으로 밀어서 부식이 진행하지 않도록 하는 것도 필요하다.

65. 너클(knuckle) 조인트의 피로파면

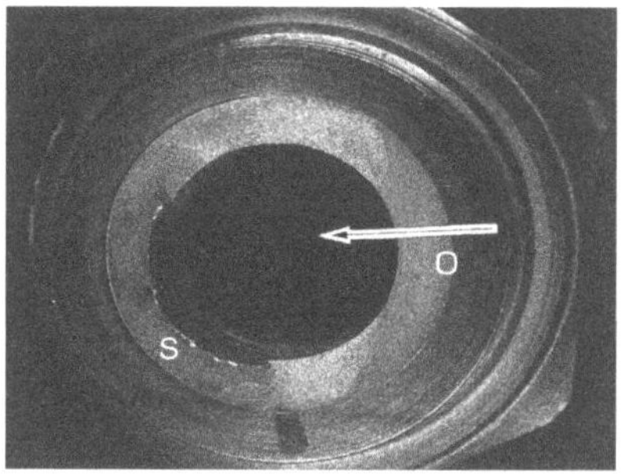

사진 1 거시적인 파단면

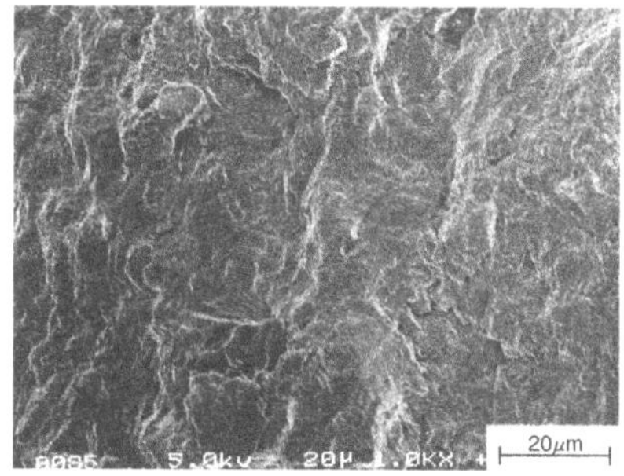

사진 2 피로균열 진전영역(비교적 균열 진전속도가 빠른 피로파면)

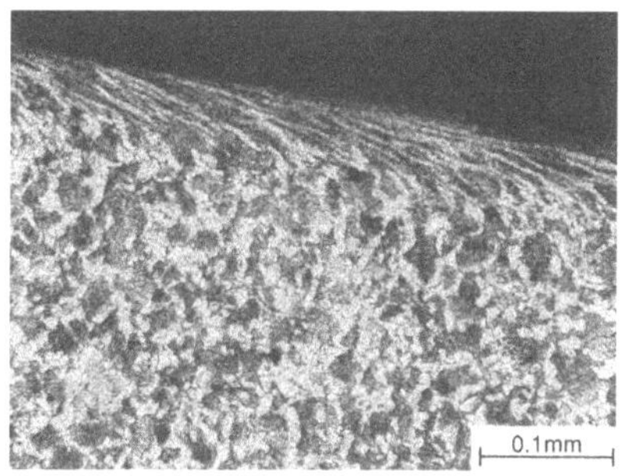

사진 3 파단면의 금속조직(부하응력에 의한 소성변형, 3% 나이탈)

- **재질**: S45C(구조용탄소강)
- **열처리**: 내부는 노멀라이징 또는 어닐링, 파단부 근방은 고주파퀜칭
- **파손상황**: 식품가공용 특수기계에 사용되는 너클 조인트 부품이 비교적 단시간에 파손됐다.
- **부하응력**: 일방향 굽힘응력에 의한 파손.
- **파단면 근방**: 단붙임 부분이 존재하고, R 가공은 약간 실시되어 있는 정도. 균열 발생 기점과 대상 축부에 한쪽으로 부딪친 손상 흔적을 발견할 수 있었다.
- **거시적인 파면**(사진 1): O는 균열 발생 기점으로 생각되는 부분으로 약간 단차모양을 발견할 수 있었다. S는 최종파단부로 비교적 면적이 작다. 화살표는 균열 진전방향이고 피로균열 진전영역은 평탄하다.
- **미시적인 파면**: 사진 2는 균열 발생 기점 근방의 SEM 사진이다. 비교적 균열 진전속도가 빠른 피로파면을 나타낸다. 사진 3은 균열 발생 기점부의 금속조직으로, 부하응력에 의해 생긴 것으로 생각되는 소성변형부가 존재한다.
- **대책**: 위의 결과로부터 추정하면, 파괴의 원인은 한쪽 부딪침에 의한 과대 부하응력으로 생각된다. 따라서 사용 중 편심에 주의하고 강도 상승을 위하여 조질을 실시하는 것이 바람직하다.

66. 모-터용 차축의 피로파면

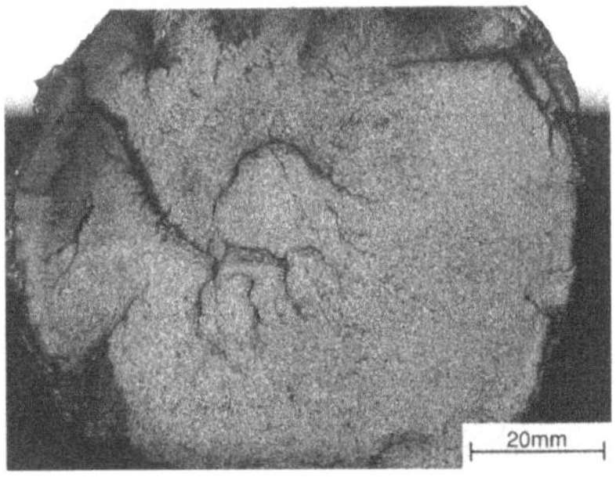

사진 1 거시적인 파단면(비틀림응력에 의하여 파단)

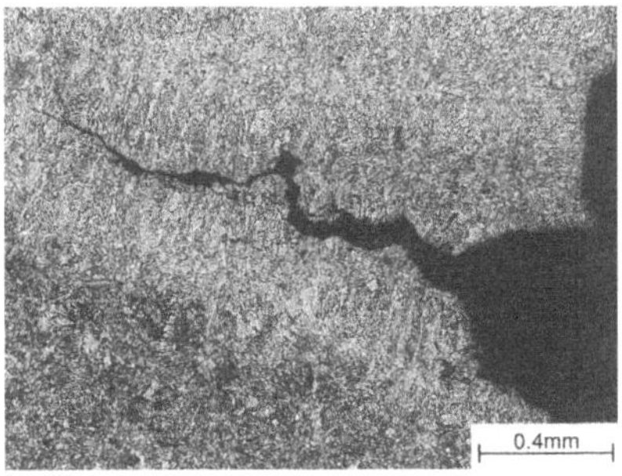

사진 2 용접 균열(3% 나이탈)

사진 3 파단부 근방의 금속조직(결정립의 조대화. 3% 나이탈)

- **재질**: S45C(구조용탄소강)
- **열처리**: 노멀라이징 또는 어닐링
- **파손상황**: 파단부는 용접부이다. 대형 기계이므로 조립한 후 용접, 용접 후 열처리는 없음. 사용 후 단시간에 파손, 과거에도 파단 경험이 있다.
- **파단면 근방**: 용접시공에 의한 덧살 존재
- **부하응력**: 굽힘응력이 약간 부하된 비틀림응력에 의한 파단.
- **거시적인 파면**(사진 1): 피로균열 진전영역이 비교적 작고, 최종파단부가 크다. 전체적으로 거친 파면을 나타내고 있다.
- **미시적인 파면**: 균열 발생 기점 근방의 금속조직을 사진 2, 사진 3에 나타냈다. 균열 발생은 용접부이고, 용접부 근방의 소재는 열영향에 의하여 결정립 조대화가 발생하였다.
- **대책**: 결론적으로 강도가 부족하므로 사용재료를 변경하거나 부하응력을 작게 하는 것이다. 즉, 반복하중에 의해 균열이 발생하고, 그 균열이 진전해서 파괴하는 피로파괴의 경우, 균열의 발생원인과 진전거동을 별도로 생각해야 한다. 균열의 발생은 용접에 의한 열영향, 결정립의 조대화이지만, 균열진전은 재료의 강도 문제이다.

67. 감속기용 출력축의 피로파면

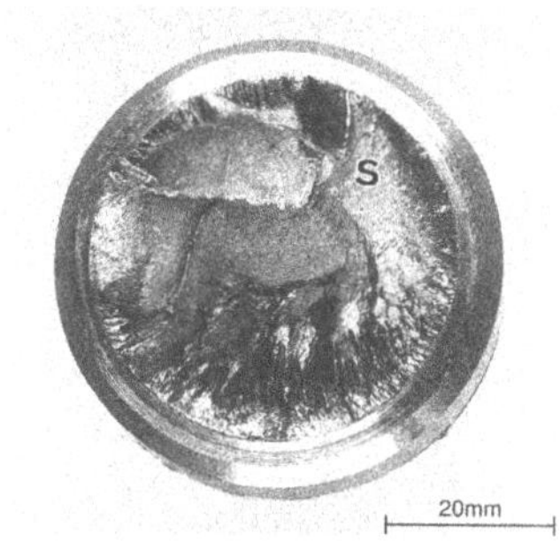

사진 1 거시적인 파단면

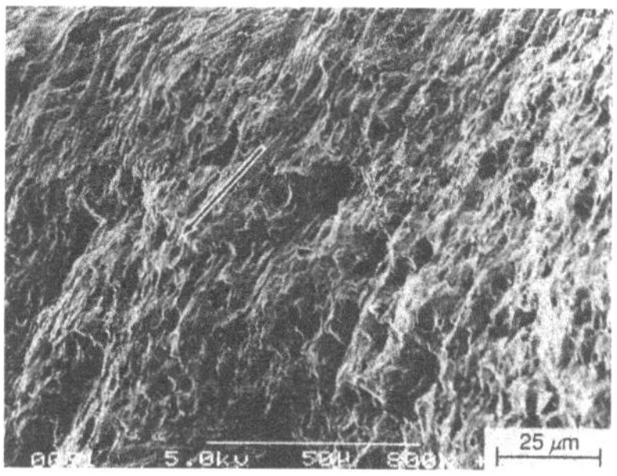

사진 2 파면 일부분의 미시적 사진
(딤플모양, 화살표: 균열 진전방향)

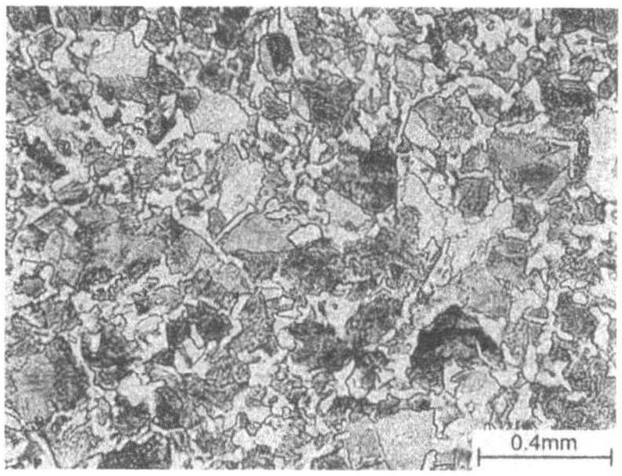

사진 3 금속조직(페라이트+펄라이트, 3% 나이탈)

- **재질**: S45C(구조용탄소강)
- **열처리**: 어닐링 또는 노멀라이징
- **파손상황**: 모터의 감속용으로 사용되고 있는 출력축이 설치 운전 중에 파손
- **부하응력**: 비틀림응력에 의한 파손
- **파단면 근방**: 파괴원인이 되는 손상 흔적은 없지만, 파단부에는 단붙임 부분이 존재하고, R가공이 실시되어 있지 않다.
- **거시적인 파면**(사진 1): 약간 피로파면 부분(S)도 있지만 작다. 전체적으로 균열 진전속도가 비교적 빠른 비틀림응력에 의한 파면이다.
- **미시적인 파면**: 사진 2와 같은 딤플모양이고, 비교적 정적에 가까운 비틀림응력에 의해 파괴되었다. 금속조직(사진 3)은 S45C의 표준적인 어닐링 또는 노멀라이징 조직과 다른, 고온에서 처리한 조직을 나타내고 있다.
- **대책**: 파괴의 원인은 사용재료의 강도부족, 재료의 선택 실수로 생각된다. 단붙임 부분에는 R가공을 실시하는 것은 물론, 강도 상승을 위한 적절한 열처리, 재료변경에 의한 강도 상승을 고려할 필요가 있다.

68. 식품가공용 기계부품의 피로파면

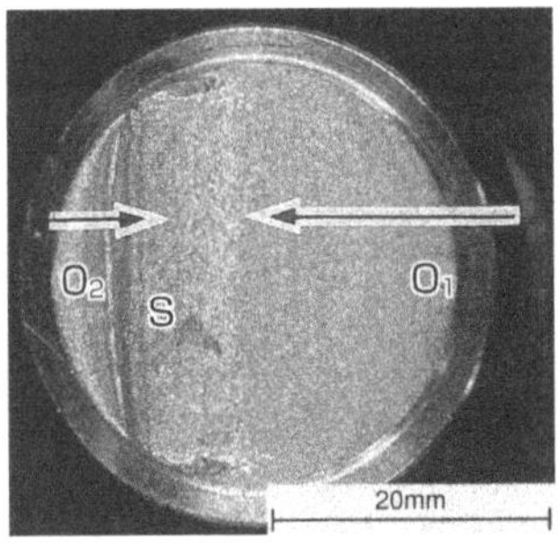

사진 1 거시적인 파단면

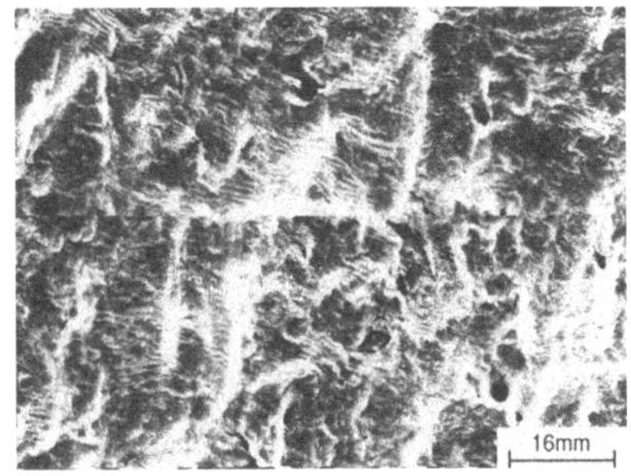

사진 2 피로균열 진전영역

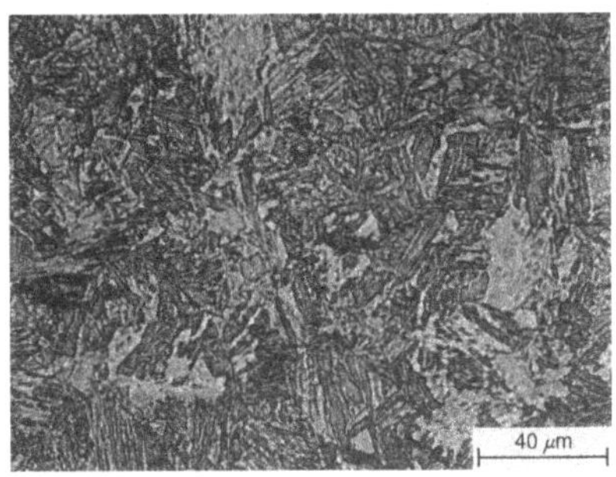

사진 3 금속조직(조대 소르바이트, 5% 나이탈)

- **재질**: SCM435(구조용합금강)
- **열처리**: 조질(경도: 42HRC)
- **파손상황**: 카레가루 제조용 기계의 조인트 부분에 사용되는 볼트가 단시간 사용으로 파손
- **부하응력**: 양진 굽힘응력에 의한 파손
- **파단면 근방**: 파단면보다 약간 떨어진 축부에 편측 부딪침으로 생각되는 손상 흔적이 있고, 이 손상 흔적의 위치와 주균열 발생부가 대칭의 위치이다.
- **거시적인 파면**(사진 1): O_1, O_2가 균열 발생 기점, S가 최종파단부, 화살표는 피로균열 진전방향이다. 파단면 전체가 비교적 평탄하고, 최종파단부도 작다. 그러나 주응력으로 굽힘이 작용한 것으로 생각되는 O_1에는 약간의 ratchet 모양을 발견할 수 있다.
- **미시적인 파면**: 사진 2는 O_1근방을 나타낸 것으로, 균열 진전속도가 비교적 느린 스트라이에이션을 발견할 수 있었다. 금속조직(사진 3)은 약간 조대화한 소르바이트 조직을 나타내고 있다.
- **대책**: 피로균열 진전영역이 크고, 최종파단부가 작은 것으로 부터, 편측 부딪침에 의한 과대 부하응력이 파괴의 원인이라고 생각된다. 편측 부딪침의 원인을 조사할 필요가 있다.

69. 유압브레이크용 샤프트의 피로파면

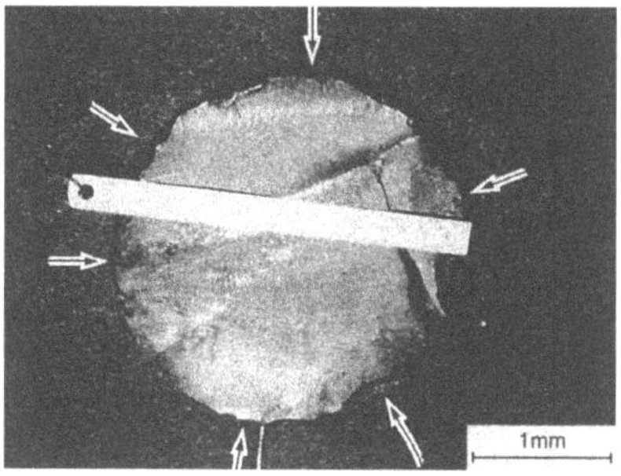

사진 1 거시적 파단면

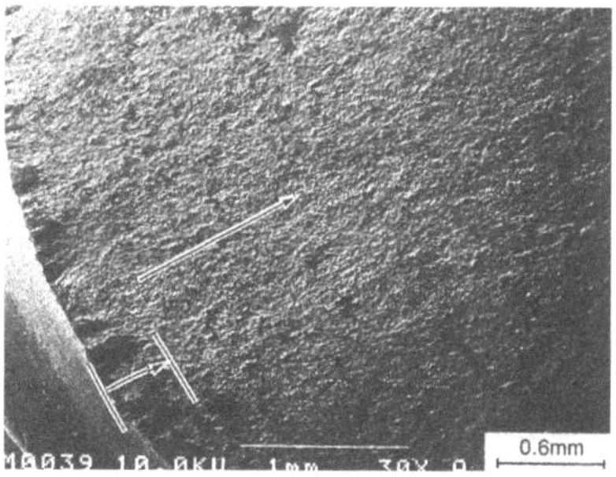

사진 2 균열 발생 기점 근방

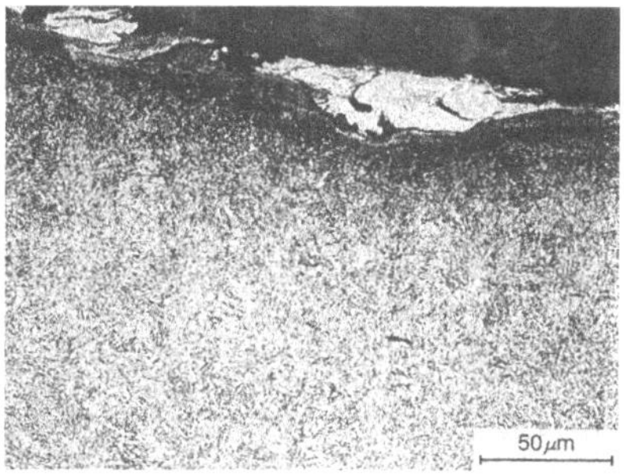

사진 3 균열 발생 기점 근방의 금속조직
(표면의 흰 층은 마르텐사이트, 5% 나이탈)

- **재질**: SNCM439(구조용합금강)
- **열처리**: 조질(경도: 325HV)
- **파손상황**: 콘크리트파일 타설 기계의 브레이크샤프트가 5년 정도 사용에 파손.
  소음흡수를 위해, 샤프트원주부에 소나무 목재 사용.
- **부하응력**: 주로 양진 굽힘응력이지만, 약간의 비틀림응력도 작용.
- **파단면 근방**: 원주부 전체에 부딪친 흔적의 손상을 발견할 수 있다.
- **거시적인 파면**(사진 1): 균열 발생 기점은 화살표로 나타낸 것처럼 원주부 전체이고, 비교적 요철이 심한 면이다.
- **미시적인 파면**: 비교적 평평한 균열 발생 기점 근방을 사진 2에 나타냈다. 화살표가 균열 진전방향이고, 단차모양(톱니바퀴 자국)도 발견할 수 있다. 사진 3은 균열 발생 기점 근방의 금속조직으로, 가장 바깥 면은 가열에 의해 열처리 된 마르텐사이트조직이 관찰된다.
- **대책**: 샤프트가 파일 타설 시에 섭동하기 때문에 가열되어, 소나무 목재가 연소함과 동시에 부분적으로 퀜칭 상태로 되어, 경화되었기 때문에 균열 발생이 촉진될 것으로 생각된다.

✓ 섭동(摺動): 일반적으로 역학계에서, 주요한 힘의 작용에 의한 운동이 부차적인 힘의 영향으로 인하여 교란되어 일어나는 운동.

70. 송풍기용 축류 팬의 피로파면

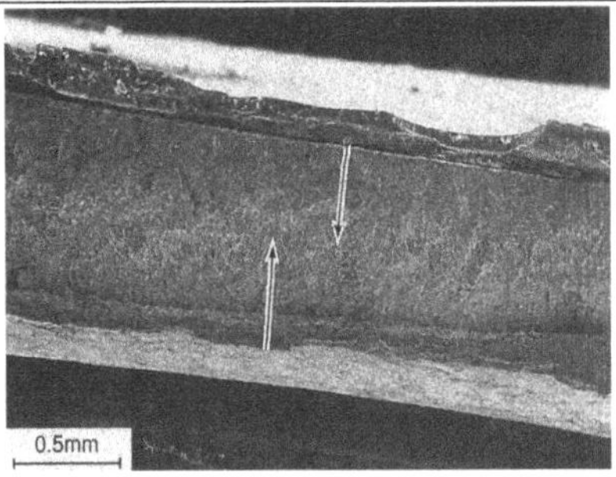

사진 1 거시적인 파단면

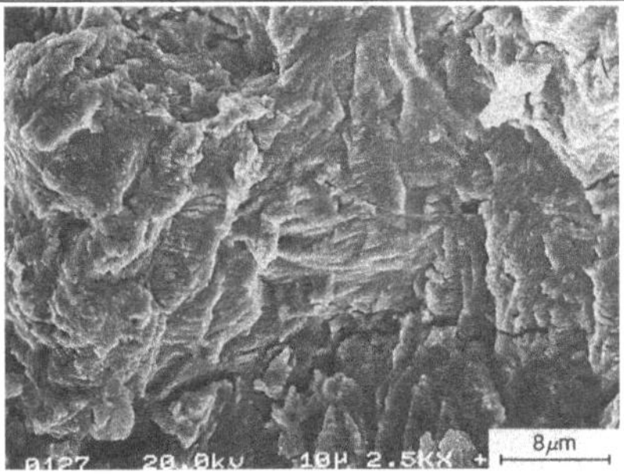

사진 2 피로균열 진전영역(계단상의 가로 줄무늬는 스트라이에이션)

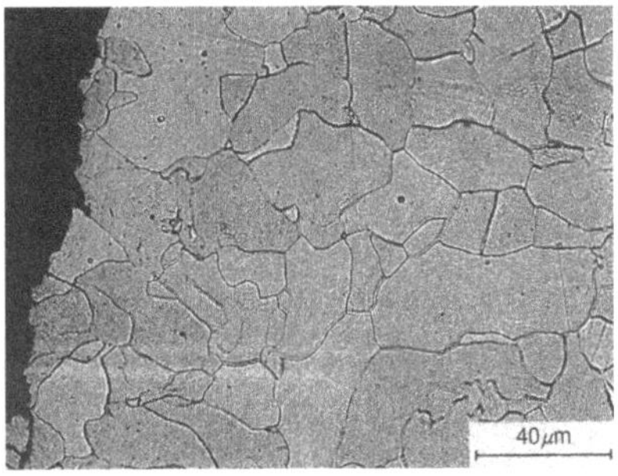

사진 3 파단면 근방의 금속조직(비교적 페라이트 결정립이 크다. 5% 나이탈)

- **재료**: SPCC(냉간압연강재)
- **열처리**: 냉간압연 상태
- **파손상황**: 송풍기 팬이 축부의 용접부(반자동 TIG용접)에서 파손. 사용 약 1개월.
  분진을 송풍하는 장소로 환경은 나쁘다.
- **부하응력**: 약간 비틀림이 작용한 양진 굽힘응력에 의한 파손.
- **파단면 근방**: 파단부는 축과의 용접에 의한 열영향부이다. 부분적으로 겹친 용접부를 발견할 수 있고, 팬 선단부에는 편측 부딪침 부분이 존재하고 있다.
- **거시적인 파면**(사진 1): 균열 발생 기점은 팬의 판폭 전 영역이다. 균열 진전영역은 비교적 평평하고 최종파단부의 면적도 작다.
- **미시적인 파면**: 사진 2는 피로균열 진전영역의 일부이고, 1회의 반복으로 진전한 균열의 길이는 4~5 $\times 10^{-4}$ mm정도로 비교적 균열 진전속도가 느린 피로파면이다. 사진 3은 금속조직을 나타낸 것이다.
- **대책**: 사용 환경 등으로 추정하면, 축의 베어링에 분진이 들어갔기 때문에 축에 편진 부딪침이 발생하고, 팬에 과대 응력이 작용한 것으로 생각된다. 따라서 분진 혼입을 방지하는 커버 등의 설치를 고려할 필요가 있다.

71. 열교환기 전열관의 피로파면

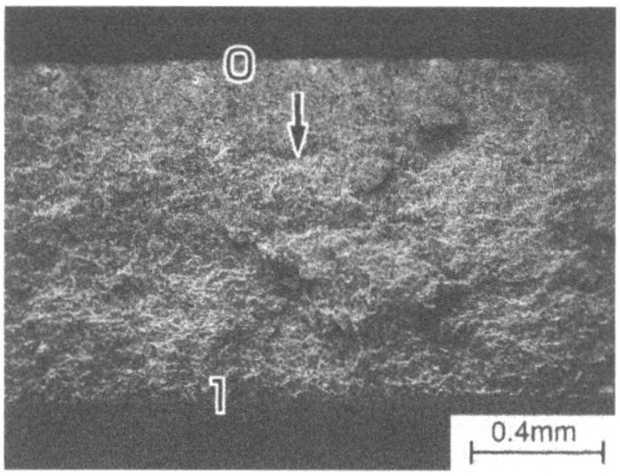

사진 1 거시적인 파단면
(0: 외주부, 1: 내면)

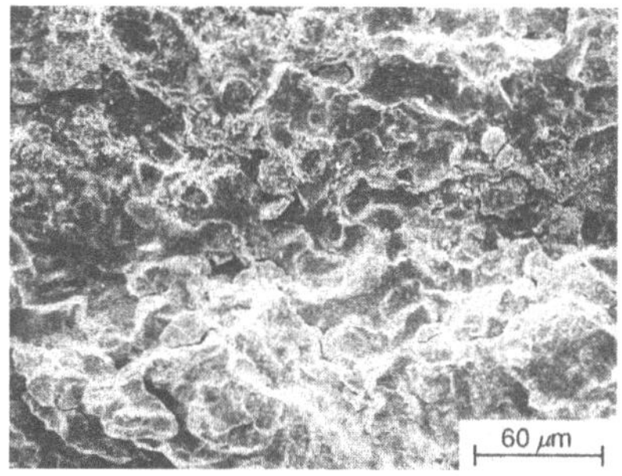

사진 2 상부가 부식생성물이 존재한 흑색부(입계파면으로 추정)

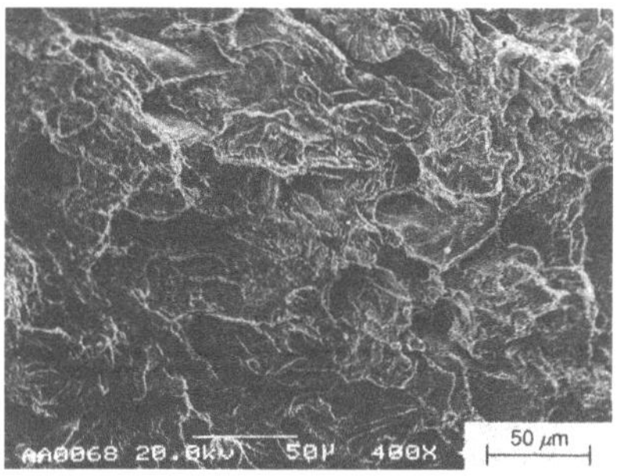

사진 3 사진1의 딤플이 혼재한 의사벽개파면

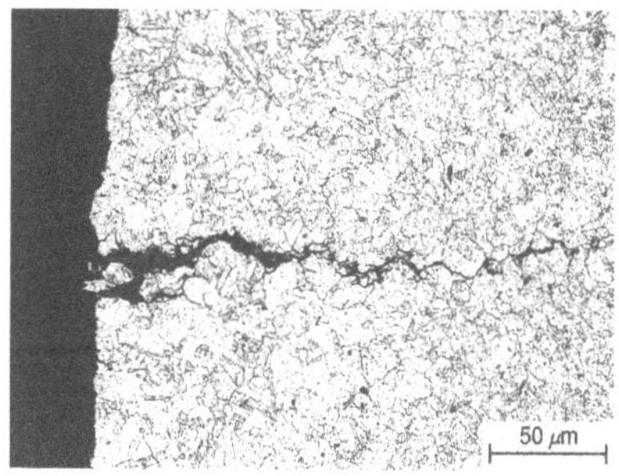

사진 4 단면의 금속조직(결정립계를 따라 미세한 크랙, 10% 수산전해)

- **재질**: STS304(오스테나이트계 스테인리스강)
- **열처리**: 고용화열처리
- **파손상황**: 선박에 탑재한 열교환용 파이프가 단시간에 파손
- **부하응력**: 편진 인장응력에 의한 파손
- **파단면 근방**: 파이프 외주부에 흑색부분이 존재하고, 다른 부분보다 약간 면 거칠기가 크다.
- **거시적인 파면**: 사진 1은 파단면의 거시적사진이다. 외주부에서 균열이 발생하였고, 그 부분에 부식에 의한 생성물을 약간 발견할 수 있다.
- **미시적인 파면**: 균열 발생 기점 근방은 사진 2와 같이 부식생성물로 덮여져있지만, rock candy pattern의 입계파면이다. 파이프 내측은 사진 3과 같은 딤플이 혼재한 의사벽개파면을 나타내고 있다. 단면은 사진 4와 같이 균열을 발견할 수 있다. 따라서 파괴의 원인은 부식 환경에 의해 외주부가 손상을 받아 내압에 견디지 못하고, 균열이 발생해 진전한 것으로 생각된다.
- **대책**: 파이프 내부를 흐르는 유체의 성분을 잘 분석하여, 부식을 유발하는 환경을 점검할 것, 내부에 내식성 피막을 코팅하는 것도 중요하다.

72. 객차용 자동조정기의 피로파면

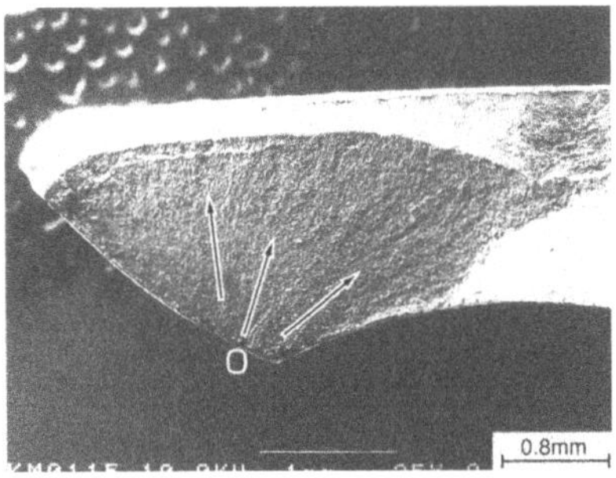

사진 1 거시적인 파단면

사진 2 피로균열 진전영역, 취성스트라이에이션(화살표: 균열 진전방향)

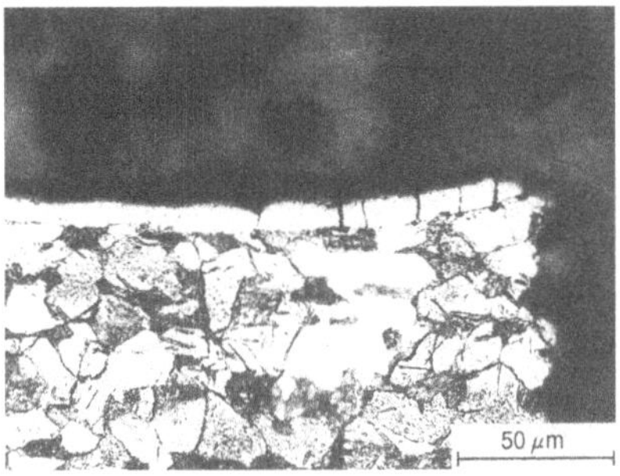

사진 3 파단면 근방의 금속조직(3% 나이탈)

- **재질**: S20C(구조용탄소강)
- **열처리**: 어닐링→표면경화(염욕 연질화)
- **파손상황**: 염욕 연질화 처리한 밀착 브레이크봉 끝부분(나사와 접촉하고 있다)이 약 1년 정도에 파손
- **부하응력**: 일방향 굽힘응력에 의한 파손
- **파단면 근방**: 균열 발생 기점 근방에 프레스 성형 가공 시 만들어진 돌출부가 약간 있었다.
- **거시적인 파면**: 사진 1의 O가 균열 발생 기점, 화살표는 균열 진전방향이다. 파단면 전체는 비교적 평탄하고, 소성변형하면서 균열이 진전한 것 같은 면을 나타내고 있다. 최종파단부도 비교적 작다.
- **미시적인 파면**: 사진 2는 피로균열 진전영역의 SEM사진이다. 취성 스트라이에이션 모양을 나타내고 있다. 최종파단부는 큰 신장딤플을 발견할 수 있고, 과대응력에 의해 균열이 진전하고 있다. 파단면 근방의 금속조직(사진 3)은 파단면과 평행하게 질화층에도 균열을 발견할 수 있다.
- **대책**: 이상과 같은 결과로부터, 부하응력에 대해서 사용재료의 강도부족이 파괴의 원인으로 생각된다. 부하응력을 경감할 수 없다면 재료를 변경하고, 더욱이 강도 상승을 위하여 조질을 실시할 필요가 있다.

73. 변압기용 체결 단자의 피로파면

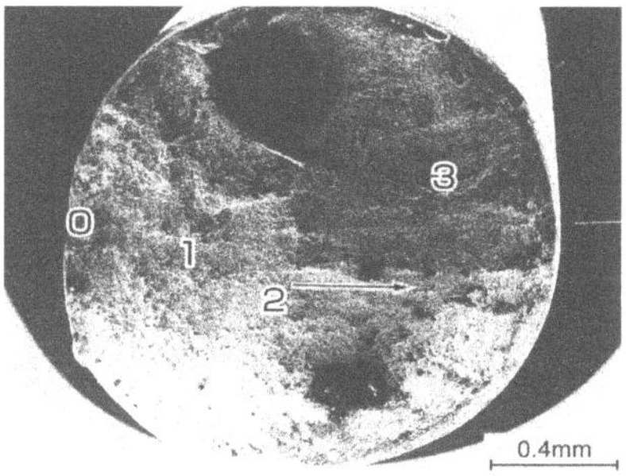

사진 1 거시적인 파단면

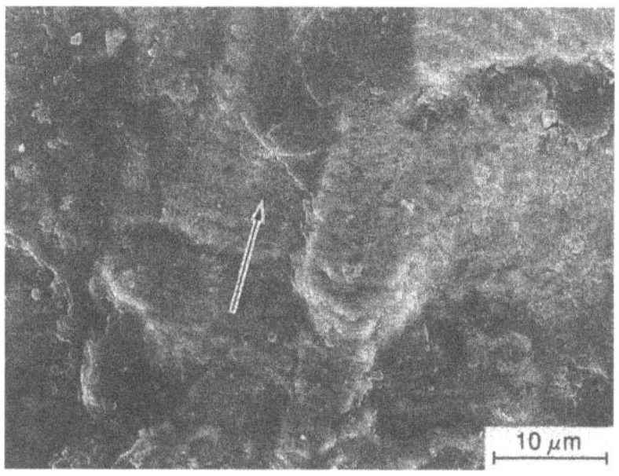

사진 2 사진 1의 2부분의 피로균열 진전영역: 스트라이에이션 모양(화살표: 균열 진전방향)

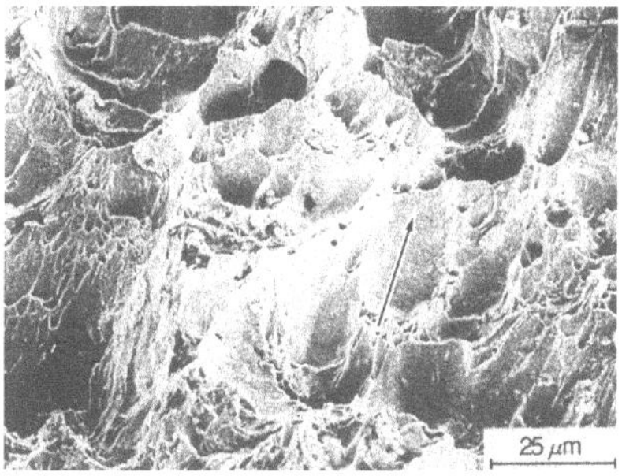

사진3 최종파단부 근방, 딤플형상(화살표: 균열 진전방향)

- **재질**: SCM435(구조용합금강)
- **열처리**: 조질(볼트의 강도구분 12.8)
- **파손상황**: 전기변압기 송전용 체결단자가 시공 후 단시간에 사용 불가능하여 조사한 결과, 16개 중 9개가 파손 또는 균열이 발생. 설계상으로는 경부하로 사용하는 곳이다.
- **부하응력**: 편진 굽힘응력에 의한 파손
- **파단면 근방**: 어느 단자에도 균열 발생 기점으로 생각되는 부분에 부식 손상 흔적이 있다.
- **거시적인 파면**(사진 1): 0가 균열 발생 기점으로 생각되는 부분(부식이 심해서 판단하기 어렵다), 1은 부식생성물로 덮여 있는 곳, 2는 피로균열 진전영역, 3은 최종파단부, 화살표는 균열 진전방향이다.
- **미시적인 파면**: 1은 부식물이 많고 피로파면인지 판단하기 어렵지만, 2에서 생각하면 피로파면으로 판단된다. 최종파단부가 비교적 크다. 사진 2는 2, 사진 3은 3의 SEM사진이다.
- **대책**: 양접점에 등축력이 작용하고 있지 않았기 때문에 편진 굽힘응력이 작용하고, 그 부분에 우선적으로 녹이 발생. 감육과 함께 균열이 발생하여 파괴한 것으로 등축장력으로 할 필요가 있다.

74 압력 유량계 부품의 피로파면

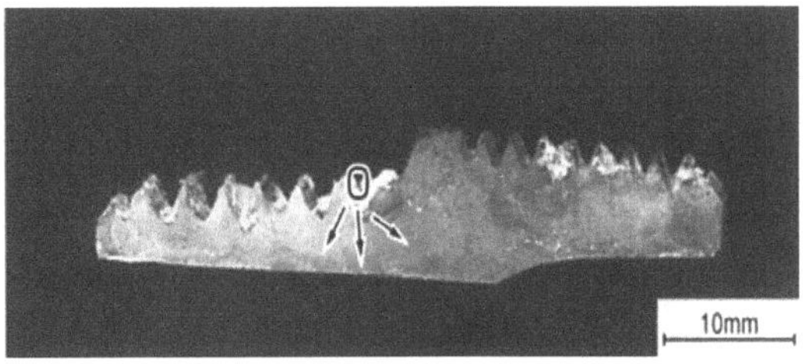

사진 1 거시적인 파단면

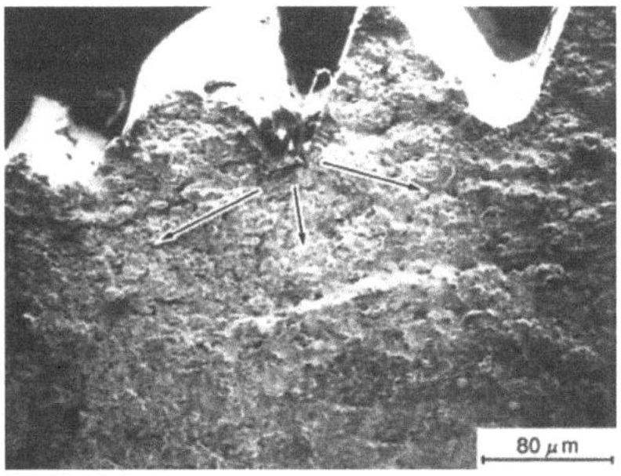

사진 2 균열 발생 기점 근방

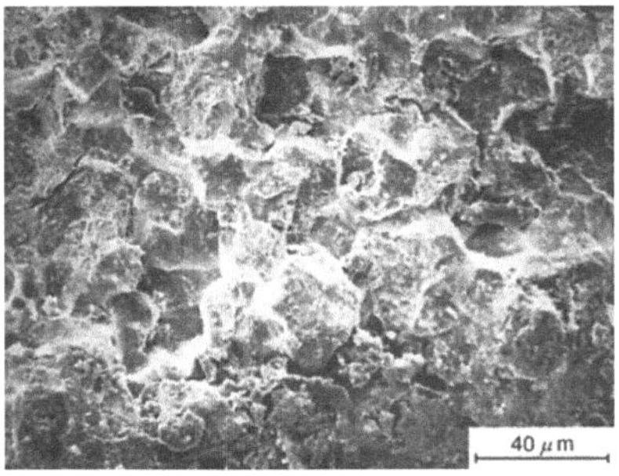

사진 3 피로균열 진전영역(입계파면과 딤플이 혼재)

- **재질**: 황동(납함유 7/3 황동)
- **열처리**: 응력제거 어닐링
- **파손상황**: 화학플랜트용 압력관 유량계의 조인트 부품이 약 1년 정도 사용으로 파손
- **부하응력**: 일방향 굽힘응력에 의한 파손
- **파단면 근방**: 파단면 근방에는 부식생성물도 비교적 적고, 특별히 균열 발생을 유발하는 손상 흔적은 발견할 수 없었다.
- **거시적인 파면**(사진 1): 균열은 나사골밑에서 발생하여 화살표처럼 진전하였다. 파단면 전체에 요철이 크고, 피로균열 진전영역이 비교적 작다.
- **미시적인 파면**: 균열 발생 기점 근방은 사진 2와 같이 비금속 개재물의 흔적을 발견할 수 있고, 균열은 이 흔적을 기점으로 화살표처럼 방사상으로 진전하였다. 사진 2는 피로균열 진전영역의 SEM사진으로 약간 딤플도 발견할 수 있지만 거의 입계파면이다.
- **대책**: 균열 발생 기점에 비금속 개재물의 불순물을 발견할 수 있었던 것으로부터, EDAX 분석을 실시한 결과, 납을 넣은 황동으로 판명, 압력유량계와 같은 보안부품에는 납, 유황 등 쾌삭성 향상 원소의 첨가는 바람직하지 않다.

75. 다이캐스팅용 shot sleeve의 피로파면

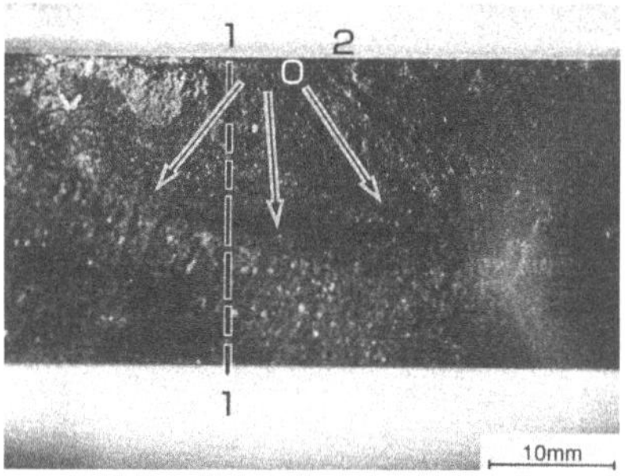

사진 1 거시적인 파단면

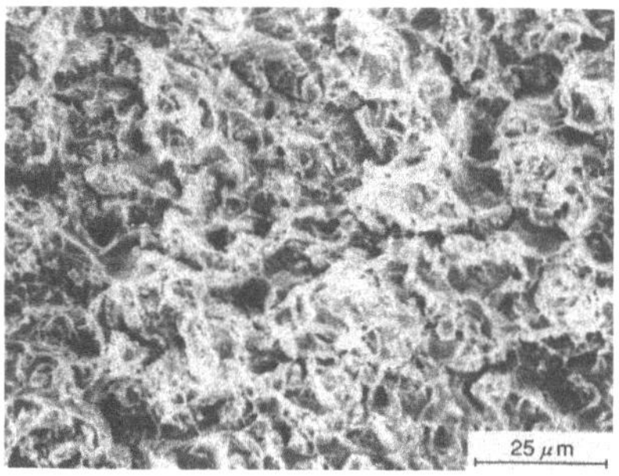

사진 2 균열 발생 기점 근방

사진 3 균열 발생부 근방의 단면조직(질화층 내에 균열)

- **재질**: SKD61(열간 다이스강)
- **열처리**: 퀜칭, 고온 템퍼링 후 가스질화
- **파손상황**: 가스질화처리를 실시한 알루미늄 다이캐스팅용 슬리브가 단시간 사용에 균열이 발생 파손됐다.
- **부항응력**: 편진 굽힘응력에 의한 파손
- **파단면 근방**: 비교적 평평한 파단면을 나타내고 있지만, 근방에는 다수의 미세한 균열을 발견할 수 있다.
- **거시적인 파면**(사진 1): O가 균열 발생 기점, 특별히 O에는 균열 발생을 유발하는 개재물 등은 발견되지 않았다. 균열은 화살표처럼 진전하였다.
- **미시적인 파면**: 사진 2는 균열 발생 기점 근방의 SEM사진으로 입계파면과 딤플모양을 발견할 수 있었다. 사진 3은 사진 1의 점선으로 절단하여 금속조직을 관찰한 결과이다. 질화층 내에 다수의 균열을 발견할 수 있었다.
- **대책**: 사진 1~사진 3만으로는 파손의 원인을 명확하게 할 수 없지만, 균열 원인은 열 사이클 피로에 의한 것으로 생각된다. 질화층의 두께를 약간 얇게 하고 확산층의 경도 기울기를 완만하게 하는 것이 바람직하다.

76. 자동차용 안테나의 피로파면

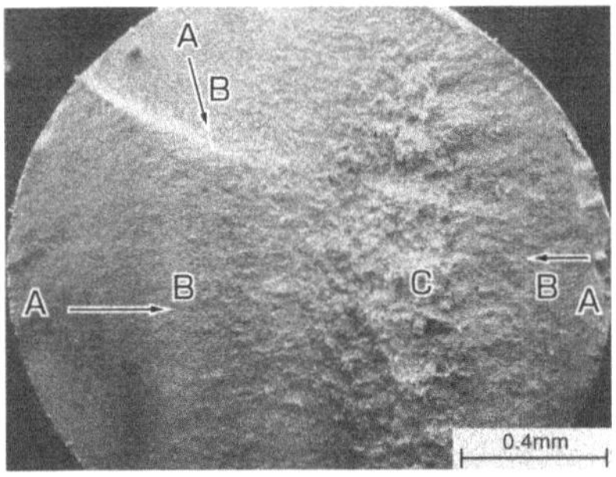

사진 1 거시적인 파단면

사진 2 피로균열 발생 기점부

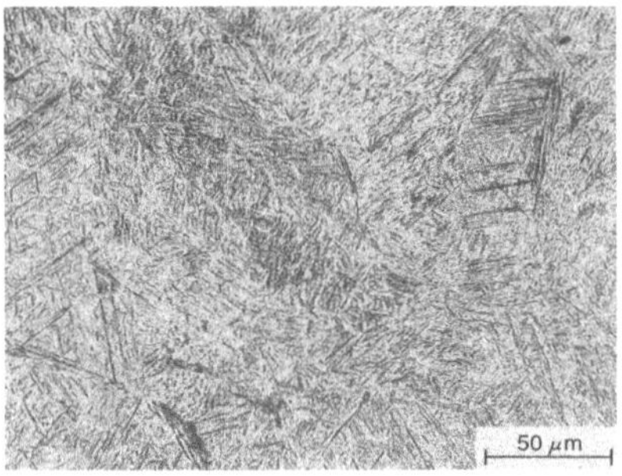

사진 3 균열 발생근방의 금속조직(거친 트루스타이트+소르바이트, 3% 나이탈)

- **재질**: SCM435(구조용합금강)
- **열처리**: 조질(경도: 46HRC)
- **파손상황**: 경자동차에 설치되어 있는 안테나가 약 1년에 파손.
- **부하응력**: 양진 굽힘응력에 의한 파손
- **파단면 근방**: 주응력이 작용하여 균열이 발생한 부분에는 기계가공에 의한 큰 줄무늬 흔적 존재.
- **거시적인 파면**(사진 1): A가 균열 발생 기점, B는 균열 진전방향, C가 최종파단부이다. 균열 발생 기점이 여러 군데 발견되었고, 좌측 균열 발생부에는 ratchet(단차모양)가 존재하고 있다. 피로균열 진전영역도 좌측이 넓고, 최종파단부도 비교적 크다.
- **미시적인 파면**: 사진 2는 좌측의 균열 발생부근방의 SEM사진이다. 기점 근방에는 횡방향으로 줄무늬 모양을 발견할 수 있었다. 금속조직(사진 3)은 상당히 거친 트루스타이트가 혼재한 소르바이트 조직을 나타내고 있었다.
- **대책**: 위의 결과로부터 균열 발생에는 표면의 줄무늬 모양도 관여하고 있지만, 최종파단부가 비교적 큰 것, 거친 금속조직을 나타내고 있는 것으로부터 조질 조건을 재검토할 필요가 있다.

77. 유압해머의 피로파면

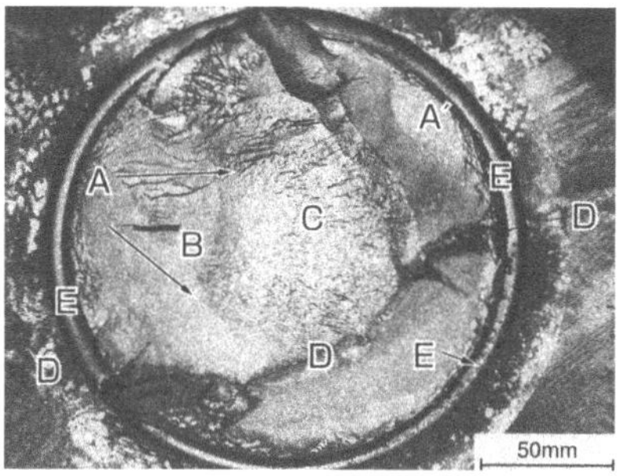

사진 1 거시적인 파단면

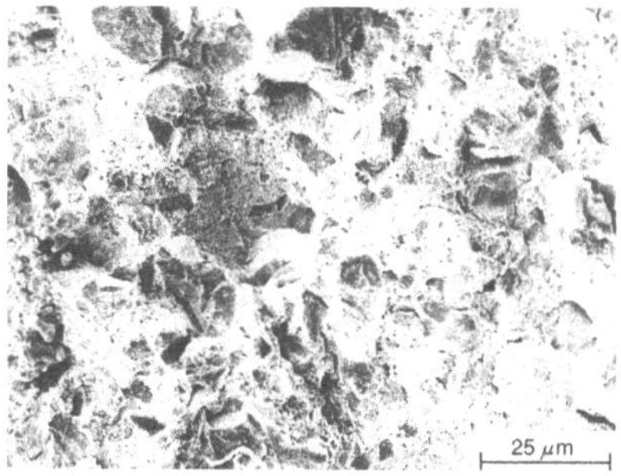

사진 2 좌측의 균열 발생부 근방(딤플+입계파괴면)

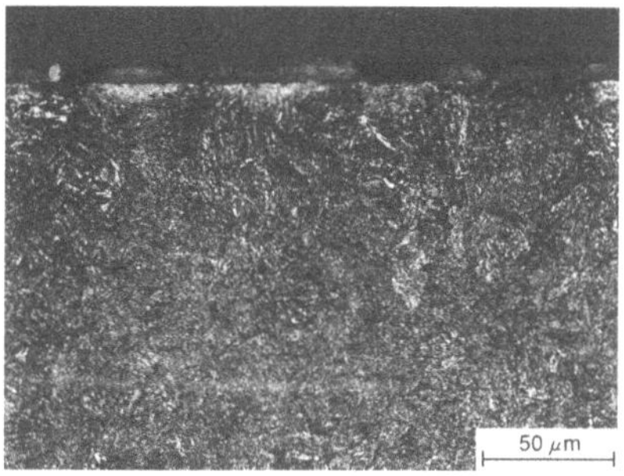

사진 3 표면의 금속조직(표면의 흰 부분은 마찰열에 의해 열처리된 부분, 5% 나이탈)

- **재질**: SCM440H(구조용 합금강)
- **열처리**: 조질(경도: 48HRC)
- **파손상황**: 건설용 현장에서 콘크리트파이프를 박아 넣는 중에 해머가 파손.
- **부하응력**: 여러 방향에서 굽힘응력이 작용.
- **파단면 근방**: 특별히 균열 발생을 유발하는 손상 흔적은 없지만, 파단부 원주 전체에 탄 것 같은 착색 모양이 확인되었다.
- **거시적인 파면**(사진 1): 균열 발생 기점이 원주부의 여러 곳에 존재하고 있었다. 그 균열은 중심으로 향하여 진전하고, 최종파단부는 거의 중앙부로, 비교적 파단면 전체의 요철이 크다.
- **미시적인 파면**: 사진 2는 피로파면으로 확인 된 부분의 SEM사진을 나타낸 것이다. 딤플과 입계파괴 모양을 발견할 수 있다. 사진 3은 균열 발생 기점으로 생각되는 부분의 금속조직이다. 표면 근방에는 에칭이 어려운 흰색부분이 존재하고, 그 경도는 820 Hv 전후로 나타났다.
- **대책**: 위의 결과로부터, 사용 중에 윤활유 부족으로 마찰에 의해 표면이 부분적으로 퀜칭 상태로 되어, 균열 발생을 유발한 것으로, 기름 부족에 주의할 필요가 있다..

78. 골절 치료용 부품의 피로파면

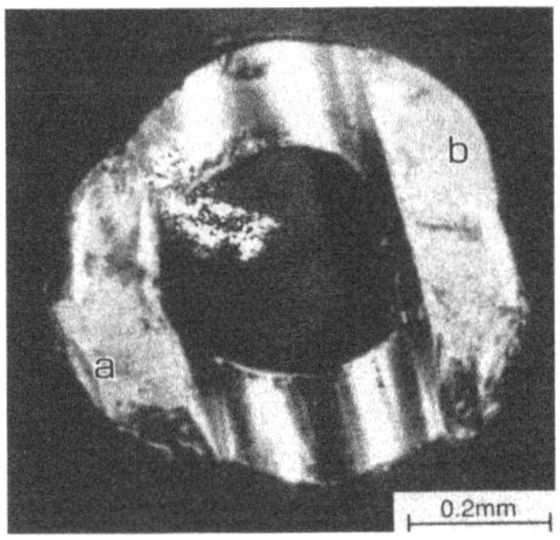

사진 1 거시적인 파단면

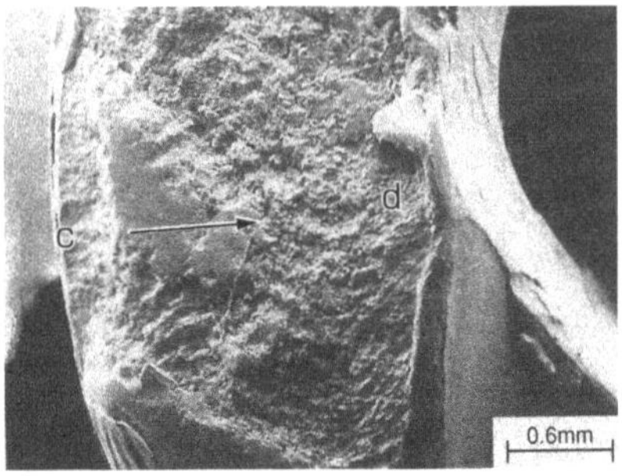

사진 2 균열 발생 기점 근방(a측)(c: 균열 발생부, d: 최종파단부 → 균열 진전방향)

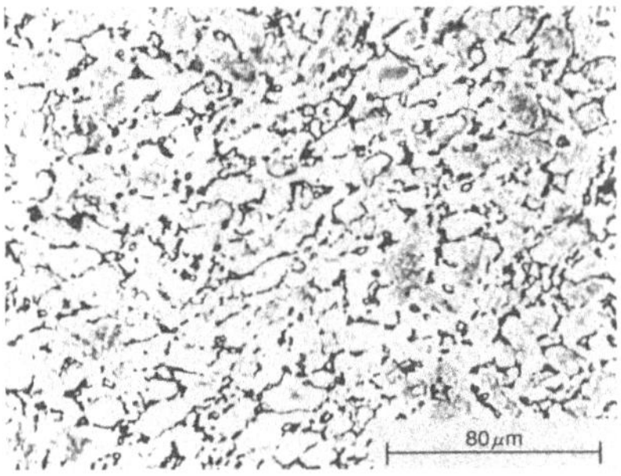

사진 3 금속조직(켈러 시약)

- **재질**: 티탄합금(6Al-4V-Ti합금)
- **열처리**: 어닐링(경도: 320 Hv)
- **파손상황**: 골절된 턱뼈 치료 중, 비교적 약한 응력에서 파손. 사용빈도는 적고 수 회 정도 이다.
- **부하응력**: 양진 굽힘응력에 의한 파손
- **파단면 근방**: 부품의 구조상 축에 대하여 직각방향에 ϕ2의 구멍이 있다. 균열은 이 구멍 근방에서 발생하였다.
- **거시적인 파면**(사진 1): a 및 b에서 균열이 발생하고, 비교적 평탄한 면에서 약간의 소성변형을 수반하고 있다.
- **미시적인 변형**: 사진 2는 a의 SEM사진을 나타낸 것이다. 화살표는 균열 진전방향, c는 균열 발생 기점이다. 기점부에는 단차모양이 있고, 피로균열 진전영역도 작고, 최종파단부(d)가 넓다. 금속조직(사진 3)의 관찰 결과, 조직적으로 문제는 없다.
- **대책**: 이상의 결과로부터 파괴의 원인을 추정하면, 사용상에 문제가 있다. 즉, 사용합금의 항복강도 보다 높은 과대한 힘으로 양진 굽힘응력을 부하하였기 때문에(무리하게 굽혔다), 균열이 발생하여 파괴한 것으로, 사용방법에 주의할 필요가 있다.

79. 가스압류량 밸브의 피로파면

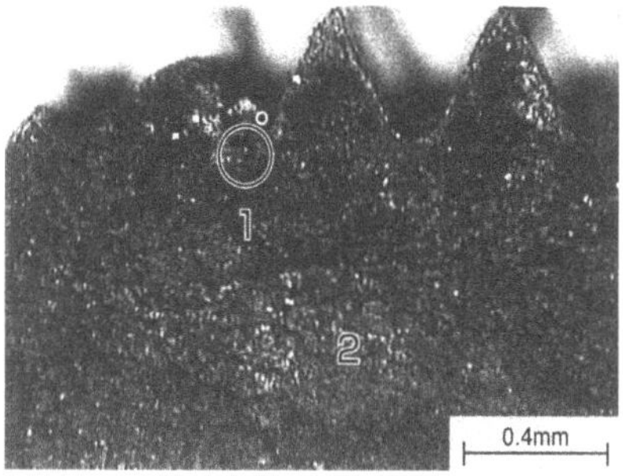

사진 1 거시적인 파단면

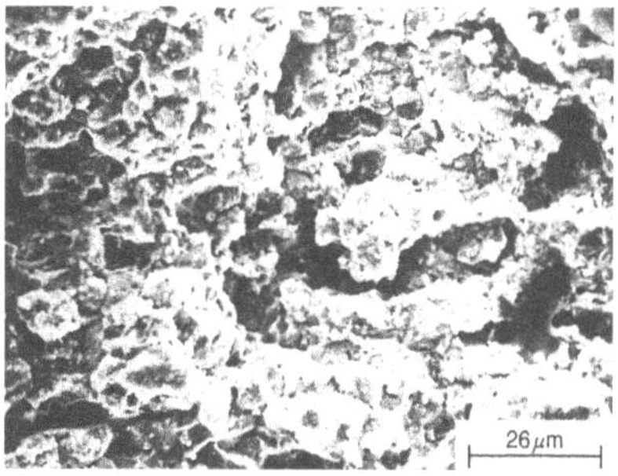

사진 2 균열 발생 기점 근방(입계균열파면)

사진 3 금속조직(염화제2철용액)

- **재질**: 동합금(7/3황동)
- **열처리**: 어닐링
- **파손상황**: 가스유량계에 사용하고 있는 육각너트가 체결시에 축방향으로 균열이 발생했다.
- **부하응력**: 일방향 굽힘응력에 의한 파손
- **파단면 근방**: 균열 발생은 나사골밑이고, 부식 그 외의 균열 발생을 유발하는 손상은 존재하지 않는다.
- **거시적인 파면**(사진 1): 동그라미 표시가 균열 발생 기점, 1이 피로균열 진전영역, 2가 최종파단부이다. 파면은 전체적으로 요철이 큰 면을 나타내고, 취성적으로 파괴하였다.
- **미시적인 파면**: 사진 2는 기점 근방의 SEM사진이다. 취성파괴 특유의 입계균열을 나타내고, 최종파단부는 딤플이다. 금속조직(사진 3)은 조직적으로는 문제는 없는 것으로 생각된다.
- **대책**: 이상의 결과로부터, 사용가스에 의한 응력부식균열도 생각할 수 있지만, 반복 체결응력에 의해 균열이 진전하여 파괴한 것으로, 체결력을 토크계 등으로 적절하게 관리할 필요가 있다.

80. 판 스프링의 피로파면

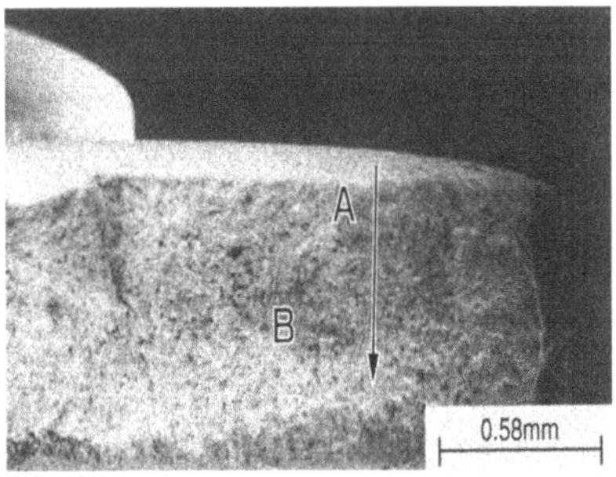

사진 1 거시적인 파단면

사진 2 기점 근방의 SEM
(연성피로파면)

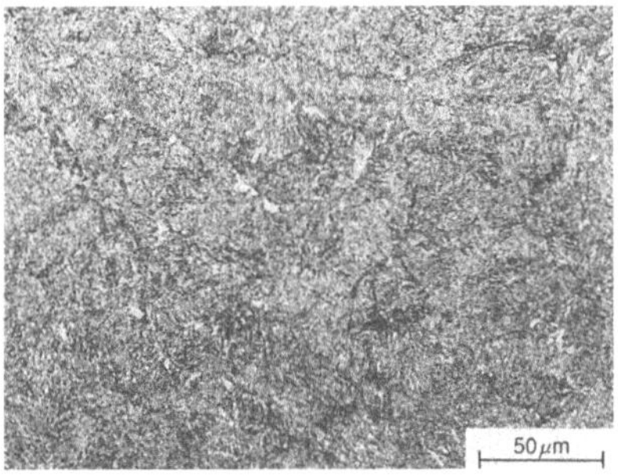

사진 3 금속조직(5% 나이탈)

- **재질**: SCM440(구조용합금강)
- **열처리**: 조질(경도: 43HRC)
- **파손상황**: 경자동차에 사용하고 있는 판 스프링이 구입 후 약 1년에 파손
- **부하응력**: 일방향 굽힘응력에 의한 파손
- **파단면 근방**: 균열 발생 기점 근방에는 녹 형태의 부식생성물이 많고, 부분적으로 구멍(pit)도 발견할 수 있었다.
- **거시적인 파면**(사진 1): A는 균열 발생 기점 근방, B는 균열 진전영역, 화살표는 균열 진전방향이다. 전체적으로 거친 면을 나타내고 있지만, 찢어진 것 같은 소성변형 부분도 있다.
- **미시적인 파면**: 사진 2는 균열 발생 기점 근방의 SEM사진이다. 딤플 속에 피로파괴 특유의 스트라이에이션을 발견할 수 있는 것으로부터, 균열 진전속도는 비교적 느리다. 금속조직(사진 3)은 약간 페라이트가 혼재한(퀜칭 가열온도가 낮다) 소르바이트조직이다.
- **대책**: 이상과 같은 결과로부터, 사용 부하응력은 비교적 작고, 균열 진전속도도 느리다. 따라서 사용조건을 검토하는 것 보다는 오히려 균열 발생을 유발한 녹의 발생 원인을 구명할 필요가 있다.

81. 다이캐스트(die cast) 기계용 슬리브(sleeve)의 피로파면

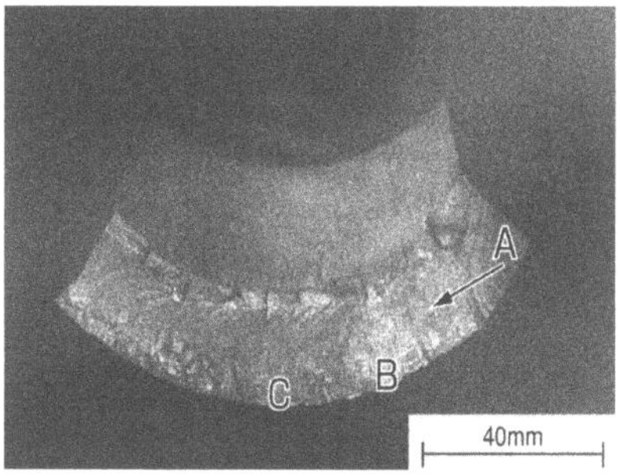

사진 1 거시적인 파단면

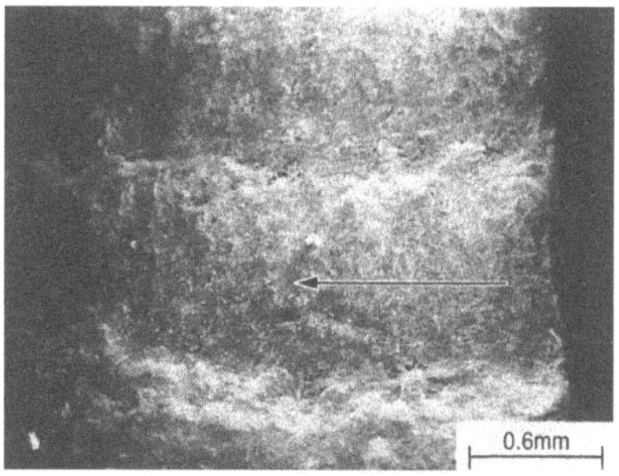

사진 2 균열 발생 기점 근방의 SEM
(단차모양을 발견할 수 있다)

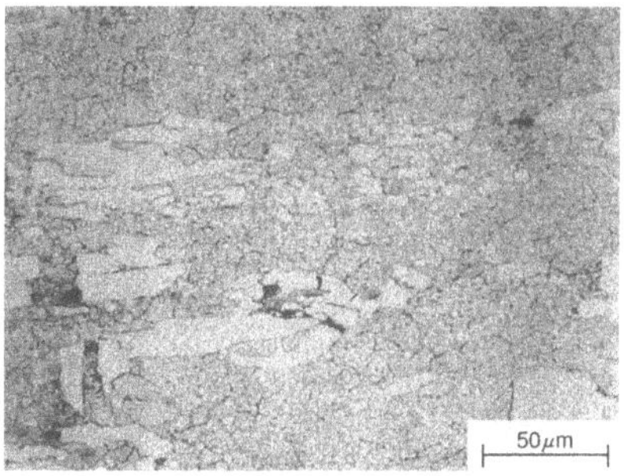

사진 3 금속조직(10% 나이탈)

- **재질**: SKD11(냉간다이스강)
- **열처리**: 퀜칭, 저온템퍼링(경도: 61HRC)
- **파손상황**: 다이캐스트 기계의 shot sleeve가 단시간(3개월 사용)에 파손
- **부하응력**: 약간 비틀림응력이 작용한 일방향 굽힘에 의한 파손
- **파단면 근방**: 균열 발생 기점 근방의 외주부에 가열에 의해 발생한 것으로 생각되는 엷은 갈색부가 있다.
- **거시적인 파면**(사진 1): A가 균열 발생 기점, B가 피로균열 진전이 빠른 부분, C가 최종파단부, 화살표가 균열 진전방향이다. 피로균열 진전영역이 비교적 작고, 최종파단부가 크다. 전체적으로 평탄한 면(단단한 재료이므로 균열진전이 빠르다)을 나타내고 있다.
- **미시적인 파면**: 사진 2는 기점 근방의 SEM사진이다. 의사벽개파면을 나타내고, 단차모양도 발견할 수 있다. 금속조직(사진 3)은 조대한 겹친 탄화물이 존재하고, 결정립계도 발견할 수 있다.(결함에서는 없다)
- **대책**: 이상의 결과로부터, 사용 중에 부분적으로 가열되어 그 가열에 의해 강도가 저하한 것으로 생각된다. 부분적인 가열원인을 구명할 필요가 있다.

82. 나이프 롤러 샤프트의 피로파면

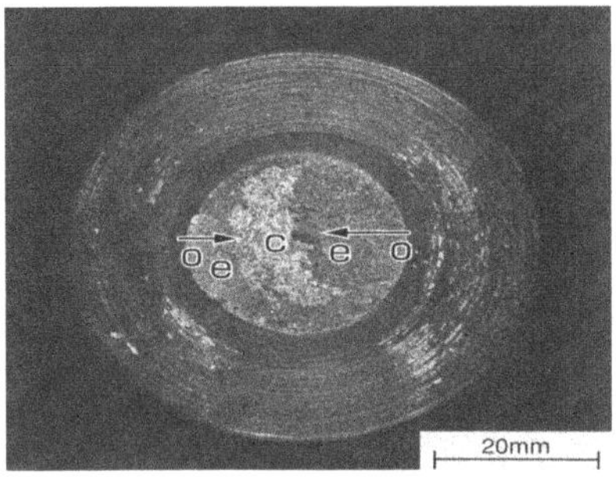

사진 1 거시적인 파단면

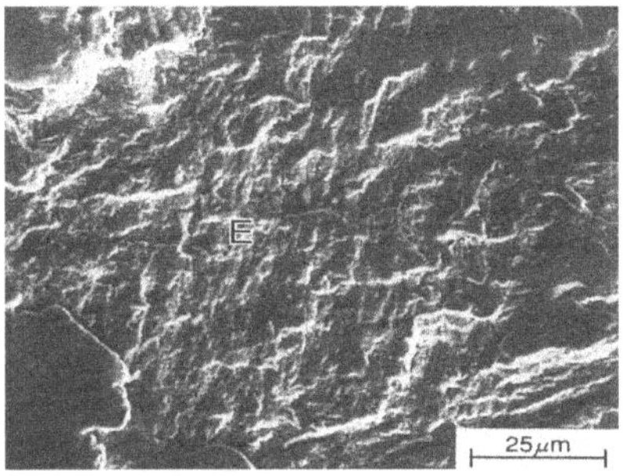

사진 2 균열 발생 기점 근방의 SEM

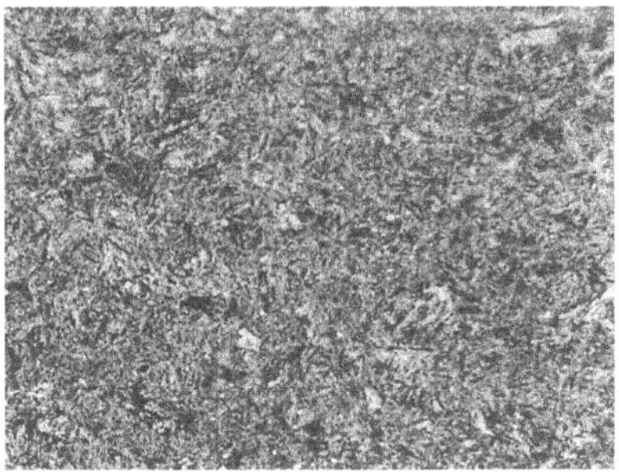
사진 3 금속조직(5% 나이탈)

- **재질**: S45C(구조용탄소강)
- **열처리**: 조질(경도: 43HRC)
- **파손상황**: 골판지 등 비교적 두꺼운 종이를 재단하는 기계에 사용하는 나이프 회전용 샤프트가 파손
- **부하응력**: 부분 양진 굽힘응력에 의한 파손
- **파단면 근방**: 파단은 단붙임 부분이고, 응력집중을 완화하는 가공은 실시되어 있지 않다. 선반가공에 의한 바이트 가공 흔적이 상당히 거칠다.
- **거시적인 파면**(사진 1): o가 균열 발생 기점 근방, e는 피로균열 진전영역, c는 최종파단부, 화살표는 균열 진전방향이다. 비교적 파단면은 요철이 심하고, 균열 진전영역에 비교해 최종파단부가 크다.
- **미시적인 파면**: 균열 발생 기점 근방을 사진 2에 나타냈다. 연성을 수반한 스트라이에이션을 발견할 수 있지만, 균열진전은 빠른 파면이다. 금속조직(사진 3)은 약간 거친 트루스타이트조직이다.
- **대책**: 선반에 의한 가공 흔적을 작게 하고, 단붙임 부분에 응력집중을 완화하는 C 또는 R을 붙인다. 양진 굽힘이 작용하는 원인을 구명한다. 적절한 조질 조건에서 열처리한다. 고강도강을 사용한다.

83. 자동 개찰기 부품의 피로파면

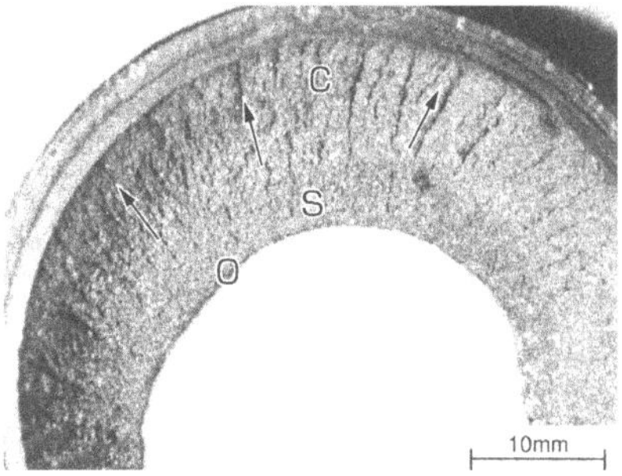

사진 1 거시적인 파단면

사진 2 균열 발생 기점 근방의 SEM

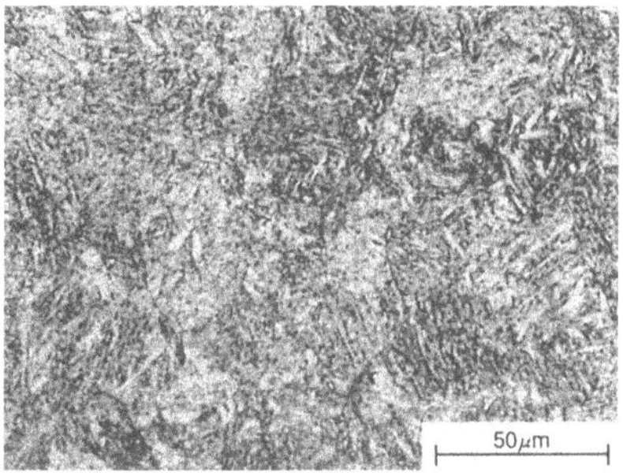

사진 3 금속조직(5% 나이탈)

- **재질**: SCM440(구조용합금강)
- **열처리**: 조질(경도: 46HRC)
- **파손상황**: 자동개찰기에 사용하고 있는 부정통과방지 정지장치 부품이 단기간에 파손
- **부하응력**: 약간 비틀림응력이 작용한 일방향 굽힘응력에 의해 파손
- **파단면 근방**: 직각에 가까운 단붙임 부분에서 파괴, 그 외 특별히 균열을 유발하는 손상흔적은 발견할 수 없다.
- **거시적인 파면**(사진 1): O로 나타낸 반달모양이 균열 발생 기점, S가 피로균열 진전영역, C가 최종파단부, 화살표는 균열 진전방향이다. 균열 발생부가 넓고, 피로균열 진전영역에 비교해서 최종파단부가 크다. 파면은 전체적으로 요철이 심하게 거칠다.
- **미시적인 파면**: 기점 근방의 일부를 사진 2에 나타냈다. 의사벽개파면을 나타내고, 비교적 균열진전이 빠른 형상이다. 금속조직(사진 3)은 트루스타이트가 남아있는 거친 소르바이트.
- **대책**: 단붙임 부분의 R이나 C의 가공. 적정한 조질을 실시하는 것은 물론이지만, 사용 조건적으로 파손방지가 불가능하다면, 고무패킹, 연질수지 등을 사용하여 응력 완화 대책을 세울 필요가 있다.

84. 행깅볼트(hanging bolt)의 피로파면

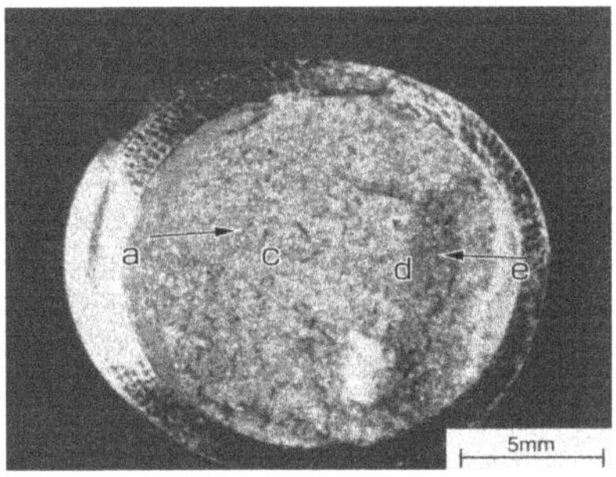

사진 1 거시적인 파단면

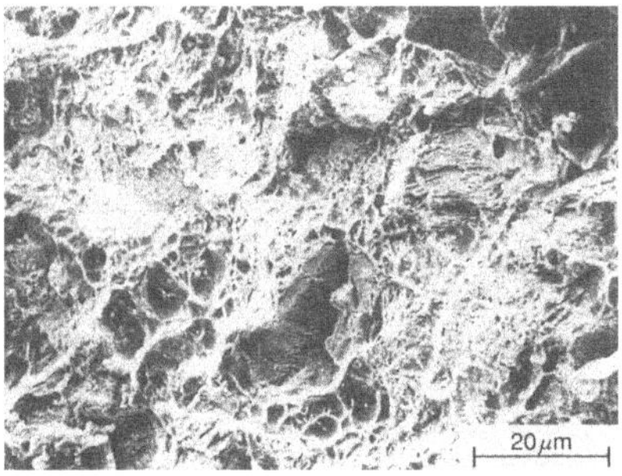

사진 2 기점 근방의 SEM

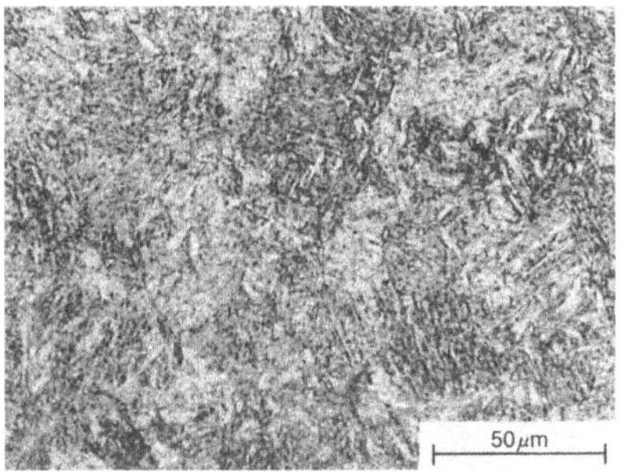

사진 3 금속조직(5% 나이탈)

- **재질**: S45C(구조용탄소강)
- **열처리**: 어닐링
- **파손상황**: 50 kg정도 중량의 와이어를 매달고 있는 부품의 볼트가 단시간에 파손
- **부하응력**: 부분 양진 굽힘응력에 의한 파손
- **파단면 근방**: 파단면과 직각의 축부(a측)에 긁어 낸 듯한 모양의 손상 흔적을 발견할 수 있다.
- **거시적인 파면**(사진 1): a와 e가 균열 발생 기점 근방, c가 피로균열 진전영역, d가 최종파단부, 화살표는 균열 진전방향이다. a측의 균열 진전영역이 넓고, 전체적인 파단면은 비교적 거칠고, 균열진전이 빠른 형상을 나타내고 있다.
- **미시적인 파면**: a의 기점 근방을 사진 2에 나타내었다. 딤플모양을 띄는 연성피로파면이다. 금속조직(사진 3)은 상당히 조대화한 펄라이트조직이다.
- **대책**: 재료의 강도부족이라 생각된다. 즉, 어닐링온도가 높고, 결정립이 조대화하였기 때문에 50 kg의 하중에 견디지 못하고(축력으로 매달고 있지만 흔들려서 굽힘하중이 작용) 잡아 늘여진 것처럼 되어 균열이 진전. 어닐링온도 관리가 중요하다.

85. 냉각용 파이프의 피로파면

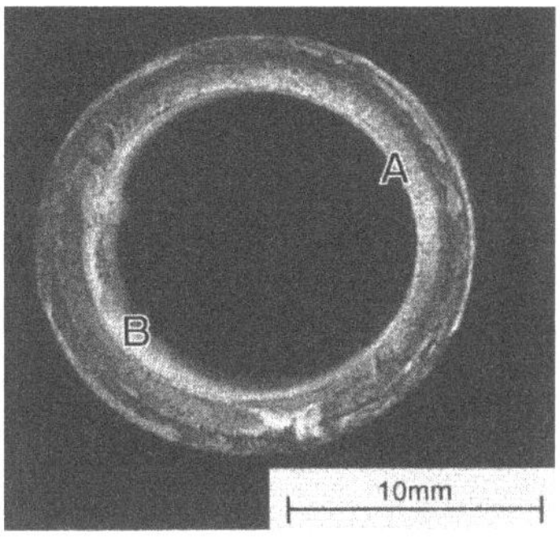

사진 1 거시적인 파단면

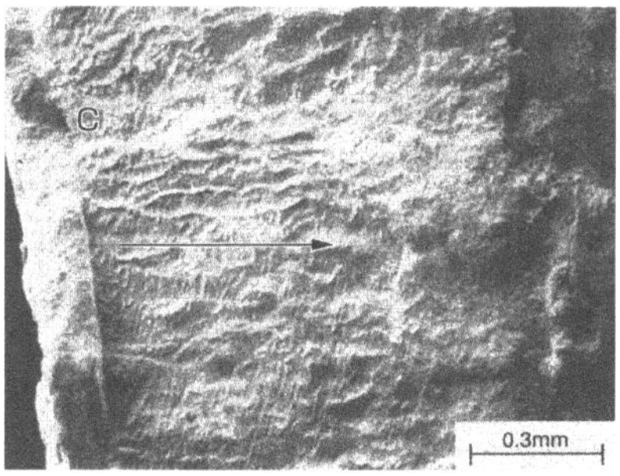

사진 2 A측의 균열 발생 기점 근방
(C: pit모양의 결함)

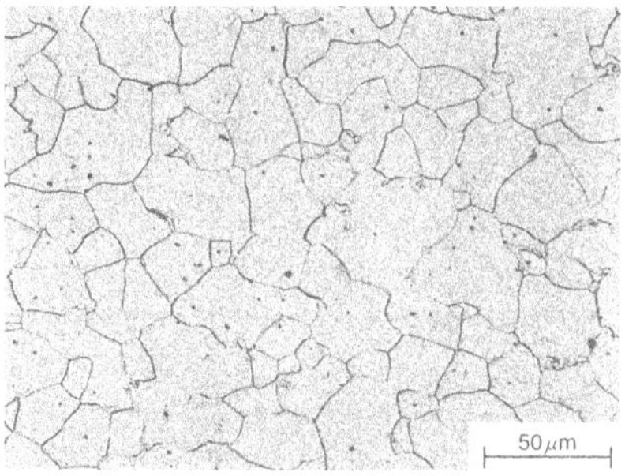

사진 3 금속조직(5% 나이탈)

- **재질**: SPCC(연강)
- **열처리**: 인발
- **파손상황**: 건조기에 사용되는 냉각용(수돗물이 흐르고 있다) 파이프가 약 1년에 누수 발생.
- **부하응력**: 양진 굽힘응력에 의한 파손
- **파단면 근방**: 수도물가 흐르는 파이프의 내면에 부식에 의해 생긴 것으로 생각되는 피트상의 구멍이 존재.
- **거시적인 파면**(사진 1): 균열 발생 기점은 A, B에 나타낸 것처럼, 어느 쪽도 파이프의 내측이며, 단차모양도 있고, 외주를 향하여 균열이 진전하고 파단면은 전체적으로 비교적 평탄하다.
- **미시적인 파면**: 균열 발생 기점 근방의 SEM사진을 사진 2에 나타내었다. 균열 진전속도가 비교적 빠른 스트라이에이션을 발견할 수 있고, 기점 근방에는 C와 같은 구멍이 있다. 금속조직(사진 3)은 표준적인 연강조직이다.
- **대책**: 냉각수를 체크하여 부식을 유발하는 성분의 검토(가능하다면 증류수를 사용하여 순환). 내식성재료의 사용이나 사용 모터 등에 의한 진동을 적극 피하는 대책을 세우는 것이 중요하다.

86. 유압프레스 부품의 피로파면

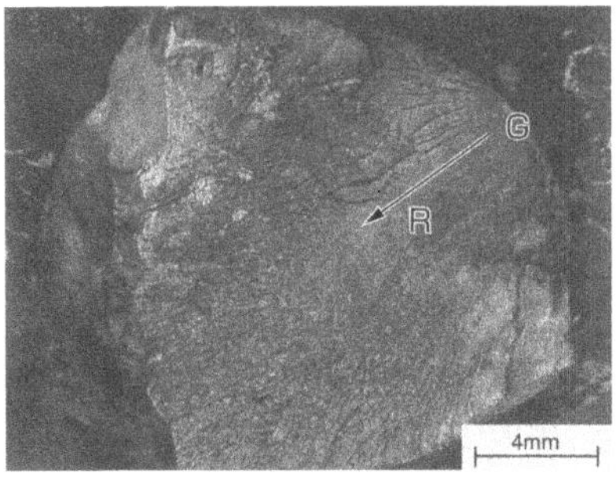

사진 1 거시적인 파단면

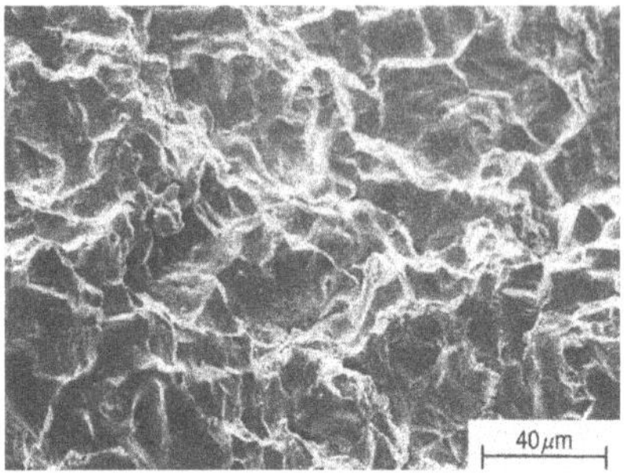
사진 2 기점 근방의 SEM(입계균열)

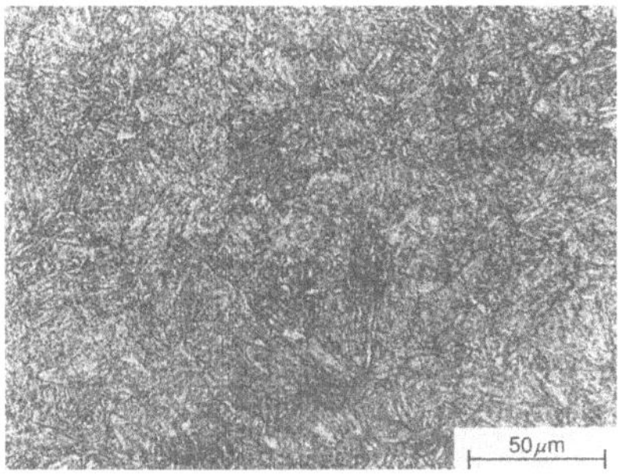
사진 3 금속조직(5% 나이탈)

- **재질**: SNCM439(구조용합금강)
- **열처리**: 조질(경도: 50HRC)
- **파손상황**: 유압프레스에 사용되고 있는 anvil(모루)이 단시간 사용에 파손
- **부하응력**: 여러 방향에서 굽힘응력이 작용
- **파단면 근방**: 균열 발생 기점 근방에는 작업 중에 생긴 것으로 생각되는 타격한 모양의 손상 흔적이 존재.
- **거시적인 파면**(사진 1): G는 균열 발생 기점, R은 균열 진전영역, 화살표는 균열 진전방향. 비교적 평평한 면을 나타내고 있지만, 기점은 2~3곳이며, 굽힘응력이 균일하지 않고, 초기균열이 모두 응력집중을 완화하는 가공홈에서 발생하였다.
- **미시적인 파면**(사진 2): 기점 근방의 SEM이고, 입계파면이다. 금속조직(사진 3)은 비교적 조대화한 불균일한 소르바이트 조직이다.
- **대책**: 파단면으로부터 추정하면, 사용응력은 비교적 작은 것으로 생각된다. 파괴 원인은 열처리의 불균일성과 충격적인 과대응력이 일시적으로 작용했기 때문에 균열이 발생하여 파괴한 것으로 생각된다. 이 두 가지를 재검토할 필요가 있다.

87. 객차용 자동 틈새 조정기의 피로파면

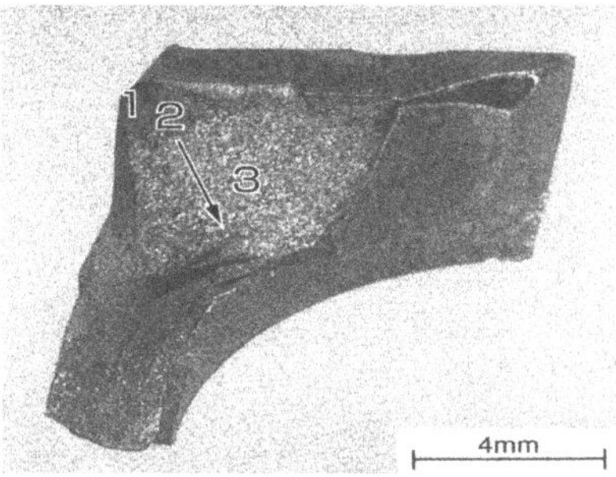

사진 1 거시적인 파단면

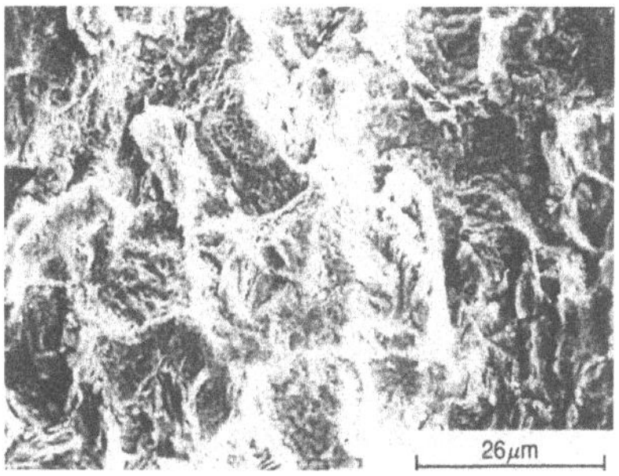

사진 2 기점 근방의 SEM 사진

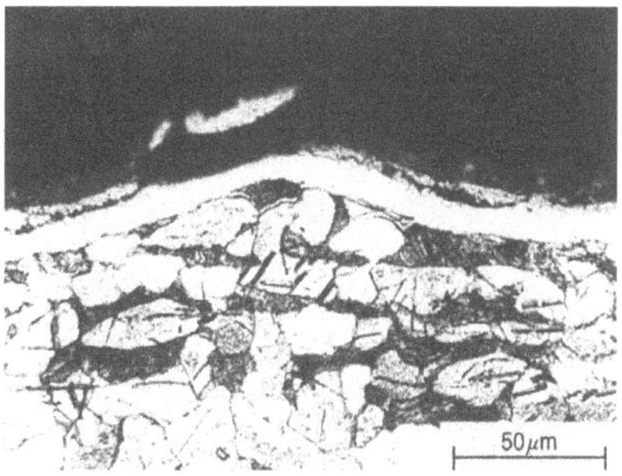

사진 3 금속조직(표면의 흰 층은 질화층, 5% 나이탈)

- **재질**: S20C(구조용탄소강)
- **열처리**: 어닐링 후 염욕 연질화
- **파단상황**: 객차의 개폐문을 자동적으로 작동시키는 조정기가 파손하여 움직이지 않았다.
- **부하응력**: 편진 굽힘응력에 의한 파손
- **파단면 근방**: 특별히 균열을 유발하는 손상은 발견할 수 없지만, 균열 발생부가 모서리다.
- **거시적인 파면**(사진 1): 1은 균열 발생부, 2는 피로균열 진전영역으로 비교적 면적이 작고, 3에 나타난 것처럼 최종파단부가 넓다. 화살표는 균열의 진전방향이다. 파단면 전체의 요철이 비교적 크다.
- **미시적인 파면**: 사진 2는 기점 근방의 SEM사진을 나타낸 것으로, 딤플이 혼재한 의사벽개피로파면이다. 스트라이에이션 간극도 넓고, 균열 진전속도가 비교적 빠르다. 금속조직(사진 3)의 표면은 연질화에 의하여 생성된 질소 화합물층을 발견할 수 있다.
- **대책**: 사용응력에 대해서 재료의 강도가 부족하다고 생각된다. 강도가 높은 재료로 바꾸어도, 어닐링 조직에서는 강도가 부족하다. 조질을 실시하고, 표면경화처리를 실시하여 강도 상승을 도모할 필요가 있다.

88. 소형 모터 샤프트의 피로파면

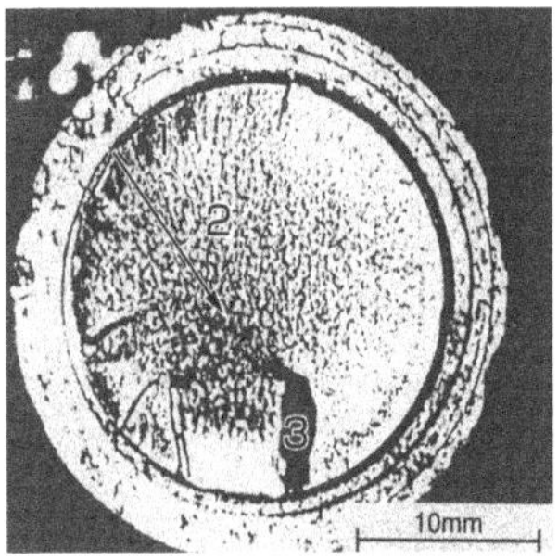

사진 1 거시적인 파단면

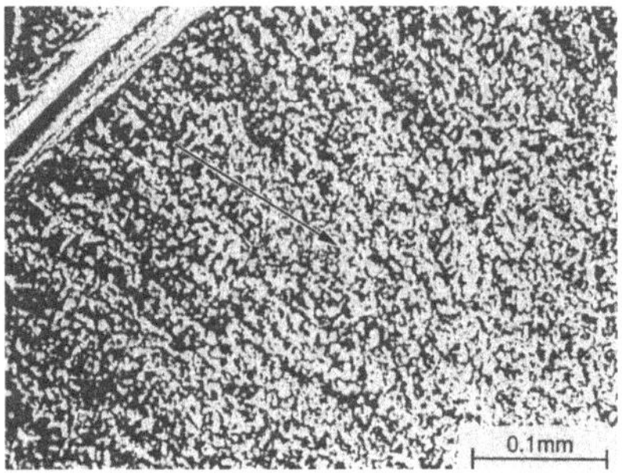

사진 2 균열 발생 기점부의 SEM사진

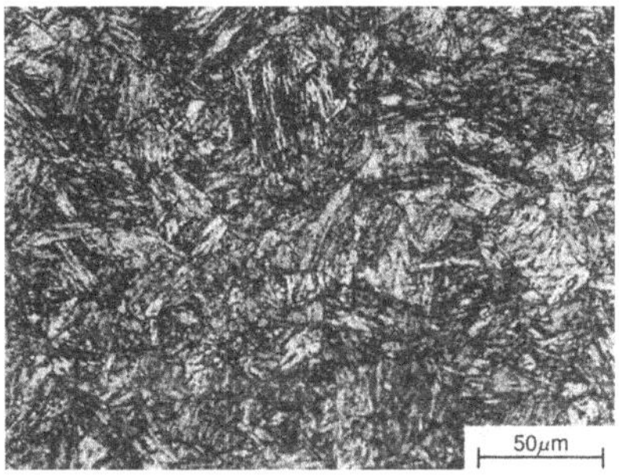

사진 3 금속조직(5% 나이탈)

- **재질**: S45C(구조용탄소강)
- **열처리**: 조질(경도: 48HRC)
- **파손상황**: 송풍기용 소형 모터 샤프트가 단시간 사용에 파손되어, 날개가 날아갔다.
- **부하응력**: 회전이 약간 작용한 일방향 굽힘응력에 의한 파손
- **파단면 근방**: 균열 발생 기점 근방의 축방향에 부딪친 흔적의 손상을 발견할 수 있다.
- **거시적인 파면**(사진 1): 1의 반달모양이 균열 발생부, 2가 균열 진전영역, 3이 최종파단부로 화살표가 균열 진전방향이다. 균열 발생부에는 과대응력에 의한 단차모양도 발견할 수 있지만, 전체적으로 평탄한 면을 나타내고 있다.
- **미시적인 파면**: 사진 2는 균열 발생부의 일부분을 나타낸 것으로, 비교적 스트라이에이션 간극이 넓은 피로파괴파면이다. 금속조직(사진 3)은 상당히 조대화한 소르바이트 조직이다.
- **대책**: 파괴의 원인은 편측 부딪침에 의한 과대응력의 부하, 부적절한 열처리에 의한 강도부족이다. 편진이 발생하는 원인을 조사할 것과 적절한 온도에서 퀜칭, 템퍼링이 중요한다.

89. 분산 파이프 체결 조임쇠의 피로파면

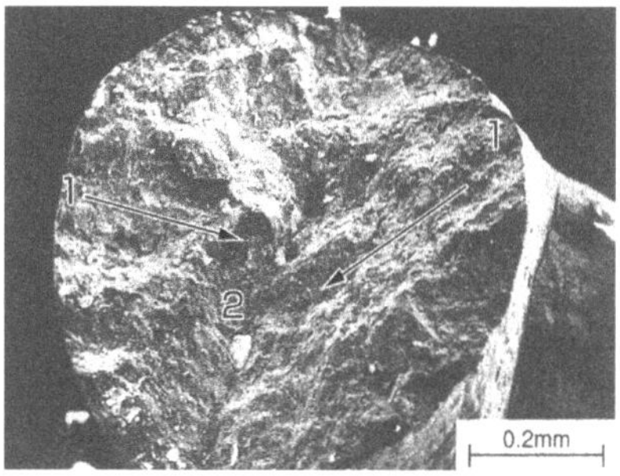

사진 1 거시적인 파단면

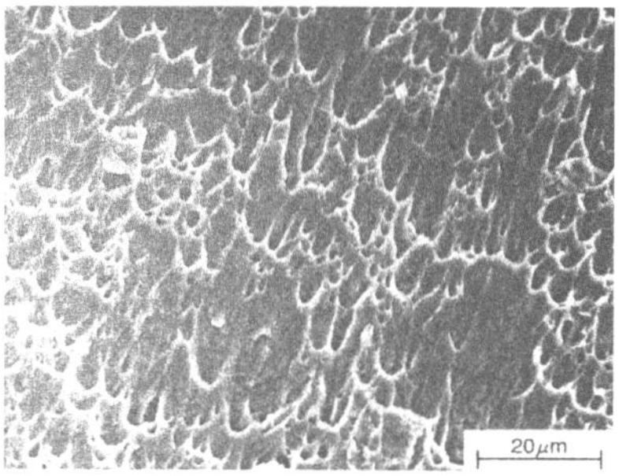

사진 2 균열 발생 기점 근방 (오른쪽위)의 SEM사진

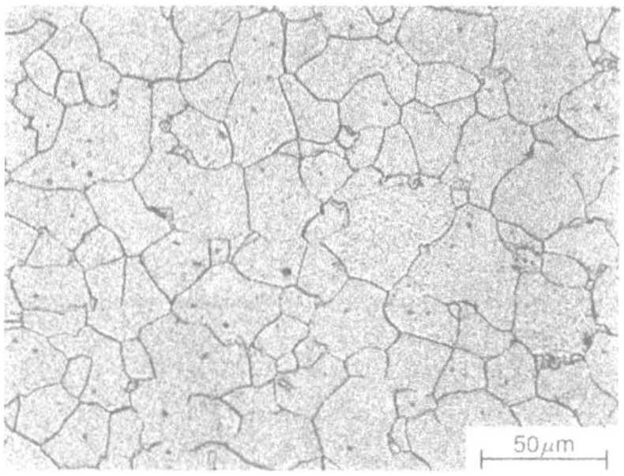

사진 3 금속조직(3% 나이탈)

- **재질**: SPCC(연강)
- **열처리**: 불명
- **파손상황**: 열교환기의 분산파이프를 조이고 있는 조임쇠가 반년 정도 사용으로 파손
- **부하응력**: 양진 굽힘응력에 의한 파손
- **파단면 근방**: 특별히 균열 발생을 유발하는 손상은 없다
- **거시적인 파면**(사진 1): 1은 균열 발생 기점, 2는 최종파단부, 화살표는 균열 진전방향이다. 피로균열 진전영역은 비교적 거친 면을 나타내고, 최종파단면적은 작다. 전체적으로 요철이 심한 면이다.
- **미시적인 파면**: 사진 2는 균열 발생 기점 근방의 SEM사진이다. 신장 딤플을 나타내고 부하응력 속도 및 균열 진전속도가 비교적 느린 연성피로파면이다. 금속조직(사진 3)은 표준적인 연강조직이다.
- **대책**: 파괴의 원인은 재료의 강도부족이라 생각한다. 어닐링재라면 탄소함유량이 많은 강을 사용하거나, 또는 중탄소강을 조질해서 강도 상승을 실시할 필요가 있다. 모터 및 다른 곳의 진동을 억제하여 이차적으로 조임쇠에 부하응력이 작용하지 않도록 고려하는 것도 장수명화에 도움이 된다.

90. 전기 스위치 접점의 피로파면

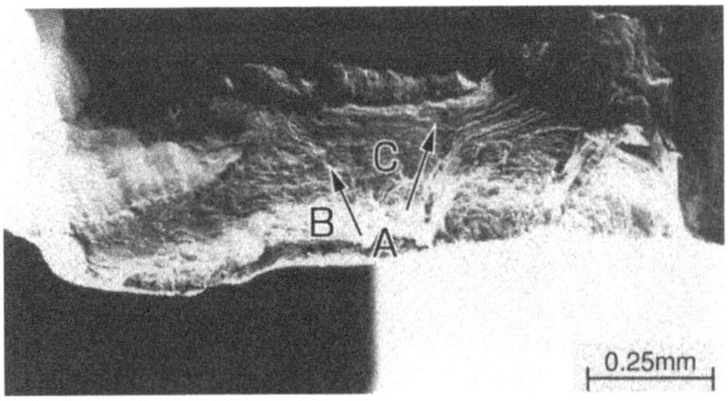

사진 1 거시적인 파단면

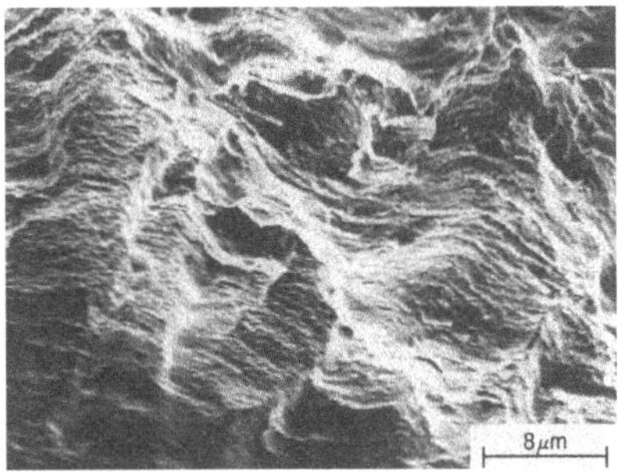

사진 2 기점 근방의 SEM 사진

사진 3 금속조직(1% 크롬산전해)

- **재질**: 동합금(베릴륨강)
- **열처리**: 시효경화처리(경도: 40HRC)
- **파손상황**: 전기스위치용 비상용 접점이 파손, 냉간 프레스에 설치되어 진동도 많다.
- **부하응력**: 편진 굽힘응력에 의한 파손
- **파단면 근방**: 균열 발생 기점 근방은 가공 시에 생긴 것으로 생각되는 움푹 패인 흔적이 있고 , 이 부분은 두께가 감소하였다.
- **거시적인 파면**(사진 1): A는 균열 발생 기점, B는 과대한 정적하중에 의해 늘어나면서 균열이 발생한 부분, C는 피로균열 진전영역, 화살표는 균열 진전방향이다. 피로균열 진전영역은 조개껍질 모양도 발견할 수 있지만, 면은 전체적으로 거칠다.
- **미시적인 파면**: B 부분에는 정적하중에 의하여 생긴 딤플모양을 발견할 수 있고, C 영역에서는 사진 2와 같은 스트라이에이션 모양의 파면이다. 금속조직(사진 3)은 조직적으로 결함은 발견할 수 없었다.
- **대책**: 부품의 가공방법을 고려하여, 성형 시에 응력집중원이 되는 움푹 패인 결함을 만들지 말 것. 사용 중에 충격적으로 정적하중이 작용하는 원인을 규명할 것.

91. 압력용 부표(float)의 피로파면

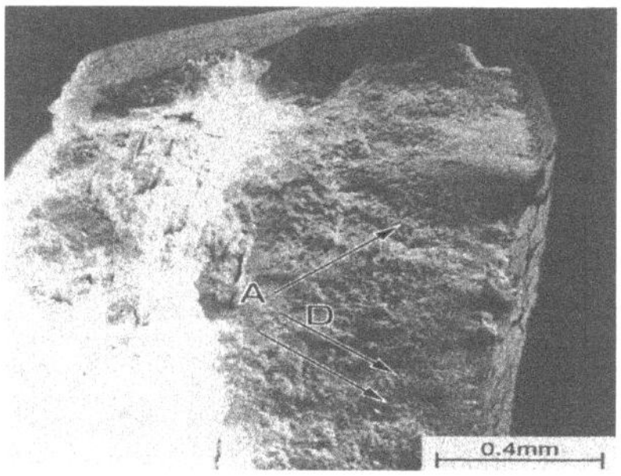

사진 1 거시적인 파단면

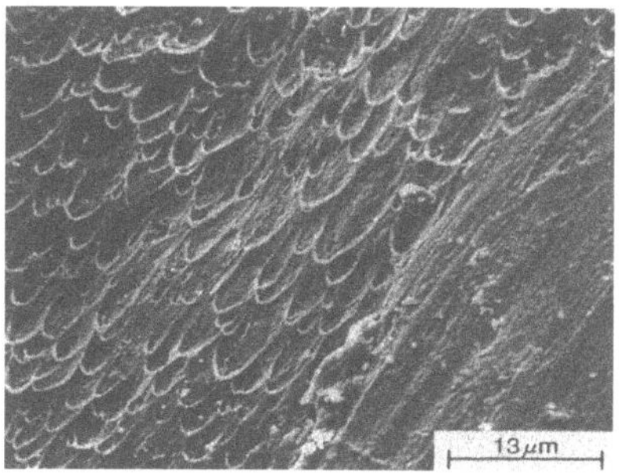

사진 2 균열 진전영역의 SEM사진

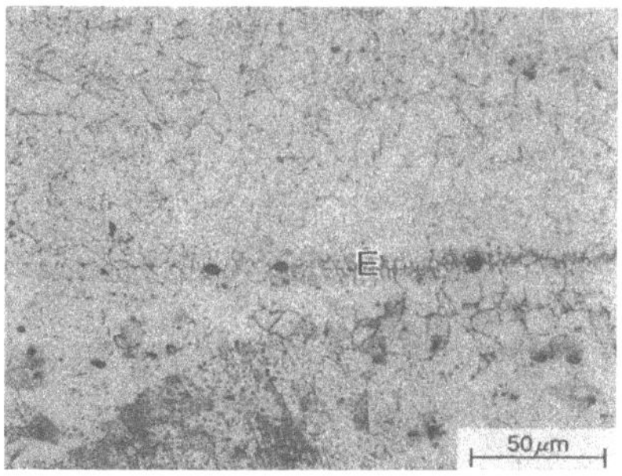

사진 3 용접부(E) 근방의 금속조직(5% 나이탈)

- **재질**: STS304(오스테나이트계 스테인리스강)
- **열처리**: 고용화열처리
- **파손상황**: 유량계에 사용하는 압력 부표가 파손하여 액면이 상승하는 사고가 발생, 즉 밸브로 사용하고 있기 때문에 얇은 판을 2장 용접하였다.
- **부하응력**: 일방향 굽힘응력에 의한 파손
- **파단면 근방**: 균열 발생 기점 근방은 용접에 의한 산화물이 쌓여진 듯한 흔적이 있다.
- **거시적인 파면**(사진 1): A는 균열 발생으로 생각되는 부분, D는 피로균열 진전영역, 화살표는 균열 진전방향이다. 기점 근방에는 산화물이 있었던 부분과 그 가로 측에 피트상의 구멍을 발견할 수 있다. 피로균열 진전영역이 비교적 넓고, 최종파단부의 면적이 작다. 파단면 전체로서는 비교적 평탄하다.
- **미시적인 파면**: 미시적인 SEM사진을 사진 2에 나타내었다. 신장 딤플을 발견할 수 있고, 부하응력 속도 및 균열 진전속도가 비교적 느린 형상을 나타내고 있다. 사진 3은 용접부의 금속조직을 나타낸 것으로, 접합부에는 산화물이 존재하고 있다.
- **대책**: 용접불량에 의한 강도부족이기 때문에, 용접 조건을 재검토 할 필요가 있다.

92. 선박용 치차의 피로파면

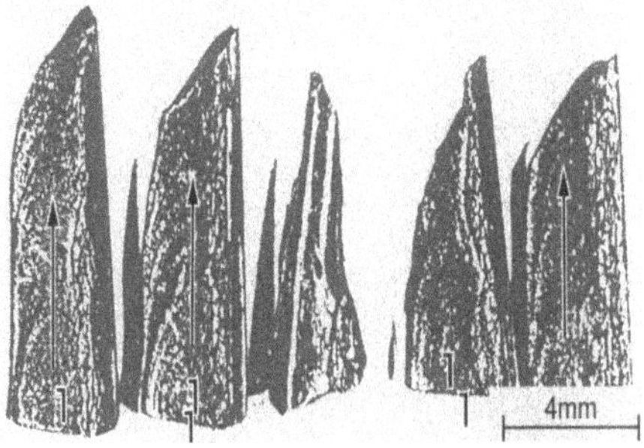

사진 1 파손된 치차의 거시적파면

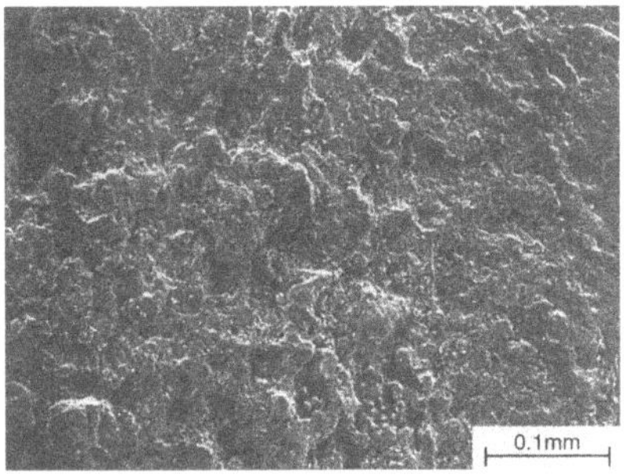

사진 2 균열 발생 기점 근방의 SEM

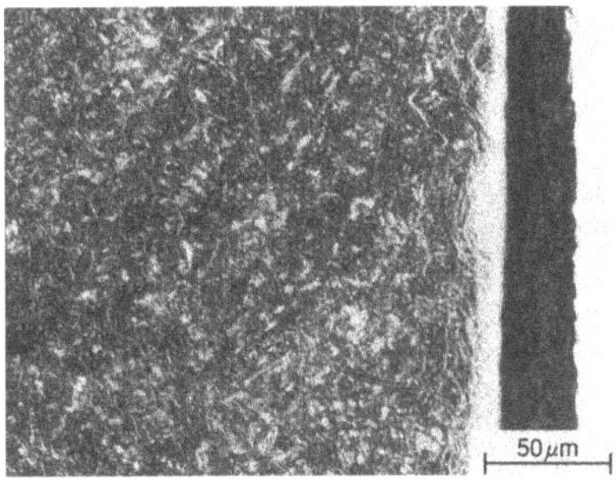

사진 3 금속조직(우측의 흰 층은 질소화합물, 5% 나이탈)

- **재질**: SCM435(구조용합금강)
- **열처리**: 조질 → 가스연질화(표면경도: 850HV)
- **파손상황**: 대형화물선의 윈치를 감아올리는데 사용하고 있는 치차가 파손
- **부하응력**: 일방향 굽힘응력에 의한 파손
- **파단면 근방**: 특별히 균열을 유발하는 손상 흔적은 없지만, 치면과 직각면의 편측에 문질러진 것 같은 접촉 흔적이 있다.
- **거시적인 파면**(사진 1): 파손한 치차면이다. 1은 균열 발생점, 화살표는 균열 진전방향으로, 어떤 파단면도 피로파괴 특유의 조개껍질 모양이 있다.
- **미시적인 파면**(사진 2): 균열 발생 기점 근방의 SEM상이다. 약간 소성변형을 동반하는 의사벽개파괴에 의한 피로파면으로, 부하응력 속도는 비교적 느리지만, 균열 진전속도는 빠른 파면이다. 금속조직(사진 3)은 약간 탄화물이 많이 존재하고 있다. 질화 문제는 없다.
- **대책**: 치차를 사용하는 경우, 전면이 면접촉에도 불구하고, 일부분의 측면에서만 균열이 발생하고 있다. 파손의 원인은 치차축의 흔들림으로 생각된다. 이 편심의 원인을 규명할 필요가 있다.

93. 종이 감는 기계용 모터샤프트의 피로파면

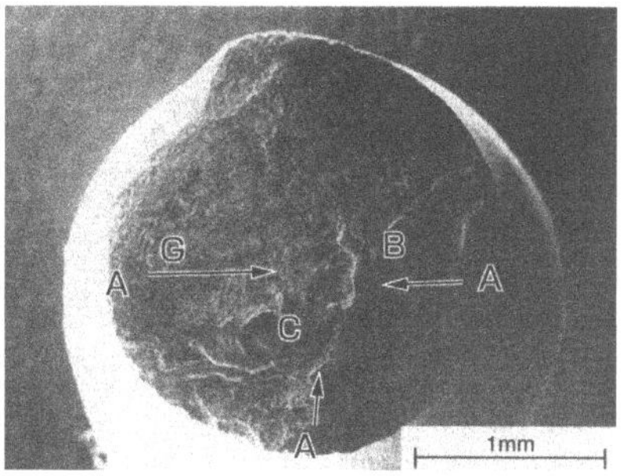

사진 1 거시적인 파단면

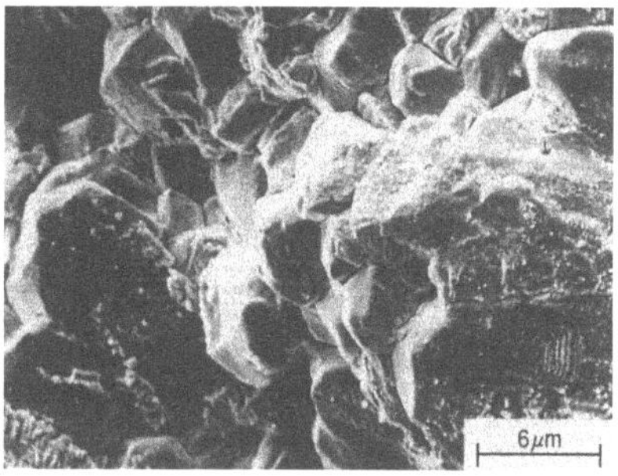

사진 2 사진1의 왼쪽(A)의 균열 발생 근방의 SEM사진

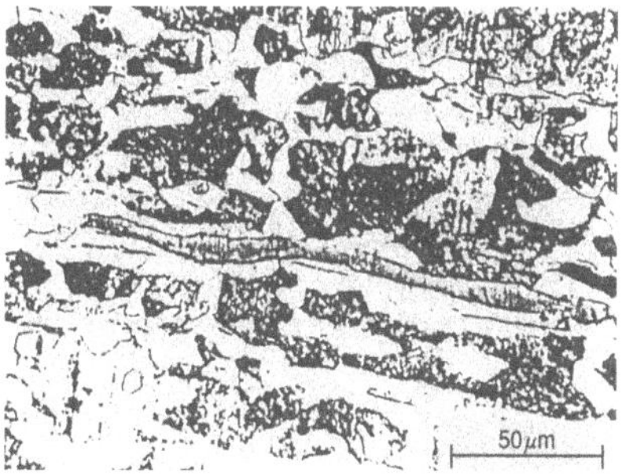

사진 3 금속조직(페라이트(흰색)+펄라이트(검은색) 조직 중심부의 띠모양은 비금속개재물, 5% 나이탈)

- **재질**: S45C(구조용탄소강)
- **열처리**: 어닐링 또는 노멀라이징
- **파손상황**: 인쇄된 종이를 감는 모터 샤프트가 단기간 사용에 파손, 샤프트에 잉크 등 부착물이 많다.
- **부하응력**: 양진 굽힘응력에 의한 파손
- **파단면 근방**: 축방향에는 잉크 등의 부착물이 많고, 부식 피트상의 구멍도 존재하고 있다.
- **거시적인 파면**(사진 1): A는 균열 발생 기점 근방, B와 G는 피로균열 진전영역, 화살표는 균열 진전방향이다. 왼쪽에는 조개껍질 모양도 발견할 수 있지만, 전체적으로는 거친 파면이다.
- **미시적인 파면**: 사진 2는 왼쪽의 균열 발생 기점의 SEM사진이다. 취성적으로 파괴된 입계균열을 발견할 수 있고, 피로에 의한 스트라이에이션이나 딤플모양은 발견할 수 없다. 금속조직(사진 3)은 수많은 비금속개재물(MnS계)이 존재하고 있다. 하지만 이 개재물은 축방향으로 존재하고, 파괴로의 관여는 적다.
- **대책**: 사용조건으로부터 생각하면, S45C 조질재를 사용하여도 강도가 부족하므로, SCM, SNCM재 등을 조질하여 1300 MPa 이상 고강도강을 사용할 필요가 있다.

94. 로프를 감아올리는 윈치의 피로파면

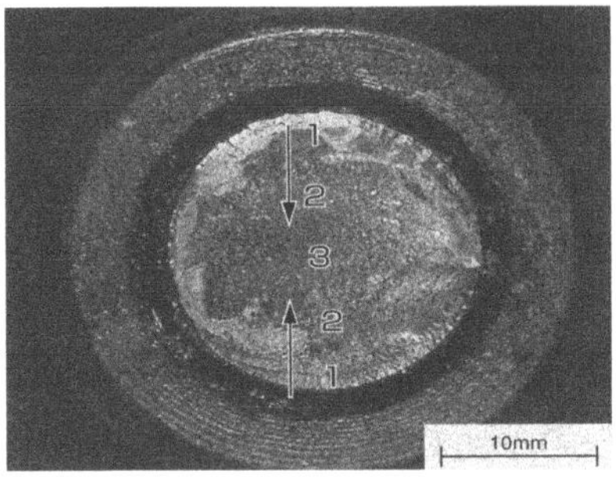

사진 1 거시적인 파단면

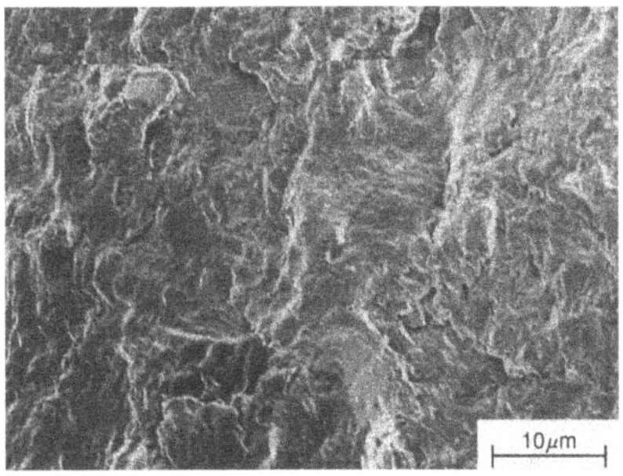

사진 2 사진 1의 균열 발생 기점 (상부의 1)근방의 SEM사진

사진 3 금속조직(조대화한 트루스타이트, 5% 나이탈)

- **재질**: SCM435(구조용합금강)
- **열처리**: 조질(경도: 46HRC)
- **파손상황**: 선박에 사용되는 와이어로프를 감아올리는 윈치의 축이 약 반년에 파손
- **부하응력**: 약간 회전이 작용한 양진 굽힘응력에 의한 파손
- **파단면 근방**: 특별히 균열을 유발하는 듯한 손상 흔적은 존재하지 않지만, 부하응력을 완화하는 R 등의 가공이 실시되어 있지 않고, 면도 선반에 의한 큰 절삭 흔적이 존재하고 있다.
- **거시적인 파면**(사진 1): 1은 균열 발생 기점 근방, 2는 균열 진전영역, 3은 최종파단부, 화살표는 균열 진전방향이다. 피로균열 진전면적이 넓고, 최종파단부가 비교적 작기 때문에 사용응력은 작은 것으로 생각된다. 파단면 전체는 평탄하지만 거칠다.
- **미시적인 파면**: 사진 2는 기점 근방의 SEM사진이다. 비교적 스트라이에이션 간극이 넓은 피로파면을 나타내고 있으므로 재료의 강도가 부족하거나 혹은 부하응력이 과대한 것이다. 금속조직은 사진 3처럼 상당히 조대화한 조직이다.
- **대책**: R 또는 C의 가공 및 열처리의 적정화를 꾀한다.

95. 건설용 기계부품의 피로파면

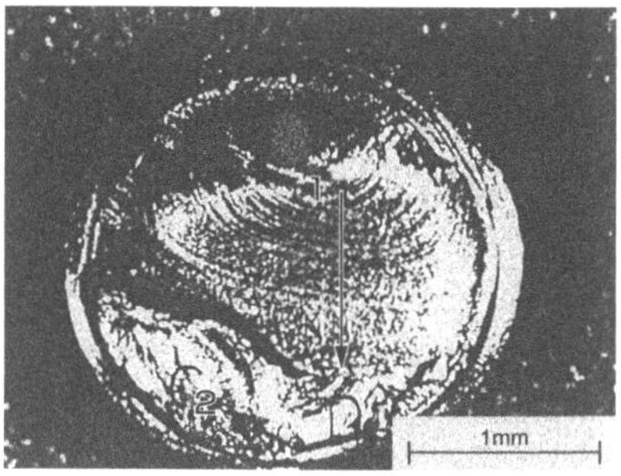

사진 1 거시적인 파단면

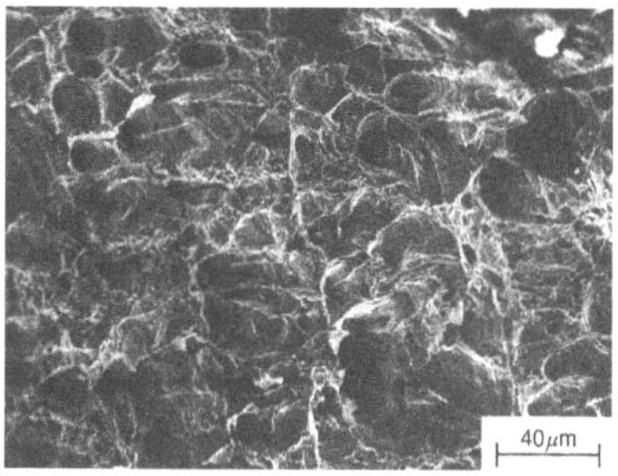

사진 2 균열 발생 기점 근방의 SEM

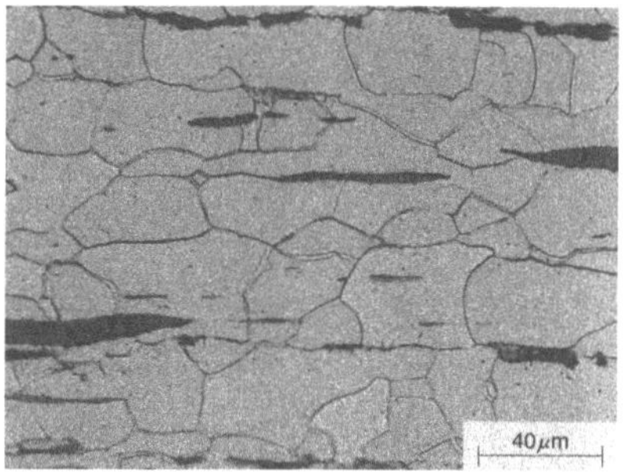

사진 3 금속조직(길고 검은 것은 비금속개재물, 5% 나이탈)

- **재질**: SPCC(연강)
- **열처리**: 불명
- **파손상황**: 건설용 기계의 와이어를 감아올리는 부분에 사용하고 있는 부품이 사용 후 약 2년에 파손
- **부하응력**: 회전 굽힘응력에 의한 파손
- **파단면 근방**: 균열 발생 기점 근방에 비교적 크고 깊은 부딪친 흔적의 손상을 발견할 수 있다.
- **거시적인 파면**(사진 1): 1의 부딪친 흔적을 기점으로 균열이 발생, 화살표처럼 진전하였다. 2는 최종파단부이다. 피로균열 진전영역은 비교적 거친 조개껍질 모양이다.
- **미시적인 파면**: 사진 2는 기점 근방의 SEM사진이다. 딤플모양의 파면으로 부하응력 속도가 비교적 느린 연성 피로파면이다. 사진 3은 금속조직(축방향)을 나타낸 것으로, 비금속개재물이 상당히 많고, 결정립도 크다.
- **대책**: 부딪친 흔적의 결함도 균열 발생에는 관여하고 있지만, 최종파단부가 큰 것으로부터, 부하응력에 대하여 재료의 강도가 부족하나고 생각된다(개재물은 축방향이기 때문에 영향은 적다). 부딪친 손상을 만들지 않는 것, 중탄소강 혹은 합금강을 사용하여 조질을 실시하면 좋다.

96. 커터의 피로파면

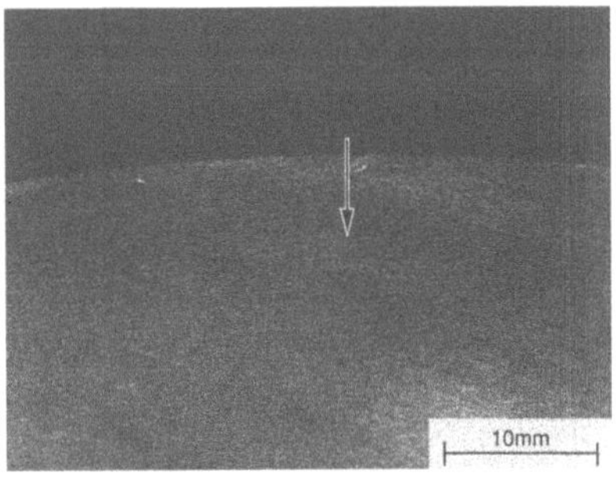

사진 1 거시적인파단면
(화살표: 균열 진전방향)

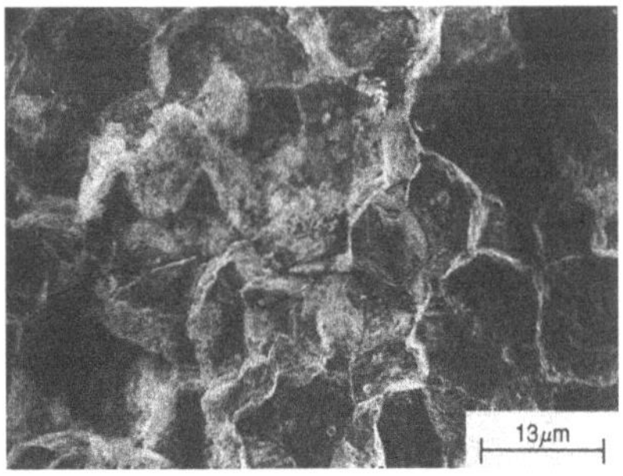

사진 2 균열 발생 근방의 SEM사진

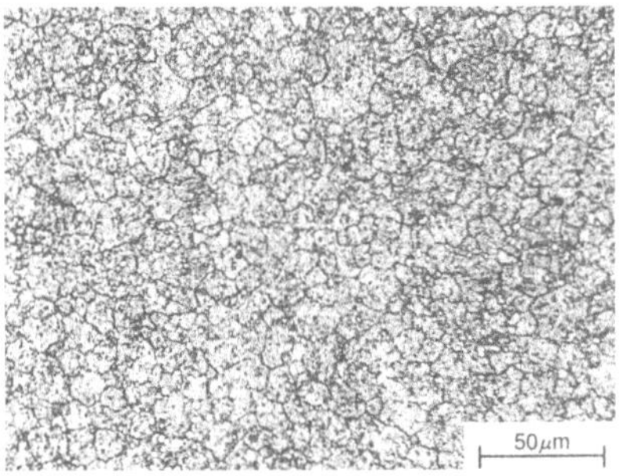

사진 3 금속조직(염화제2철용액)

- **재질**: SKD11(냉간다이즈강)
- **열처리**: 퀜칭, 저온템퍼링(경도: 61HRC)
- **파손상황**: 전화부나 시각표 등 비교적 두꺼운 단행본을 절단하는 커터가 단시간에 칼 조각이 발생하였다.
- **부하응력**: 일방향 굽힘응력에 의한 파손
- **파단면 근방**: 특별히 파단에 관여하는 손상 흔적 등은 발견할 수 없고, 파손위치가 판두께(30 mm)에 대해서 1군데 뿐이다.
- **거시적인 파면**: 사진 1은 파손상황을 나타낸 것으로, 화살표의 방향에서 균열이 진전하고, 비교적 평탄한 면을 나타내고 있다.
- **미시적인 파면**: 사진 2에 균열 발생 기점 근방의 SEM사진을 나타내었다. 약간 딤플이 혼재한 입계균열 파면을 나타내고 있다. 61HRC의 경도가 있으므로 이와같은 파면은 인성이 있다고 말할 수 있다. 사진 3은 금속조직으로, 공정탄화물도 작고 균일하게 분산하여, 조직적으로는 문제가 없다.
- **대책**: 이상의 검토결과로부터, 파괴의 원인은 커터회전축의 편심을 생각할 수 있다. 따라서 편심이 발생하는 원인을 구명하지 않으면, 새로운 커터를 사용해도 또 파손될 가능성이 있다.

97. 혼합용 기계 샤프트의 피로파면

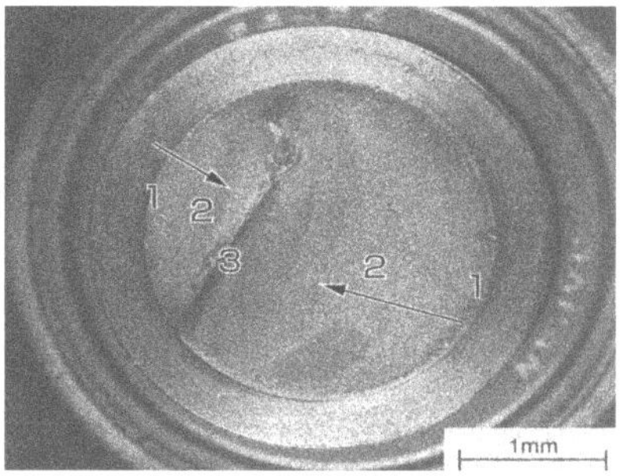

사진 1 거시적인 파단면

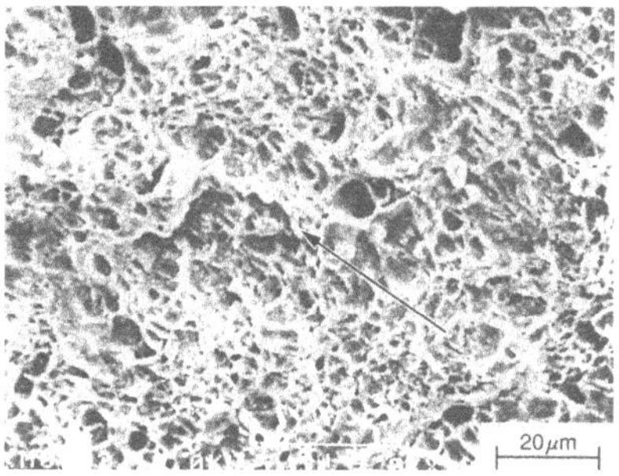

사진 2 사진1의 균열 발생 기점 근방(우측 의1)의 SEM사진

사진 3 금속조직(10% 수산전해)

- **재질**: STS304(오스테나이트계 스테인리스강)
- **열처리**: 고용화열처리
- **파단상황**: 카레(식품) 가루를 제조하는 기계의 샤프트가 혼합 중에 파손, 사용한 날은 오래되지 않았다.
- **부하응력**: 부분 양진 굽힘응력에 의한 파손
- **파단면 근방**: 특별히 균열을 유발한 손상을 발견할 수 없지만, 단붙임 부분에는 R, C 등이 부가 되어있지 않았다.
- **거시적인 파면**(사진 1): 1은 균열 발생 기점 근방, 2는 피로균열 진전영역, 3은 최종파단부, 화살표는 균열 진전방향이다. 피로에 의한 파단면의 면적이 넓고, 최종파단부가 작다. 이것으로부터 부하응력은 작고 균열의 진전속도도 느린 것으로 생각된다. 따라서 재료의 강도보다는 균열의 발생 원인을 고려하는 것이 좋다.
- **미시적인 파면**: 사진 2는 우측의 균열 발생 기점 근방으로, 딤플모양을 발견할 수 있으므로, 연성적 피로이다. 금속조직(사진 3)은 조직적으로 문제가 없다.
- **대책**: 이상의 결과로부터, 단붙임 부분에는 R 또는 C 가공 실시하여, 응력완화를 실시한다면 장수명화가 가능할 것으로 생각된다..

98. 역 이송 방지 훅(hook)의 피로파면

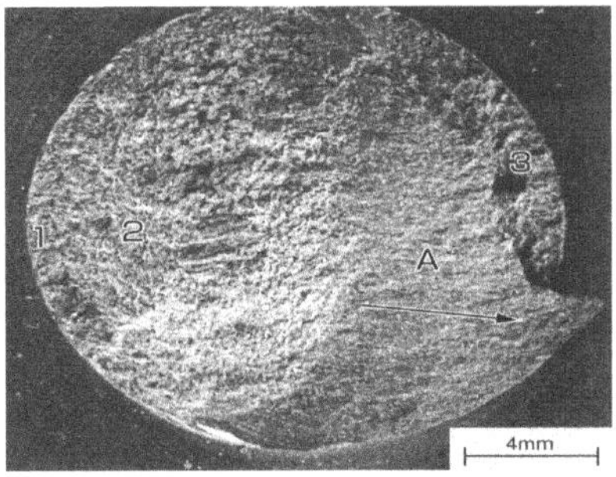

사진 1 거시적인 파단면

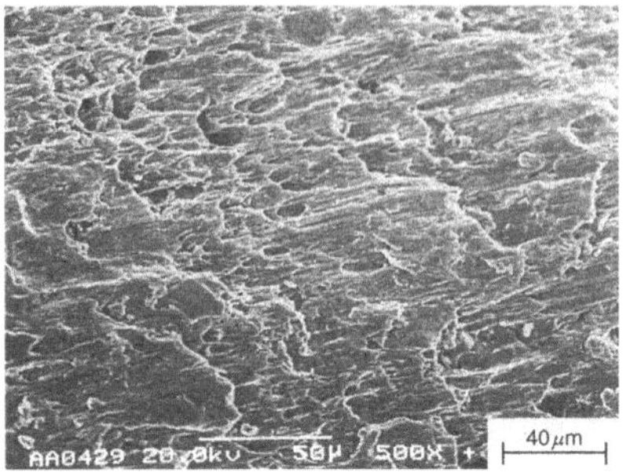

사진 2 균열 발생 기점 근방의 SEM

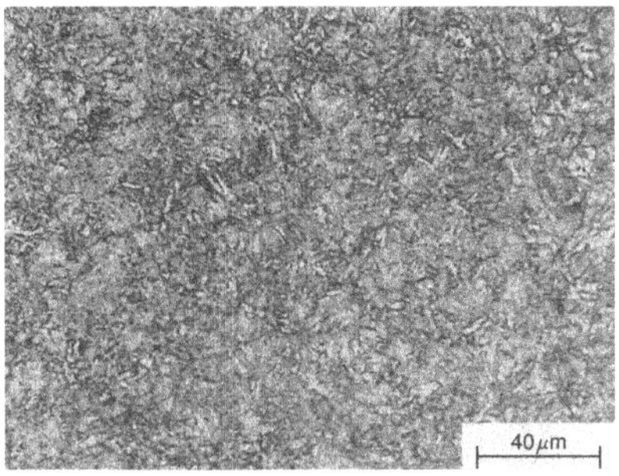

사진 3 금속조직
(약간 페라이트(흰색)가 혼재한 소르바이트, 5% 나이탈)

- **재질**: SCM435(구조용합금강)
- **열처리**: 조질(경도: 43HRC)
- **파손상황**: 유원지의 coaster(활주용 썰매)용 역 이송 방지 훅이 가동 중에 파손.
- **부하응력**: 일방향 굽힘응력에 의한 파손
- **파단면 근방**: 파단면 근방에는 사용 중에 문질러졌다고 생각되는 손상 흔적 존재.
- **거시적인 파면**(사진 1): 1은 균열 발생 기점 근방, 2는 피로균열 진전영역, 3이 최종파단부, 화살표가 균열 진전방향이다. 균열 진전영역의 면적이 크고, 최종파단부가 적은 것으로부터, 부하응력은 비교적 작은 것으로 생각된다. 하지만 파단면은 거칠기 때문에 진전속도는 빠르다.
- **미시적인 파면**: 기점 근방은 사진 2와 같이 신장된 딤플을 발견할 수 있고, 금속조직은 약간 페라이트가 혼재한 소르바이트 조직이다(사진 3).
- **대책**: 파손의 원인은 재료의 항복강도 이상의 과대응력이 정적에 가까운 상태에서 반복 작용하였기 때문으로 생각된다. 적절한 조질 조건으로 처리하고, 더욱이 질화 등의 표면경화처리가 바람직하다.

99. 자동차 타이어용 샤프트의 피로파면

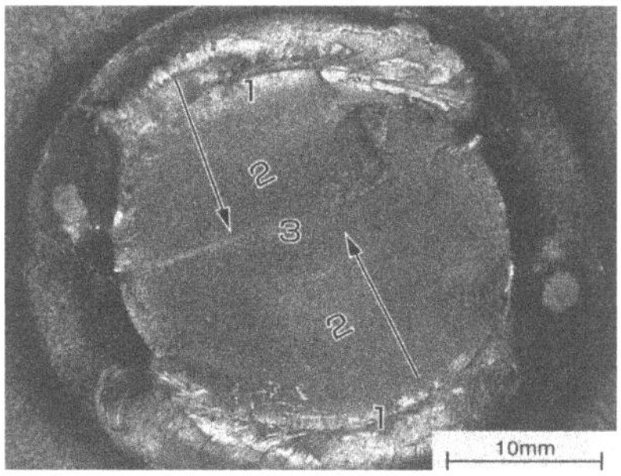

사진 1 거시적인 파단면

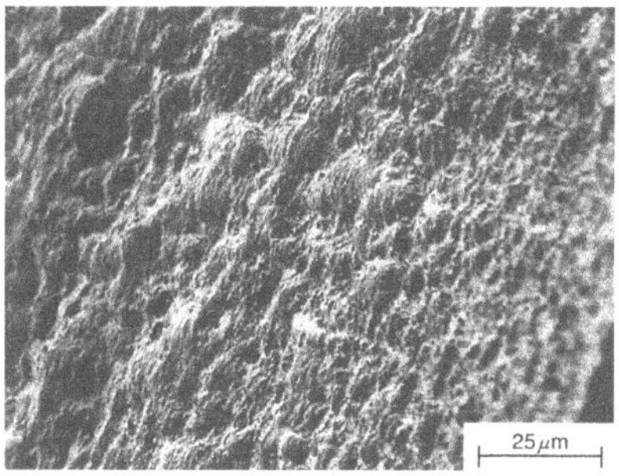

사진 2 균열 발생 기점 근방
(오른쪽 밑의 SEM 사진)

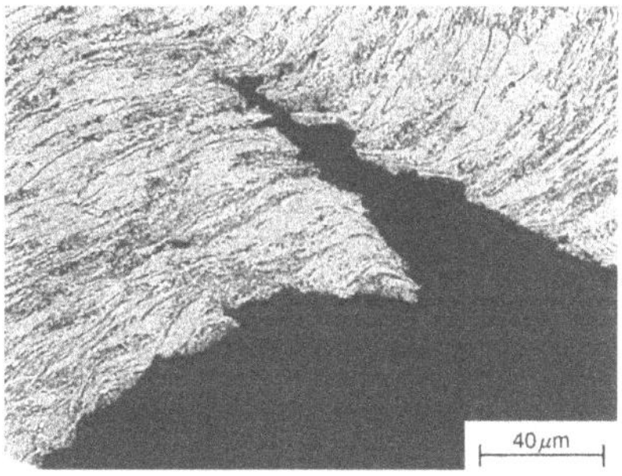

사진 3 용접 부근방의 금속조직(5% 나이탈)

- **재질**: SCM435(구조용합금강)
- **열처리**: 조질(경도: 46HRC)
- **파손상황**: 중고차를 구입하여 운전 중에 앞바퀴의 차륜이 파손하여 타이어가 빠졌다. 이 차는 사고를 일으킨 전력이 있고, 그 때 샤프트에 균열이 발생, 보수 용접 실시함.
- **부하응력**: 양진 굽힘응력에 의한 파손
- **파단면 근방**(사진 1): 대칭부에 용접한 흔적이 존재.
- **거시적인 파면**: 1은 균열 발생 기점 근방, 2는 피로균열 진전영역, 3은 최종파단부, 화살표는 균열 진전방향이다. 피로균열 진전영역이 넓고, 최종파단부가 작기 때문에, 부하응력의 크기와 재료의 강도는 비교적 일치(재료의 강도설계가 적절)하고 있는 것으로 생각된다.
- **미시적인 파면**(사진 2): 기점 근방의 SEM 사진이다. 스트라이에이션 간극이 약간 넓은 피로파면이다. 사진 3은 금속조직으로 용접부에 균열이 있다.
- **대책**: 용접에 의하여 열영향이 발생하고, 그 부분의 강도부족이라 판단된다.

100. 플라스틱 성형 기계 부품의 피로파면

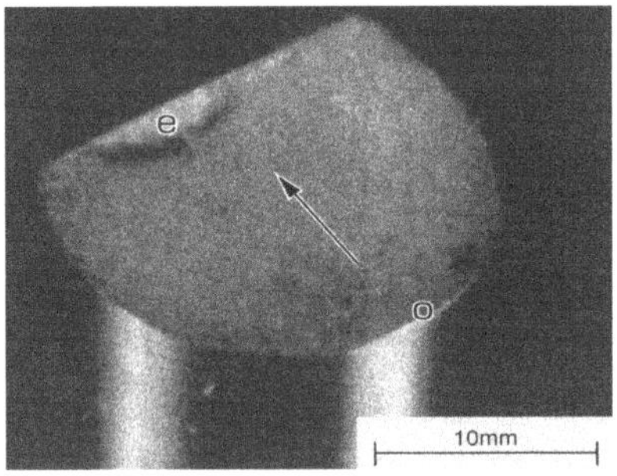

사진 1 거시적인 파단면

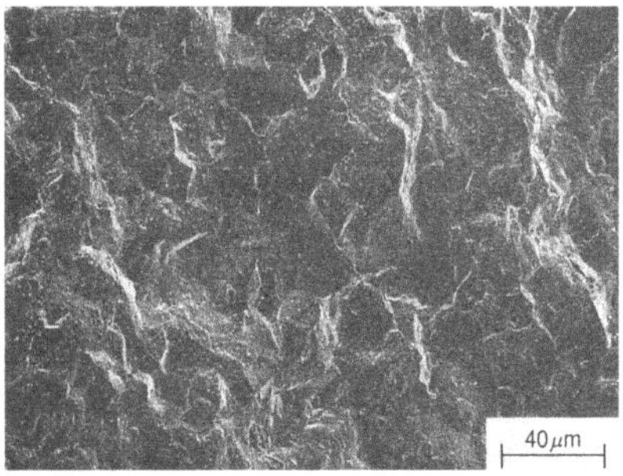

사진 2 균열 발생 기점 근방의 SEM

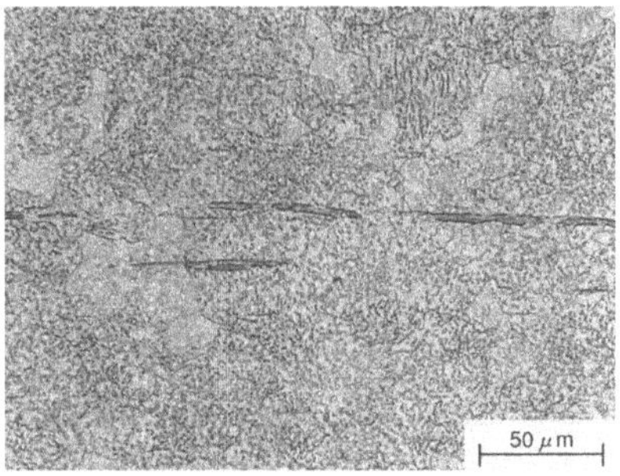

사진 3 금속조직(불완전 구상화조직, 검은색 긴 띠는 비금속개재물, 5% 나이탈)

- **재질**: SK5(탄소공구강)
- **열처리**: 구상화어닐링
- **파손상황**: 플라스틱 압출 성형용 기계부품이 단시간사용으로 파손
- **부하응력**: 일방향 굽힘응력에 의한 파손
- **파단면 근방**: 특별히 균열을 유발하는 손상은 없다.
- **거시적인 파면**(사진 1): 파단면은 매우 평탄하고, 피로균열 진전영역의 면적이 넓고, 최종파단부가 작다. o가 균열 발생 기점, e가 최종파단부, 화살표가 균열 진전방향이다.
- **미시적인 파면**: 사진 2는 기점 근방의 SEM사진으로, 약간 딤플이 혼재한 입계균열파면이다. 금속조직(사진 3)은 큰 비금속개재물(MnS계)도 발견할 수 있지만 구상화가 불완전한 조직이다.
- **대책**: 사용재료의 선택 실수에 의한 강도부족이다. 사용된 SK5는 공구강으로 높은 경도가 요구되는 칼 종류나 간이 금형 등에 사용되는 강이다. 인성이 있는 SCr이나 SCM 혹은 SNCM 등의 구조용합금강을 사용하여 조질을 실시하고 강인성화하여 사용하는 것이 바람직하다.

참고문헌

1) 小寺澤: フラクトグラフィとその應用、 日刊工業新聞社

2) 丹久保他譯: 金屬の疲れ、丸善

3) 中澤他: 金屬の疲勞强度、養賢堂

4) 日本材料學會編: 金屬の疲勞、丸善

5) Metals Handbook: No.8, No.9, No.10

6) 藤木: 金屬、アグネ、No.4~9(1999)

7) 藤木: 機械設計, Vol.14, No.12(1997)~Vol.44, No.2(2000), 日刊工業新聞社

찾아보기

역자소개

- 남기우 부경대학교 교수
- 안석환 부경대학교 교수

기계부품의
피로파괴·파단면의 관찰방법

2014년 5월 20일 초판 인쇄

2014년 5월 30일 인쇄 발행

저 자 Fujiki Sakae

역 자 남기우·안석환

발 행 인 송기수

발 행 처 도서출판 GS인터비전

편 집 처 도서출판 GS인터비전

인 쇄 처 트윈벨

등록번호 제 25100-2016-000050 호

I S B N 979-11-5576-030-7(93550)

주 소 서울 은평구 증산로 15길 69 2층

전 화 02-976-7898, 02-3272-7898.

팩 스 02-6468-7898

홈페이지 gsintervision.co.kr

E-Mail gsinter7@gmail com

정 가 15,000원